인간의
운명

인간의
운명

HUMAN DESTINY

피에르 르콩트 뒤 노위 지음 | 박별 옮김

뜻이있는사람들

"목표는 정해져 있지만, 그것을 달성할 수단이 정해져 있지 않을 뿐이다."

이것은 우리에게 확실한 것이 하나밖에 없다는 것을 의미한다.

우리의 '운명' 을 보다 성실한 삶으로 만들기 위해

이 책은 알기 쉽게 쓰여 있다. 온갖 관념의 정확성이 손상되지 않는 범위에서 전문용어도 가능한 한 피하려 노력했다. 그러므로 남녀를 막론하고 교육을 받은 사람이라면 누구라도 쉽게 이해할 수 있다.

그러나 이 책에서는 몇몇 새로운 관념과 새로운 해석을 조명하고 있으므로 어느 정도의 사고력은 필요하다. 따라서 독자 여러분은 상당한 정신 집중의 노력이 필요할지도 모른다. 세심하게 정독이 필요한 곳, 반복해서 읽어야 할 필요가 있는 곳도 있다. 그러나 지성을 겸비한 독자라면 이해하지 못할 내용이 결코 없을 것이다.

음식은 입안에서 씹어 삼키지 않으면 소화할 수 없다. 그와 마찬가지로 모든 관념은 천천히 생각하고 이해하지 않으면 자신의 것이 될 수 없다. 나는 저자로서 논지를 명쾌히 하려고 최선의 노력을 다했다. 그러나 어떤 도구의 설명서가 아무리 명쾌한 것이라 해도 그것을 읽기만 하는 것으로는 사용방법을 다 익힐 수 없다. 그 도구를 실제로 완벽하게 활용할 수 있어야 한다. 마찬가지로 그다지 익숙하지 않은 관념이라 할지라도 독자 여러분은 판단하고, 분석하고, 다른 것과 비교하면서 그 관념을 '완벽하게 이용' 할 수 있도록 노력해 주길 바란다.

현대의 모든 문제는 매우 복잡하여서 아무리 교양이 넘치는 사람이라도 문외한의 어설픈 지식만으로는 그 모든 것을 파악할 수 없다. 더구나 그것에 이의를 제기하는 것이라면 더더욱 힘들 것이다. 이런 사실은 진실을 왜곡시켜 대중을 그릇된 방향으로 이끌기 위해 교묘하게 이용됐다. 만약 지금의 기독교 문명이 존속되어야 마땅하다면 지금이야말로 선의와 올바른 신앙심을 가진 모든 사람이 스스로 인생에서 연출할 수 있는 역할, 연출해야 할 역할을 마음에 새겨야 할 때가 도래하고 있음을 알아야 한다.

사람은 누구나 미래에 대한 각자의 책임이 있다. 그러나 각자가 스스로 인생에 대해 충분히 깨닫고 노력과 싸움의 중요성을 자각하여 '인간' 의 고귀한 운명에 대한 신념을 유지하지 않는다면 이 책임이 건설적인 결실을 맺을 수 없다.

이 책의 목적은 이 신념에 과학적 논거를 제시하고 그것을 구체화하는 것에 있다. 모든 시대를 통틀어 가장 중요한 문제들에 대해 독자 여러분이 명쾌한 통찰력을 가지게 되기를, 그리고 이 책을 읽기 위해 쏟은 노력이 보상받을 수 있기를 진심으로 바란다.

-피에르 르콩트 뒤 노위

차례

머리말

우리의 '운명'을 보다 성실한 삶으로 만들기 위해 · **7**

서문

인간은 어떤 미래를 맞이하게 될까? · **15**

제1부

인간이란 무엇일까? 과학적 연구 방법

CHAPTER 1

인간에게 있어 '우주'란 무엇일까? —물리적인 우주와 정신적인 우주

1. 우리의 생활은 '감각'과 '착각' 위에서 성립되고 있다 · **27**

2. 진리를 추구하는 동안 드러나는 '모순' · **32**

3. 왜 정확한 판단을 내리는 것이 어려운가? · **36**

CHAPTER 2

과학은 어디까지 인간의 '편' 이 돼줄 수 있을까?

1. 인간의 사고는 어떤 식으로 굳어 가는가? · **43**
2. 진리 '탐구' 로 인해 진리로부터 '멀어진다' 는 역설 · **49**
3. 법칙이란 '예지' 에 불과하다 · **53**

CHAPTER 3

생명은 우연으로 탄생한 걸까? –그 확률을 생각해 보자

1. 무질서에서 생겨나는 '질서' · **63**
2. '확률' 이란 무엇인가? · **66**
3. 과학적 견해는 여기서 막다른 길에 봉착한다 · **73**
4. '과학 전능 신화' 의 붕괴 · **78**

CHAPTER 4

'생명' 의 진화 법칙과 진화의 '종점' 에 대하여

1. 과학이 인도하는 '세계의 종말' · **83**
2. '생명의 진화' 의 역동적인 꿈틀거림을 인식하자 · **87**
3. 인간에게 남겨진 유일한 선택권 · **95**
4. '올바른' 선택' 을 하기 위해 · **99**

제2부

'생명' 은 어떻게 진화했는가?

CHAPTER 5

지구의 나이와 고생물의 발생에 대하여

1. 지구의 나이를 생각해 보자 · **105**

2. 생명은 어떻게 탄생했는가? · **108**

3. 무기물에서 유기물로 - '죽음'의 발명 · **112**

4. 고생물의 흔적을 거슬러 오르다 · **120**

CHAPTER 6

화석은 무엇을 말하고 있는가?

1. 진화의 주류에서 벗어난 생물들 · **127**

2. '인간'이 되기 위한 부단한 진보 · **135**

3. '과도기의 생물' 그 존재를 증명할 수 없는 이유 · **139**

CHAPTER 7

진화와 '적응'의 메커니즘에 대하여

1. '진화'의 특수한 메커니즘 · **143**

2. 진화에 뒤처진 형태 · **149**

3. '적응'에서 '파멸'로 가는 길 · **156**

4. 진화의 샛길로 빠져버린 동물들 · **160**

5. 당연한 '인간의 진화' · **166**

제3부

인간의 진화와 그 운명

CHAPTER 8

인간, '진화'의 시작

1. 새로운 '인간의 새 시대'를 앞에 두고 · **173**

2. '죽음'의 관념 -동물에서 인간으로 · **176**

3. 왜 인간은 진화의 본류에 있을 수 있었을까? · **179**

4. 정신과 육체의 끝없는 갈등 · **187**

5. 생리학적 '속박'에 대하여 · **190**

6. '자유'를 통해 부과된 하나의 시련 · **197**

CHAPTER 9

창조하는 정신

1. 인간은 어디까지 진화할 수 있을까? · **203**

2. 정신세계로의 첫 걸음 · **209**

3. 도덕 수준에는 변동이 없다 · **216**

4. '심적'인 것의 실체에 대하여 · **223**

5. '자기'를 끝없이 향상시키기 위한 싸움 · **229**

CHAPTER 10

'자기 개선'의 수단으로써의 문명에 대하여

1. 우주적 시야로 '인간의 문명'을 생각하자 · **237**

2. 신체와 정신의 최고 밸런스 · **248**

CHAPTER 11

인간의 지성이 '본능'을 극복할 때

1. 왜 인간의 지성은 동물의 본능과 지성의 연장이 아닌 것일까? · **257**

2. 진화의 최첨단에 선 '선택된 개인' · **265**

CHAPTER 12

미신의 공과 허물 - '동물'에서 '인간'으로의 비약

1. 미신의 탄생 · **273**

2. 미신에서 종교로 - 관념세계에 있어서의 진화 · **279**

3 종교에 의한 이상세계의 추구 · **286**

CHAPTER 13

종교 −자기를 고양시키는 노력의 가치를 확신하기 위해

1. 내면적 인간으로서의 부름에 이끌려 · **291**

2. 최선의 길이라고 확신하며 오르는 '유일한 정상' · **297**

3. 인간의 지적 발전에 있어서 '지도자' 의 역할 · **303**

4. 다가올 뛰어난 종족의 선구자 · **307**

CHAPTER 14

하느님과 인간의 사이에서 −인간이 원래 품었던 '꿈' 의 실현

1. 시각화할 수 없는 '하느님' 이란 존재 · **313**

2. 하느님의 '계시' 에 대하여 · **3120**

3. 인간을 역행시키는 그릇된 신앙 · **325**

4. 신의 '전능함' 에 대하여 · **332**

CHAPTER 15

인간의 진보, 행복을 위해 없어서는 안 될 '도덕 교육과 지적 교육'

1. 왜 '지적 교육' 을 하기 전에 '도덕 교육' 이 중요한가? · **343**

2. 본능을 조절할 수 있는 예절교육의 힘 · **349**

3. 조건반사에 의한 훈육, 자발성을 중시하는 훈육 · **352**

4. '개인' 의 지적 성장에 따른 교육이란 · **356**

5. 인간의 장래를 확실한 것으로 만들어 줄 지혜 · **360**

CHAPTER 16

새로운 '인간의 운명' 의 시작❶ —인간은 어디까지 진화하고 발전할 수 있을까?

1. 우리 인간은 아직 '진화의 끝' 에 도달하지 않았다 · **369**
2. 진화가 우리에게 직접 가져다주는 세 가지 '결과' · **375**
3. 인간의 새로운 ' 창세기' 를 향하여 · **397**

CHAPTER 17

새로운 '인간의 운명' 의 시작❷ —인간을 추락에서 구원할 유일한 '영지(英智)'

1. '궁극 목적론' 은 우리의 관념을 어떻게 바꿀까? · **403**
2. 인간이 우주를 초월하는 '그 날' · **408**
3. 인간으로서 이 세상에 남겨야 할 '흔적' · **415**
4. 1만 년 뒤 '현대 문명' 의 운명 · **419**

CHAPTER 18

새로운 '인간의 운명' 의 시작❸ —인간으로서 자랑스러운 '선구자' 가 되기 위해

1. 인간으로서 '연대관계' 의 태동 · **425**
2. 인간 속의 '개성, 양심' 을 지키기 위한 싸움 · **431**
3. '이상적 국가' 를 만들기 위해서 · **438**
4. 인간에게 있어 '새로운 운명' 의 시작 · **446**

서문

인간은 앞으로 어떤 미래를 맞이하게 될까?

인류는 역사 속에서 가장 어두운 시대 중 하나를 막 통과했을 뿐이다. 과거에 없었던 비극적인 시대라고도 할 수 있을 것이다. 왜냐하면, 인간끼리의 충돌이 지구 끝까지 침투해서 인간의 위대한 자랑거리였던 문명의 견고함과 불변성에 대해 우리가 품었던 환상이 전대미문의 폭력으로 산산이 파괴돼 버렸기 때문이다.

제1차 세계 대전 이후 모종의 불안이 서구의 나라들을 뒤덮었다. 이것은 그다지 새로운 현상이 아니다. 과거 50년에 걸친 기계의 진보로 마비되었던 인간의 양심이 자각한 것에 불과하다.

물질문명이 급속도로 발전한 덕분에 인간은 내일의 기적에 관심이 높아졌고 그 기적의 실현을 마른 침을 삼키며 기다리게 되었다. 그러나 중요한 문제, 인간의 모든 문제를 해결할 시간은 남겨져 있지 않았다. 1880년 이후

쉴 새 없이 세상에 나온 새로운 발명, 믿기 어려울 정도의 화려한 그것들에 인간은 매료되고 만 것이다. 마치 호화찬란한 서커스를 보자마자 마음을 빼앗긴 채 먹고 마시는 것조차 잊어버린 어린아이와 같은 상태였다.

이 멋진 구경거리가 현실의 상징이 되면서 모든 참된 가치는 새로운 별의 찬란함에 퇴색되어 뒷전으로 밀려나게 되었다. 이 변화는 너무도 간단하게, 아무런 고통도 동반되지 않은 채 벌어졌다. 그것은 19세기 철학자와 과학자가 사려 깊은 대중의 마음을 물음표로 가득 채운 채 아무런 해답을 주려 하지 않았기 때문이다.

많은 사람이 위험을 감지하고 경고했지만 돌이켜보려 하지 않았다. 기묘한 새 우상이 탄생했고 물신숭배(物神崇拜)와 신기한 것에 대한 열광이 대중들의 마음을 사로잡았다. 한편, 통찰력이 있는 사람들은 트로이의 멸망을 예언했지만 귀를 기울여주는 사람이 없었던 고대 그리스의 카산드라처럼, 세상에 받아들여지지 않았던 예언자들은 시대착오적 토론만 반복할 뿐이었다. 세계는 나날이 변화하여 어제의 옷 대신에 훨씬 화려하고 새로운 옷을 두르고 있다. 사람들은 그런 변화에 아이들처럼 현혹되어 그저 멍하니 바라볼 뿐이다. 어느새 그 황홀감은 과학과 발명이 가진 무한의 힘에 대한 신앙으로 변해 갔다.

지식인들은 안타깝게도 이미 시대에 뒤처진 논거를 무기로 싸울 수밖에 없었다. 그런데 그들의 활력 넘치는 젊음의 힘은 양심을 자극할 만큼의 매력도 없었다. 게다가 양심의 자각 따위는 아무도 바라지 않았고 양심이라는 말 자체를 낡은 것이라고 여기는 사람이 많았다.

각 종파의 교회에서도 많은 노력을 기울여 왔지만 그들의 가르침은 여전히 케케묵은 것에 불과했다. 때문에 세상 사람들의 도덕적 부패는 물론이고 대중의 불만과 불안을 해소해 줄 수 있을 만큼의 성과를 거둘 수 없었다. 이것은 거의 불가항력적인 것이다.

의무교육은 이미 인간의 지성 속에 새로운 길을 열어주었다. 거기에는 넓고 훌륭한 길이 있는가 하면 좁고 험난한 길도 있다. 그러나 사람들은 그것으로 지성을 증대시키는 것이 아니라 오히려 합리적인 사고를 교묘하게 이용하는 요령만을 배우고 말았다.

이런 새롭고 매력적인 장난감을 받은 사람들은 누구라 할 것 없이 이 장난감의 사용방법을 잘 알고 있다는 착각에 빠지고 말았다. 이 장난감은 서서히 우리 삶을 물질적인 생활로 바꾸어 놓아 끝없는 욕망을 품게 하는 터무니없는 결과를 초래했다. 이 때문에 이전까지는 성직자들에게 향했던 존경심이 자연의 힘을 활용해서 온갖 자연의 비밀을 파헤치는 데 성공한 사람들에게로 향하게 된 것도 당연한 일이다.

인간 '진화'의 필연성

물질주의는 아쉽게도 기술자들뿐만 아니라 일반 대중들에게까지 확산되었다. 이렇게 병든 이성에 대해서는 똑같이 합리적인 사고방식을 무기로 싸워야 한다. 어떤 수학적 논거에 대항할 수 있는 것은 또 다른 수학적 논거인 것처럼 어떤 과학적 추론은 그와 비슷한 추론에 의해서만 그 논거를 깰 수 있다.

어떤 법률가가 당신의 잘못을 입증하고자 할 때 감정적으로 자기 뜻을 변호하거나 혹은 논리적으로 항변해서는 아무런 도움이 되지 않는다. 그 법률가를 이해시키기 위해서는 다른 법률을 근거로 상대의 법률적 근거에 반론을 제시하는 수밖에 없다. 설령 당신이 공평하게 판단하고 옳다고 해도, 당신의 말이 아무리 이치에 맞는다 해도, 그것은 문제가 되지 않는다. 주관적, 감정적인 반론으로 상대의 주장에 이기려고 하는 것은 엉뚱한 열쇠로 문을 열려고 하는 것과 같다.

정신을 마비시키는 회의주의와 마음을 파괴하는 물질주의는 결코 자연에 대한 과학적 해석의 필연적 결과가 아니지만 우리는 결국 그렇다고 착각하고 있었다. 이런 회의주의와 물질주의와 싸우기 위해서는 올바른 열쇠를 사용해야 할 필요가 있다. 적과 같은 무기를 이용해 싸우지 않으면 안 된다. 상대의 그릇된 신념이나 소극적인 신념 때문에 회의론자를 이해시키지 못했다 해도 정직하고 공평한 관중들이 경위를 지켜보고 누가 승리자인지를 인정해줄 희망은 아직 남아 있으니까.

다시 말해 옛날 같으면 무지한 대중을 들고일어나게 할 수 있었던 감상적이고 전통적인 문제점을 제시해서는 지금의 무신론을 굴복시킬 수 없다는 것이다. 기병으로는 전차와 맞서 싸울 수 없고 화살로 비행기와 싸울 수 없다. 종교의 기반을 흔들기 위해 과학이 이용되었던 것과 마찬가지로 종교의 토대를 튼튼하게 하기 위해서도 과학을 이용하지 않으면 안 된다.

과거 500년 동안 세계는 진화했다. 이것을 인정하고 자신을 새로운 조건에 적응시켜 나가는 것이 중요하다. 우리는 이제 뉴욕에서 샌프란시스코로

갈 때 역마차를 타지 않고 17세기처럼 '마녀의 화형'도 하지 않는다. 전염병 치료를 하려고 설사약을 먹거나 피를 뽑지도 않는다. 그런데도 우리는 인간사회를 위협하는 최대의 위기와 싸우기 위해 2천 년 전과 똑같은 무기를 사용하고 있다. 게다가 지금 당장은 아니지만 확실한 승리를 보장해 주는 수많은 강력한 무기가 바로 코앞에 있다는 것을 깨닫지 못하고 있다.

이 책의 목적은 인간이 비축해 온 과학적 자산을 비판적으로 검토하고 그것을 통해 논리적이고 합리적인 결과를 끌어내는 데 있다. 이 결과들이 필연적으로 신의 관념과 일맥상통한다는 것을 언젠가 깨닫게 될 것이다.

따라서 이 책은 확고한 신앙을 가진 사람들에게는 도움이 되지 않는다. 어쩌면 그들에게 새로운 과학적 논거를 제공할지는 모르겠지만 원래 이 책은 그런 사람들을 위한 것이 아니다.

오히려 이 책은 평생의 어느 한순간, 어떤 대화나 체험을 통해 마음속의 의문을 느껴본 적이 있는 사람을 위해 쓴 책이다. 합리적인 자아라고 믿었던 것과 정신적, 종교적, 혹은 감정적인 자아와의 갈등으로 고민하는 사람을 위해 쓴 책이다. 또한, 인생의 목적이 고매한 양심의 실현에 있으며 인간이 지닌 고유한 자질의 조화가 융합을 통한 자기 완성에 있다는 것을 알고 자신의 노력과 시련이 주는 의미를 이해하고자 하는 모든 사람을 위한 책이다.

이 책은 자신의 노력이 우주적 질서 속에 편입되기를 바라고 또 그 우주적 질서에 공헌하여 스스로 존재와 바람에 개인적 이해라는 좁은 틀을 뛰어넘어 진정한 가치를 부여하려고 갈망하는 사람들을 위한 것이다. 인간적 존엄이 실재하며 우주에서의 인간 사명이 확실하게 있다고 믿는 사람들, 혹은 그것을 믿고자 하는 사람들을 위해 이 책을 썼다.

'연쇄 고리'로서의 나를 생각해 본다

위와 같은 목적을 달성하기 위해서는 우선 인간의 사고 체제를 연구해야 한다. 우리의 개념과 추론, 그리고 유물론자들의 개념과 추론에 어떤 가치가 있는지를 알아야 한다.

유물론자 중에도 자신의 두뇌 작용에 절대적이면서 소박한 신앙을 품고 있는 사람들이 있다. 반면에 그리 성실하지도 않고 과학의 무대 뒤편에서 대중의 개입을 방해하려는 사람도 많다. 그 무대의 배경이 종이상자나 천에 그려진 장식품에 불과하다는 것이 밝혀지는 것을 꺼리는 것이다.

그들은 애매하고 모순된 것의 해명을 피하려 한다. 아니, 본인조차도 그것의 애매함과 모순을 보지 못할 수도 있다. 실험실의 연구자가 아니라 철학적 마음을 가진 과학자야말로 해석에 대한 곤란, 혹은 이론상의 차이와 연관성을 지적해야 한다. 그러나 불행하게도 그런 사람들은 많지 않고 그들의 말은 교양 있는 대중들조차 이해하기 어려운 경우가 많다.

그러므로 전문가가 아닌 사람이라도 현대의 과학적, 철학적인 사고방식을 얼마간 이해하고 그 활용방법을 익혀야 한다. 그렇게 된다면 성의는 있지만 잘못으로부터 완전히 벗어날 수 없는 유물론적인 과학자의 추론에 현혹되거나 마음이 동요되지 않을 것이다.

만약 독자 여러분이 인간의 운명에 흥미를 느끼고 있다 해도 이 엄청난 난제를 이해하기 위해서는 연구의 도구인 인간의 사고 그 자체에 단점이 항상 함께한다는 사실을 염두에 두어야 한다. 물리학자가 어떤 가설을 증명하기 위해 계측을 하거나 천문학자가 별의 위치를 조사하는 경우, 그들은 도구의 정밀함과 관찰 도중에 발생하는 평균오차를 정확하게 알고 있다. 그들은 그것을 중시하고 있으며 오차 계산은 모든 과학에서 중요한 위치를 점하고 있어야 한다.

우리의 경우 문제가 되는 것은 '인간'이다. 여기서 이용되는 기구는 뇌이다. 따라서 문제의 해결에 접근하기 전에 기구의 한계를 깨달을 필요가 있다. 이 기구에 대한 음미는 유물론자들의 과학적, 종교적인 추론의 중대한 약점을 명확하게 밝혀줄 것이다. 그리고 이 약점은 우리의 지식 상태에서 본다면 유물론자의 논거에서 모든 과학적 가치를 빼앗는 것만큼 심각한 것이다.

이 책에서는 또 우주에서의 인간 존재를 검토하고자 하는데 그것은 결국 진화에 대한 섬세한 연구에까지 이른다. 역으로 거기에는 인간의 진화를 진화 전체 속에 짜 넣는 것 같은 가설이 도출되고 다시 그 가설에서 온갖 논리적 귀결이 펼쳐지게 될 것이다.

저자인 내 목표는 인간 그 자체이다. 그리고 나는 지금까지 개개인의 생활에 하나의 의의와 노력의 근거와 달성해야 할 고매한 목표를 심어준 교리, 즉 종교가, 지성이 아직 요람기에 머무르고 있는 과학의 이름으로 파괴하여 인간의 존재 이유를 모두 빼앗아버린 그것에 현대의 주된 불안 요인이 있다고 확신한다.

자유의지와 도리상의 책임을 부정하고 개인을 단순한 물리-화학적 한 단위, 다른 동물과 전혀 다르지 않은 하나의 생물체로 본다면 도덕적인 인간의 죽음, 모든 정신과 희망에 대한 억압과 모든 것이 무익하다는 끔찍한 절망감을 피할 수 없다.

인간을 '인간'으로서 특징지을 수 있는 것은 그 인간 내부의 추상적인 관념, 도덕적인 관념, 정신적인 관념의 존재 때문이다. 이런 관념 이외에 인간이 자부할 수 있는 것은 없다. 이것들은 인간의 육체와 마찬가지로 현실적이며 육체만으로는 도저히 손에 넣을 수 없는 가치와 중요성을 부여해 줄 것이다.

인생에 하나의 의미를 부여하고 하나의 근거를 부여하고 싶다면 이런 관념들을 과학적, 합리적으로 재평가하기 위해 노력해야 한다. 또한, 이 관념들을 진화 속에 편입시켜 눈과 손과 명료한 말과 같은 진화의 표출로 받아들이지 않는다면 재평가는 결코 달성할 수 없을 것이다.

인간은 각자 연기해야 할 역할을 가지고 있으며 그 역할을 할지 말지는 각자의 자유이다. 인간은 격류에 쓸려 내려가는 한 올의 지푸라기가 아니라 서로 이어진 하나의 고리이다. '인간의 존엄'은 공허한 단어가 아니다. 이 점을 확신하지 못한 채 존엄을 손에 넣으려는 노력을 게을리한다면 인간은 스스로를 짐승의 수준으로 전락시키고 말 것이다. 이런 것들에 대한 증명이 지금 요구되고 있다.

나는 이 문제들을 과학적 지식을 빌어 논할 생각이다.

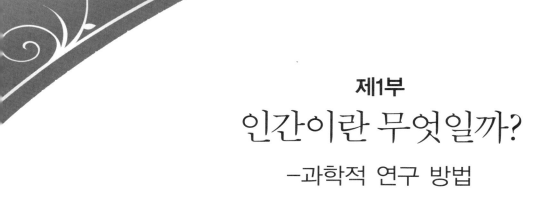

제1부
인간이란 무엇일까?
−과학적 연구 방법

The Purpose of Human Science

인간의 입장에서 현상을 만들어내고 있는 것은 관찰기준이다.

CHAPTER

1

인간에게 있어
'우주' 란 무엇일까?

-물리적인 우주와 정신적인 우주

1
우리의 생활은 '감각' 과 '착각'
위에서 성립되고 있다

인간을 이해하기 위해서는 서로 다른 두 가지 길을 생각해 볼 수 있다. 그 하나는 계시라는 직접적인 길이다. 많은 사람에게 닫혀 있고 합리적인 사고로는 좌우되지 않는 길이다.

다른 하나의 길은 매우 합리적이고 과학적인 길이다. 이 길을 더듬어 가는 우리는 인간을 우주를 구성하는 하나의 요소로 생각하고 그 요소를 외계(外界)와의 관계 속에서 연구하게 된다. 우주를 인간의 뇌가 지각하고 이해하는 모양으로 그려야만 한다. 그리고 이 묘사 방법이 넓게 퍼지면 당연히 인간도 그 속에 포함될 것이고 이렇게 해서 얻은 이미지 속에는 인간도 그에 걸맞은 환경에 놓이게 된다. 단, 이 이미지는 마음에 의해 만들어졌기 때문에 결과적으로 그것은 뇌의 구조와 외계와의 접촉을 담당하는 감각계통,

그리고 직접 피부로 느낀 것을 이해하는 논리적 체계에 의해 좌우된다. 아쉽지만 우리는 그 점을 중시하지 않으면 안 된다.

아마도 독자 여러분은 이런 사고방식에 익숙하지 않을 것이라 생각하므로 약간의 부연 설명을 하려 한다.

외계, 즉 자연은 우리의 감각기관을 통해 명확해진다. 우리는 별과 태양, 산, 동물, 다른 인간 등을 카메라처럼 만들어진 눈을 통해 본다. 그리고 사물의 도립상이 눈 안의 망막에 투영된다. 이 망막은 추상체와 간상체라 불리는 무수히 많고 예민한 요소로 되어 있다. 그 반응은 시각 신경에서 대뇌 중추로 전달돼 흔히 말하는 시각 인상을 형성한다. 즉 사물을 보는 것은 눈이 아니라 뇌이다.

그러나 시각적인 인상이 외계의 실체와 완전히 일치하지는 않는다. 예를 들어 색은 사람에 따라 다르게 보이는 경우가 있다. 색맹인 경우가 그렇다. 우리가 붉은 꽃이나 초록의 평원이라고 부르는 것은 대다수 관찰자에게 그렇게 보이는 암묵을 전제하고 있다. '정상이다.' 라고 하는 것은 이 대다수의 생각에 따라 성립된다.

시각적인 착각의 예는 그 밖에도 많다. 물에 꽂아 놓은 막대기가 꺾여 보이거나 평행선이 줄무늬로 늘어선 다른 선으로 분단되어 퍼져 나가는 것처럼 보이고, 흰 도형이 검은 도형보다 커 보이는 등이 그렇다. 촉각 또한 믿을 수 없다. 검지와 중지를 교차시켜 그 안에 작은 구슬을 굴리면 구슬이 두 개인 것 같은 착각이 든다. 청각 또한 모든 사람이 똑같은 반응을 보인다고 단정할 수 없다. 음악가는 틀린 음을 잡아내고 일반인은 아름답다고 느끼지 못하는 멜로디를 이해한다. 개개인의 미각을 비교할 방법도 없다. 게다가 우리는 모두 북극에 있든, 남극과 적도 상에 있든 머리를 들고 걷고 있다고 착각한다. 아직도 지구가 둥글다는 것을 인정하지 않는 사람조차 있다.

'상식' 때문에
어긋난
인간의 사고력

대상을 직접적, 표면적으로 검토하는 것만으로는 보고 듣는 것과 현실이 일치한다는 결론을 낼 수 없다. 감각적인 자연 본래의 인상을 정정하고 감각을 통해 받은 정보를 토대로 한 주관적인 생각과는 정반대의, 외계라 불리는 객관적 세계와 일치하는 영상을 대뇌 속에 그리기 위해서는 이론과 경험의 도움이 필요하다. 앞에서 외부 세계에 대한 우리의 이미지가 감각계통과 대뇌의 구조에 좌우된다고 한 것은 바로 이 때문이다. 이 이미지는 상대적인 것으로 절대적인 것이 아니다. 외계에 관해 설명할 때 이 점을 간과해서는 안 된다.

사고의 논리적 체계에 대해서도 이미 말한 바 있다. 대다수 사람들은 이 체계가 '기준'이고 이치에 맞는 사고방식, 그중에서도 수학적인 사고방식에 대해서는 '진실'이라고 오해하고 있다. 그러나 꼭 그렇지만은 않다. 우리는 인간의 사고 프로세스를 의심할 필요가 있다. 왜냐하면, 무엇보다도 그 출발점이 감각에 근거한 관찰(따라서 의심스러운 관찰)이나 상식을 기반으로 한 관찰인 경우가 많기 때문이다.

상식이라는 것을 그대로 받아들여서는 안 된다. 우리는 상식적으로 지면이 평평하다고 착각하고 있다. 또한, 추를 늘어뜨린 두 개의 실이 평행하다고 믿는다(그러나 이 두 개의 실은 지구 중심을 향하고 있고 그 결과 특정 각도를 이루고 있다).

또한, 직선운동은 존재한다는 등의 생각도 지구의 자전과 공전, 지구의 모든 궤도의 움직임, 그리고 태양계 전체가 헤라클레스 좌를 향해 움직이고 있다는 사실 등을 고려해 볼 때 완전히 잘못되었다. 그러므로 어느 한정된 시간에 지구상에서 직선을 그리고 움직인다고 여기는 탄환과 비행기도 큰 체계와 비교해 보면, 예를 들어 지구에서 가장 가까운 별에 대해서는 코르크 따개처럼 나선 궤도를 따르고 있다. 면도기의 날이 직선이라는 것은 상식이지만 현미경으로 살펴보면 아이들이 그은 선처럼 물결을 치고 있다. 마찬가지로 상식적으로 강철은 단단하다고 생각하지만, X선으로 살펴보면 수많은 구멍이 나 있고 서로 아무런 연관성도 없이 엄청난 속도로 움직이는 수 조(兆)에 달하는 활발한 미세 우주로 되어 있다는 사실을 알 수 있다.

추론의 출발점, 전제가 잘못돼 있다면 그 결과도 논리적으로 잘못된 것이 된다. 그리스 철학자는 이런 논법을 궤변이라 불렀다. 이 궤변과 과학, 철학의 순서로 이용됐던 건전한 추론, 즉 삼단 논법을 구별하는 것은 그리 쉬운 일이 아니다.

인간이 자연에 대해 알고 그것을 글로 표현하기 위해서는 감각과 대상을 논리적으로 생각하는 도구인 뇌세포에 의존해야만 한다. 따라서 우리는 자신들이 만든 이미지가 상대적이라는 것, 그리고 그것을 기록하는 도구로서의 인간도 상대적이라는 것에 특히 주의를 기울이고 그것을 결코 잊어서는 안 된다.

2
진리를 추구하는 동안
드러나는 '모순'

인간에 대한 과학은 온갖 현상의 물리적 연구가 토대이다. 우리는 모든 사실을 법칙에 의해, 질적으로 때로는 양적인 관련으로 서로 결부시키려 한다. 그런데 이런 온갖 현상 자체는 뇌 속에서만 존재한다. 각각의 현상에는 외부적, 객관적 원인이 있으며 이 원인과 우리의 뇌 속에서 만들어진 현상이 같은 것이라고는 단정할 수 없다.

지금 우리는 '원인'이라는 단어를 사용했다. 사람들은 이 단어에 대해 잘 알고 있다고 착각한다. 그래서 많은 문제가 발생한다. 상식이라는 단순한 견지에서 살피게 되면(상식은 주의가 필요하다.) 이 '원인'이라는 사고방식은 너무나 복잡하게 얽혀 있다.

이상하게 들릴지 모르지만, 이 단어를 제대로 정의하는 것은 어렵다. 언뜻 보기에 모든 것에는 하나의 원인, 혹은 몇 가지 원인이 있는 것처럼 여겨진다. 그러나 탄환을 예로 들어보자. 탄환은 작은 뇌관이 있어서 발사되는 것일까? 아니면 방아쇠를 당기는 병사의 손동작이 원인일까? 혹은 화약을 채운 것이 발사의 원인이라 할 수 있을까? 그러나 아무리 화약을 채워 넣더라도 병사의 손동작이 없다면 아무리 시간이 흘러도 불발상태를 유지할 것이다. 그런데 이 손동작은 다른 장치로 대신할 수 있다. 뇌관은 아주 작은 움직임, 예를 들어 파리의 날개조차 작동시킬 정도의 아주 약한 광선으로도 폭발할 가능성이 있다. 이 광선은 망원경을 이용하여 별에서 가져온 것이라도 상관없다. 그런 빛이라도 증폭되면 수 톤에 달하는 쇳덩어리를 50km까지 날려버릴 수 있다. 1933년에 열린 시카고 세계 박람회에서는 40년 전에 아크투루스(목동좌의 알파 별)에서 발사된 약한 광선이 거대한 스위치를 켜 회장 전체의 조명을 점등시켰다.

탄환의 발사에 대한 오해를 별의 탓으로 하는 것은 어리석은 이야기로 생각된다. 하지만 어쩌면 오래전에 발사된 광선이 탄환 발사의 화약 장치에 뒤지지 않을 만큼 중요한 역할을 했을지도 모른다.

이 예에서 화약을 만든 노동자, 화약을 발명한 화학자, 화약 공장을 세운 사람, 그리고 자본을 투자한 자본가, 그들의 부모와 조상을 탓할 수는 없을 것이다. 그런데도 그들과 대포를 제조하는 데 일조한 사람은 각각 일부 책임이 있고 그 책임이 차츰 옅어지기는 하지만 완전히 사라지지 않은 채 세계의 기원까지 거슬러 올라간다.

우리는 이렇게 '제1 원인'에 도달하여 어느샌가 물질적인 세계에서 철학적, 종교적인 세계로 파고들어 간다. 대상의 원인을 파고 들어가면 물질적인 것에서 비물질적인 것으로 옮겨가는 것은 피할 수 없다. 왜냐하면, 우리는 분명 총과 화약의 제조와 탄환의 발사를 하게 한 심리적 원인, 다시 말해 그 동기까지 파고들어 가야 하기 때문이다. 동기가 없다면 탄환도, 대포도, 화약 장치도, 뇌관도, 포수도 없을 것이고 탄환을 발사한다는 목적을 위해 서로 협력하고 지속해서 노력하는 일도 일어날 수 없을 것이다.

결국, 물질적인 견지에서 보면 그 일의 인과관계는 단순한 시간적 순서로밖에 생각할 수 없게 된다. 어떤 현상이든 어떤 행동과 사고든 간에 먼저 일어난 것은 모두 뒤에 이어질 원인으로 치부된다. 경험상으로도 알 수 있듯 그것은 단순한 시간적 순서에 불과하다. 그러나 이런 사고방식으로는 충분하다고 할 수 없다. 일반적으로 원인이라는 말에 주어진 가치를 왜곡시킨 형태로 제약하는 것이기도 하기 때문이다.

그러므로 우주 창조까지는 차치하고라도 인간이 개입된 경우에는 항상 그 사람의 의도와 의지는 어떤 결과를 끌어내기 위한 직접적 원인이라고 간주할 필요가 있는 것이다. 그러나 이 원인 자체도 원인이라는 말이 완전히 의미를 상실할 정도로 매우 복잡한, 이전에 일어난 일련의 '원인'의 결과이자 그 귀결이다. 이것은 시간의 단위를 훨씬 길게 하여 생각해 보면 확실해진다. 지질학적인 시대에(우리의 눈으로 보면) 천천히 일어난 온갖 현상을 검토하려면 과학의 영역을 버리고 종교의 영역에서 생각하지 않는 한 그 근본적이고 직접적인 원인을 찾는 것은 불가능하다. 그 때문에 유물론자는 이 직접적인 원인을 부정하고 모든 것을 우연에 의지하려 한다. 그러나 뒤에서 말하겠지만 그들의 가설은 결코 만족스럽지 않다. 최후에는 현재까지 침묵 속에서 간과되었던 중대한 모순에 봉착하고 만다.

3
왜 정확한 판단을
내리는 것이 어려운가?

지금까지는 객관적인 외계와 인간 뇌의 관계, 우리의 감각과 관념을 일으키는 '원인'과 관념 그 자체의 관계에 대해 다루었다. 어떤 일은 반드시 그에 앞선 원인이 있다고 정의할 수 있다. 인간에게 무언가 활동을 일으키게 하는 것은 그것이 무엇이든 어떤 심리적인 사실로 돌아간다. 그것에 대해 실질적인 판단을 내릴 때면 비물질적인 사실로 돌아가는 것이 보통이다.

순수한 유물론자에게 있어 심리적 현상은 뇌세포의 활동을 통해 나타나는 것이기 때문에 두말할 필요 없이 물질적인 것에서 유래한 것이 된다. 그러나 현상의 과학에서는 어떤 의지에 근거한 행동의 원인이 되는 특정 사고와 감정이 보여주는 작용을 에너지 단위로 산정할 수 없다. 그뿐만 아니라 아마도 대상의 질이라는 면을 파악할 수 없게 될 것이다. 우리는 건설적인 결단과 파괴적인 결단, 좋은 결단과 나쁜 결단의 어느 것을 선택해야 좋을지 그 '근거'를 확정하지 않으면 안 된다. 인간이라는 처지에서 본다면 이 것만이 중요하다.

인간 속에는 자신의 이익과 건강을 희생하여 생명의 위험을 초래하면서까지 선을 선택하고 그것을 실천해온 사람이 있는가 하면 감정에 의해 눈앞의 행복만을 쫓아 악을 선택하는 무리도 있다. 이런 사람들의 머릿속에서 소비되는 에너지가 언젠가 양적으로 표출된다 해도 그것으로 우리의 지식이 많이 늘어나지는 않는다. 왜냐하면, Yes와 No라는 두 가지 말 사이에는 물질적으로 측정할 수 있는 에너지의 차이를 발견할 수 없기 때문이다. 설령 그 차이를 발견할 수 있다 해도 Yes나 No라고 대답하게 된 근거가 무엇인가 하는 의문은 여전히 남게 된다.

이 문제에서 벗어나기 전에 앞에서 말했던 착각이 인간의 관찰이라는 점에 특히 주의를 기울이기 바란다.

생활의
'틀 안'에서
자유로워진다

마음의 착각은 어떤 현상을 우리의 생활 틀 안에서 생각한다는 사실에서 발생한다. 예를 들어 직선운동은 지구와의 관계에서 본다면 진실이지만 우주와의 관계에서는 허위이다. 이것은 감각적인 착각뿐만 아니라 판단의 좌표축으로 선택한 하나의 '체계'에 항상 얽매여 있는 인간의 관찰 전반에도 해당한다. 그리고 이 좌표축이란 '관찰의 기준'에 다름 아니다. 그 점에 관해 설명하기로 하자.

두 종류의 분말이 있다고 하자. 하나는 하얗고(밀가루) 또 하나는 검다(잘게 간 숯이나 재). 이것을 섞었을 경우 밀가루가 많으면 옅은 회색 분말이 되고 재가 많으면 검은색에 가깝다. 그리고 잘 섞은 후 인간의 관찰기준에서 보면(현미경의 도움을 빌리지 않는다면) 반드시 회색 분말이 된다. 그러나 밀가루와 재의 입자 정도 크기의 벌레가 이 가루 속을 돌아다닌다면 벌레의 처지에서 볼 때 회색 분말이 아니라 희고 검은 덩어리일 뿐이다. 벌레의 관찰기준에서 본다면 회색 분말은 존재하지 않는 것이다.

이것은 인쇄나 판화에서도 마찬가지다. 돋보기로 자세히 살펴보면 조지 워싱턴의 코는 흰색과 검은색 점의 연속으로 보인다. 현미경으로 들여다보면 잉크가 칠해져 있거나 말거나 회색과 검은색과 흰색의 종이 입자에 불과하다. 애초의 초상화는 사라져 버린다. 초상화는 우리의 통상적인 관찰기준 상에 존재하는 것에 불과한 것이다.

그러니까 인간의 입장에서 현상을 만들어내고 있는 것은 관찰기준이다. 이 기준이 바뀔 때마다 우리는 새로운 현상에 직면하게 된다.

앞에서 말했던 것처럼 면도칼 날은 인간의 관찰기준으로 보면 연속된 하나의 선이다. 그러나 현미경의 기준으로 본다면 군데군데 울퉁불퉁한 선이 된다. 화학적인 기준으로는 철과 탄소의 원자이다. 또한, 원자 이하의 기준으로 본다면 초속 수 km로 끝없이 움직이고 있는 전자가 된다. 이 모든 현상은 실제로는 같은 기본적 현상, 전자운동의 모습이다. 거기에 존재하는 단 한 가지 차이는 관찰의 기준뿐이다.

이 근본적인 사실은 1942년에 사망한 스위스의 위대한 물리학자 샤를 외젠 구이(Charles-Eugene Guye) 교수가 처음으로 지적했다. 덕분에 사람들은 많은 것들을 이해할 수 있었고 철학적으로 중대한 잘못을 피할 수 있게 되었다. 이 책에서도 반복적으로 이 학설을 활용할 생각이다. 왜냐하면, 언뜻 모순되어 보이는 것을 설명하기 위해 관찰기준을 자주 인용하기 때문이다.

우리는 무음의 파동에 둘러싸여 있으나 그것을 깨달을 수 없다.

과학은 언제까지
인간의 편이
돼 줄 수 있을까?

1
인간의 사고는
어떤 식으로 굳어 가는가?

독자 여러분에게는 이미 인간의 뇌가 특정 잘못을 만들어 내는 원인이라 경고하였으니 이 장에서는 우주상을 연상하거나 미래의 일을 예측할 때 인간의 마음이 이용하는 방법론에 대해 생각해 보기로 하자. 이런 연구는 필요하다. 왜냐하면, 우리가 온갖 토론의 기반을 과학적인 사고방식과 수학적인 사고방법에 두고 있는 것은 결국 '생명'을 설명하기 위해서 무언가 이 지상에 존재하지 않는 초월적 힘을 빌려야 한다는 것을 이런 사고방식을 통해 설명하려 하기 때문이다.

인간의 운명이야말로 흥미의 중심이며 인간은 거대한 우주의 일부이자 동물 중에서도 인간만이 자연을 관찰하고 모든 사실 사이의 연관성과 법칙에 대해 실험하거나 그것을 규정할 수 있다. 인간이란 그 실험 대상임과 동시에 관찰자이기도 하다. 생물계를 지배하는 법칙을 알면 지구상의 인간 출현과 다른 생명체와의 결부, 그리고 인간을 다른 생물과 구별하는 특징에 관해 설명하고 그것을 통해 인간의 의의에 초점을 맞출 수가 있다. 그러므로 우리는 관찰에 이용하는 도구 여하에 따라 스스로 관찰이 왜곡될 위험성이 있음을 항상 염두에 두고 지구 전체의 진화를 그 출발점에서부터 연구하지 않으면 안 된다.

마찬가지로 알지 못하는 나라로 가서 그곳의 경제와 사회, 지적 수준을 연구하고자 한다면 그 나라의 자원, 산업, 전통, 야심, 상업, 과학, 예술작품, 교육과 종교에 대해 자세하게 조사해야 한다. 그 나라의 대략적인 전체상과 동시에 세세한 부분을 물질적인 사실과 정신적인 원인까지 고려할 필요가 있다. 그러지 않으면 그 나라에 대한 이미지는 불완전하고 불충분한 것이 되고 말 것이다.

경이(驚異)를
확신으로 바꿔 온
'과학의 역사'

여기서 간과해서 안 되는 것은 유물론자와 흔히 말하는 자유사상가들(사상의 자유를 인정하려 하지 않는 기묘한 자유사상가들)이 항상 합리적인 생각을 가지고 신념의 토대를 과학에 두고 있는 것은 자신들뿐이라고 주장한다는 점이다. 그들의 주장을 확인도 하지 않은 채 그대로 받아들여야 하는가? 아니면 과감하게 이의를 제기해야 할까? 만약 이의를 제기하려 한다면 우리는 과학의 근본적인 토대를 깊고 확고한 기초 위에 구축해야 한다. 그럼으로써 유물론적인 사고방식의 약점이 드러나게 된다. 그러나 그러기 위해서는 과학적인 사실뿐만 아니라 과학적인 사고방식에 대한 세심한 분석이 필요하다. 본 장의 목적도 바로 거기에 있다.

과학의 목적은 흔히 말하듯이 예측하는 것으로 이해하기 위함이 아니다. 과학은 사실과 물체와 현상을 자세하게 기록하여 이른바 법칙에 의해 그것을 연결하고 미래를 예측할 수 있게 한다. 예를 들어 천문학은 천체의 움직임을 연구하여 온갖 법칙을 수립하였고 그 법칙들 덕분에 무한한 미래의 모든 천체 위치를 지구와의 관계로 산출할 수 있게 되었다. 지금은 플라네타륨이라는 훌륭한 장치까지 만들어져 둥근 지붕 안쪽에 천체의 움직임이 재현되거나 과거와 미래의 밤하늘 모습을 연출하기도 한다.

물리학과 화학은 고체, 액체, 기체의 작용과 분자와 원자의 결합에 관해 설명하고 무지로 인한 경이를 지식에 의한 확신으로 바꿀 수 있는 법칙을 탄생시켰다.

그러나 우리는 지성을 통해 온갖 사실 위에 쌓인 인간적, 주관적인 법칙과 아마도 영원히 파악할 수 없는 진실하고 불변한 법칙을 혼동해서는 안 된다. 우리가 말하는 모든 법칙이란 인간의 뇌와 감각기관의 구조에 의해 제약을 받고 있다. 또 그런 법칙은 인간의 의식 상태와 감각적인 인상을 연속된 상태로 나타나게 하는 것도 있다.

이 연속성은 객관적 현실에 대응하고 있을지도 모르고 인간이 만들어낸 법칙은 절대불변의 법칙과 일치할지도 모른다. 그러나 그것을 증명할 수는 없다. 우리 인간이 만든 법칙은 자연의 질서에 대한 확신, 그리고 같은 자극에 대해서는 누구나 똑같은 반응을 나타낸다는 것에 대한 확신의 표출일 뿐이다.

'수신기' 로서
인간의 역할

인간이 만든 법칙에 대해서는 다음과 같은 형태로 설명할 수 있을 것이다.

어떤 실험을 관찰한 결과 일정 조건으로는 한 가지 현상이 일어나고 그 현상이 선행하는 현상과 필연적인 인과관계로 이어져 있는 것처럼 보인다고 가정해 보자. 이 관찰을 통해서 같은 조건이라면 언제나 질적, 양적으로 같은 현상을 예견할 수 있음을 알게 된다.

예를 들어 돌과 어떤 물체가 지표면에 낙하할 때는 무게와 상관없이 처음 1초 동안에 떨어지는 거리는 같다. 이것은 자유낙하의 법칙으로 알려졌다. 그리고 특정 부피의 기체가 절반으로 압축될 경우 압력은 두 배, 혹은 거의 두 배 가까이 늘어난다는 것을 마리오트의 법칙이 말해주고 있다.

과학의 법칙이라는 것은 항상 아 포스테리오리(후천적, 각각의 구체적 사례에서 일반적 명제를 끌어 내는 것으로 아 프리오리(선천적)와 함께 임마누엘 칸트의 인식론 기본 개념이 되고 있다)이며 사실이라는 주인의 지배를 받고 있다. 이 법칙은 어떤 것을 생각하고 기록하는 도구로서의 인간과 결부되어 있어 단순히 인간과 외적 원인과의 한 관계, 혹은 일련의 관계를 나타내는 것에 지나지 않는다. 그러므로 과학의 법칙이란 원래 상대적, 주관적이며 그 유효성은 인간에게만 국한되어 외계의 한 가지 자극에 다른 인간도 똑같은 반응을 나타낸다는 사실을 토대로 하고 있다.

따라서 '과학적 진리'라는 표현은 한정된 의미로 이용해야 한다. 흔히 말하는 문자 그대로의 사용방법으로는 안 된다. 절대적인 의미로 과학적 진리 따위는 있을 수 없다. '과학을 통해 진리로'라는 표현은 어리석다. 실험 중에 특정 감각군(感覺群)이 항상 같은 순서로 계속되어 나타나면 우리는 그것만으로 이 일군(一群)의 감각이 한정된 미래에도 똑같이 계승된다고 착각하게 된다. 이것이 과학적 진리의 본질이다. 어떤 물리, 화학적 현상과 이에 동반되는 생명과 진리에 관한 형상과의 관계를 알지 못한다면 그것에 대한 의미를 모두 알고 있다고 할 수 없다.

이 마지막 문장은 조금 이해하기 어려울지도 모르지만, 독자 여러분이 깊이 생각해 주기 바란다. 인간(수신기인 기록 도구이자 조절기인 인간)이 존재하지 않는다면 인간의 과학을 구성하는 모든 현상도 독립된 현상으로서 존재하지 않는다. 우주에는 온갖 종류와 크기의 파장이 있다. 그중 극히 일부만 감각을 통해 빛, 열, 소리 등으로 바뀐다. 또한, 존재하는 원자와 분자, 다시 말해 물질은 신경 말단과 접촉하면 대뇌 속에서 '질(質)'(단단함, 부드러움, 미각, 냄새 등이라 불리는 인상)을 만들어 내는데, 이 인상은 대상이 되는 물질 속에는 존재하지 않고 우리의 신경계통이 자연스럽게 반응하여 만들어낸 산물이다.

　인간이 사라지더라도 감각을 만들어 낸 원인은 남지만, 그것은 결코 감각과 같은 것이 아니다. 비슷한 예를 하나 들어보자. 라디오 수신기를 없애고 방송국만 남긴다면 이 세상에서 가장 훌륭한 멜로디가 방송되더라도 그 음색을 느낄 수 있는 사람은 아무도 없다. 우리는 무음의 파동에 둘러싸여 있으나 그것을 깨달을 수 없다. 지구 구석구석에서 그것을 귀로 듣기 위해서는 이 전자파를 감지하고 파장을 바꾸어 공기를 통해 전달되는 음파로 변환시키는 매우 복잡한 기계가 필요하다. 이처럼 원인과 결과는 완전히 다른 것이다.

　이것은 자연에 대해서도 마찬가지다. 인간은 수신기 역할을 하고 있으며 뇌를 통해 창조된 놀랄 만큼 정교한 도구를 이용해서 직접, 혹은 간접적으로 사물의 특질을 인간의 판단 기준으로 지각할 수 있는 것으로 바꾼다. 이렇게 해서 바뀐 현상, 즉 '인간화된' 현상이 애초부터 인간적인 우리의 과학 대상을 형성해 간다. 연구된 현상 대부분은(그 전부는 아니더라도) 실제로는 실험자(인간) 플러스 객관적 현상이라는 결합을 통해 얻을 수 있다. 과학적인 실험과 이론을 통해 철학적 결과를 끌어내는 것이 용납되는 한 이런 관찰은 매우 중요하다.

　그래서 하나의 현상을 제대로 이해하기 위해서는 객관적(외적)인 원인은 물론이고 그 현상과 그에 동반되는 주관적, 생물학적, 심리적 현상을 결부시키는 관계에 대해서도 인식해야 한다.

2
진리 '탐구'로 인해 진리로부터
'멀어진다'고 하는 역설

이상의 설명으로 과학에는 연속성의 결여가 있다는 것을 조금은 이해할 수 있었을 것이다. 지금도 여전히 과학은 완전히 분리된 하나의 분야로 나뉘어 있다. 그것을 확인하기 위해 한 가지 예를 들어보기로 하자.

양심적이고 현명한 관찰자가 인간 사회를 지배하는 법칙을 연구하려 한다고 가정해 보자. 그는 세계 곳곳을 여행하면서 모든 사회의 공통된 요소, 즉 인간을 조사하는 것이 가장 유익하다는 결론을 내리게 된다. 실제로 인간 집단을 지배하는 온갖 법칙은 개개인의 특징과 성격에 그 바탕을 두고 있다는 것이 논리적으로 보인다. 그래서 이 관찰자는 개개의 인간에 대한 연구를 시작한다. 이렇게 해서 그는 자신도 모르는 사이에 되돌아올 수 없는 경계선을 넘고 만다. 왜냐하면, 군집심리라는 것은 개개인의 심리로는 추측할 수 없기 때문이다.

　그는 과학의 일관성에 대해 확신을 하고 있다. 우주의 현상은 모두 연관성이 있고 기본적인 모든 현상에 대해서 완전한 지식을 쌓게 되면 더욱 복잡한 현상의 지식에 도달할 수 있다고 확신한다. 이 때문에 인간의 육체에 대한 무지는 중대한 단점이고 인간의 행동 원인을 알기 위해서는 인체 해부학과 생리학 연구가 필요하다고 생각한다. 이렇게 해서 그는 또다시 자신도 모르는 사이 처음과 마찬가지로 돌이킬 수 없는 두 번째 경계선을 넘게 된다. 생리학을 이해하게 되면 이젠 생화학에 도달하게 되고 세 번째 경계선을 넘게 된다. 생화학의 세포를 이해하기 위해서는 기본적으로 무기화학을 연구해야 하기 때문에 네 번째 경계선도 쉽게 넘어버리고 만다. 이윽고 그는 자신의 이론을 일관적인 것으로 만들기 위해 분자에 흥미를 갖게 되는 것은 물론이고 그것을 구성하는 원자, 더 나가 미립자를 구성하는 요소인 전자와 양자에도 손을 대게 된다. 이것이 최후의 경계선이다. 이 지점에 도달하면 어떤 방법을 쓴다 해도 처음의 문제로는 되돌아갈 수 없게 된다.

　그가 되돌아갈 수 없는 것은 우리의 관찰기준(즉, 사람의 신경계통에 영향을 미치는 원자의 작용 결과)으로는 원자의 '특성'과 전자구조가 지금까지 결부되지 않았기 때문이고 원자의 '특성'이 분자의 '특성'과도 결코 결부될 수 없기 때문이다. 나트륨은 금속이고 염소는 유독가스로 이 두 가지 원소가 화합(化슴)되면 염화나트륨, 즉 무해한 식염 소금이 된다. 그러나 이 두 가지 원소가 가진 특성에서는 소금의 특성을 예측할 수 없다. 또한, 생명의 특성은 생명이 없는 물질의 특성과는 결부되지 않고 사람의 사고와 심리는 생명이 있는 물질의 물리, 화학적, 생물학적 특성으로부터는 끌어낼 수 없다. 그래서 그는 출발점으로 되돌아갈 수 없다. 다시 말해 과학자는 어떤 하나의 관찰기준에서 다른 기준으로 옮겨감으로써 새로운 온갖 현상을 발견한다. 그러나 그로 인해 원래의 목표로부터는 점점 더 멀어지고 마는 것이다.

과학의 영역에서는
온갖 '한계'가 항상 따라다닌다

이렇게 관찰자가 이용한 것은 과학적인 방법의 전형, 바로 분석이다. 그러나 앞의 예에서 알 수 있듯이 이 방법에는 한계가 있다. 분석하면 할수록 해결하고자 했던 근본문제로부터 멀어진다. 그는 문제를 놓치고 연구하는 현상과 그 문제 사이에 어떤 연관이 있다는 것을 논리적으로는 알고 있으면서도 그 현상을 일으킨 근본 문제로 돌아가는 것이 불가능해지고 마는 것이다.

이것은 샤를 외젠 구이의 주장, 현상을 만들어 내는 것은 관찰기준이라는 주장을 뒷받침해 주는 구체적인 예이다. 관찰의 기준은 사람이 만들어 내는 것이기 때문에 사람에 의해 좌우된다. 자연에는 서로 다른 관찰기준이 존재하지 않는다. 단 하나, 거대하고 조화를 이루고 있는 현상뿐이다. 그러나 그것을 가늠하는 기준을 인간의 뇌 구조가 마음대로 분해하여 잘게 나누어 버렸기 때문에 일반적으로는 파악할 수 없게 된 것이다.

그러나 이것이 전부가 아니다. 또 한 가지 심각한 벽이 현재까지는 철학의 도구로서의 이론과학의 유효성을 크게 방해하고 있다는 점이다. 이 장해는 일시적인 것일지도 모른다. 미래에는 사라지고 없을 장벽일지도 모른다. 그러나 현재로서는 그 존재를 인정하지 않을 수 없다. 이 장해에 대해 간단하게 설명해 두기로 하자.

물질로서의 원자는 잘 알다시피 매우 작은 입자, 즉 양자와 전자, 중성자로 이루어져 있다. 그러나 지금까지도 원자의 영역과 전자의 영역 사이에는 넘기 힘든 거리가 있다. 전자의 운동을 설명하는 법칙은 원자를 지배하는 법칙과 같지 않다. 다시 말해 물질로서의 원자의 탄생으로 새로운 법칙이 세계에 등장하는 것이다. 그것은 전자의 영역에 존재한다고 생각할 수 없는 비가역성(非可逆性)이라는 특징의 법칙이다. 물질적인 현상(우리의 관찰기준으로는)은 한 방향으로 진행할 뿐 결코 역방향으로 진행하지 않는다. 한편 전자의 현상은 이 비가역성의 성질을 따르지 않는다. 현대 물리학에 의하면 그 현상은 가역성을 보인다고 한다.

이것은 근본적으로 중요한 문제지만 이미 확실한 논거가 있으니 더는 깊이 들어가지 않겠다. 그러나 이런 문제가 있다는 것만은 지적할 필요가 있다. 왜냐하면, 우주의 진화나 역사 아니 오히려 역사에 대한 인간의 해석에는 처음부터 일관성이 없다는 것을 독자 여러분이 기억해 주길 바라기 때문이다. 이 점을 잊지 않는다면 '생명' 연구를 하는 데 있어서, 그리고 '인간'을 연구할 때 부딪히게 되는 다른 모든 단절도 받아들일 마음의 준비를 할 수 있다.

3

법칙이란
'예지'에 불과하다

앞에서 살펴본 것과 마찬가지로 과학의 진짜 목적은 예견하는 것이고, 이 예견은 연속적으로 일어나는 온갖 사실을 조직적으로 연구함으로써 탄생한다. 모든 것이 확실한 순서로 이어져 있고 그것이 일반적일 때 즉 예외를 포함하지 않는 경우(그것은 매우 드문 일이지만) 이 계속은 수학이라는 관습적인 말에 의해 속기와 닮은 모습으로 표현되며 하나의 법칙이 된다.

우리는 이 법칙 덕분에 그것이 표현하는 현상의 구조를 알고 있다고 착각하는지도 모른다. 그러나 그것은 환상에 지나지 않는다. 이 착각은 큰 문제가 아니다. 왜냐하면, 사람은 원래 자신이 모든 것을 이해하고 있다고 믿고 싶어 하며 일반적으로 그렇게 착각함으로써 만족감을 얻기 때문이다. 전기공이라면 누구나 전지의 구조를 이해하고 있다고 생각하지만 더 우수한 물리학자라면 그런 식으로 생각하지 않는다. 전지가 어떤 작용을 하는지는 예지할 수 있지만 왜 그런 작용을 하는지는 지금도 충분히 알지 못한다는 것을 인정할 것이다.

통계에 의해
도출되는 '법칙성'

그렇다면 과학은 어떤 식으로 온갖 법칙을 제대로 예지하고 그 것을 정확하게 표현할 수 있을까?

오늘날에는 일반적으로 통계적인 방법, 매우 많은 유효한 요소를 바탕으로 한 방법이 이용되고 있다. 어떤 관찰기준이 정해졌을 때 거기서 얻을 수 있는 정확도를 고려한 요소의 수에 의해 좌우된다. 예를 들어보자.

생명보험회사나 화재보험회사는 1년에 평균적으로 몇 명이 사망하고 몇 건의 화재사고가 일어나는지에 대한 통계 위에 존재한다. 특정 조건에서 수백만의 주민이 살고 있으면 그 조건이 해마다 급변하지 않는 한 연간 사망자 수는 거의 변하지 않는다.

그것은 화재사건에서도 마찬가지다. 보험 계약자가 백만 명이고 평균 사망자 수가 천 명에 세 명꼴, 연간 삼천 명이라고 가정해 보자. 보험회사에서는 계약자에 대한 의무를 다해야 하는 것은 물론이고 주주들에게도 배당금을 지급할 수 있도록 보험료율을 계산한다. 이 계산의 정확도는 전쟁, 질병, 그 밖의 천재지변의 경우를 제외하고 회사가 이익을 거두고 있다는 사실에 의해 증명된다. 그 정확도는 거기서 발생하는 이익이 피보험자의 수에 좌우된다는 것을 쉽게 알 수 있을 것이다.

만약 보험 계약자가 열 명밖에 되지 않고 모두가 한 집에 살고 있다고 가정할 때 그중에 아홉 명이 질병이나 사고로 죽게 된다면 회사는 도산하게 된다. 그러나 백 명이 열 집에 나뉘어 살고 있으면 백 명 모두가 질병이나 사고를 당한다는 것은 생각할 수 없으므로 회사의 이익은 늘어난다. 천만 명의 보험계약자가 있다면 회사가 이익을 거둘 공산은 거의 확실하다.

그렇다면 분석적인 방법 덕분에 우리는 모든 물질을 입상의 상태, 다시 말해 분자라 불리는 모든 것이 같은 특성을 갖춘 미세한 요소로부터 만들어졌다고 생각하게 된다. 그리고 분자 그 자체는 원자라고 하는 더욱 작은 요소로 이루어져 있다. 원자를 지나 더 철저하게 분석해 보면 새로운 개별적 요소, 원자와 양자의 존재가 명확해진다. 이것들은 전기의 입자이며 물질의 성질 중 하나인 질량을 갖추고는 있지만 더는 물질이 아니다. 이렇게 해서 전기와 물질 사이에 다리가 놓이게 되는데 이 다리는 하나의 영역에서 다른 영역으로 건너갈 수 있을 만큼 안전하지 않다. 왜냐하면, 물질의 법칙은 전자에는 해당하지 않고 그 반대 또한 마찬가지이기 때문이다.

'우연'이
인간에게 영향을
끼치는 양면성에 대하여

　　　셀 수 없이 많은 요소로 이루어진 입자의 세계에 직면했을 때 우리가 통계적인 계산방법을 적용할 수 있는 것은 평균적으로 봐서 각각의 요소가 우연의 법칙에만 따른다고 여겨질 경우뿐이다. 실제로 우연한 법칙이라 불리는 통계학적 법칙이 유효한 것은 바로 이럴 때 국한된다. 그것은 명백한 사실이다.

　예를 들어 동전의 앞과 뒤를 맞추는 게임에서 이 우연한 법칙을 적용해 보자. 동전을 수없이 던지다 보면 결국 앞면과 뒷면이 나오는 횟수가 비슷하다. 그러나 이것은 동전의 방향이 우연한 작용에 의해서만 결정될 때에만 옳다. 만약 동전이 구겨져 있거나 비대칭이거나 하면 앞면과 뒷면 중 어느 한쪽의 횟수가 많아진다.

　기체의 압력이라는 단순한 물리현상에서 우연한 법칙, 확률의 계산을 통해 얼마나 놀라울 만큼 정확한 수치를 얻을 수 있는지를 생각해 보자. 하나의 기체는 영구운동을 하는 자유로운 분자로 되어 있다. 이 작은 입자는 서로 다른 속도로 이리저리 멋대로 움직이며 서로 충돌하거나 가두고 있는 용기의 벽면에 부딪힌다. 우리가 흔히 압력이라 부르는 것은 용기 내부에서 이러한 충돌 결과 발생한 것, 다시 말해 용기 벽면에 의해 가로막힌 각각의 분자 에너지의 총계에 불과하다(기체 분자운동론).

　내벽 표면의 단위 면적에서 분자의 매 초 충돌 횟수를 평균내 보면 모든 부분이 똑같다. 그것은 압력이 모두 일정하다는 의미이다. 우리의 관찰기준에서 이 사실은 경험으로 입증되어 있다. 분자의 충돌은 우연한 결과에 의해 일어난 것이고 만약 그렇지 않다면 각 부분에서 압력의 차이가 발생한다는 것이 실험을 통해 밝혀졌다.

물론 1㎠의 면적을 가진 부분이 받는 충격의 횟수는 매 초마다 항상 똑같지가 않다. 그러나 각각의 충돌 때 발생하는 에너지는 셀 수 없이 많은 충돌 횟수와 비교할 때 극히 미묘한 것이기 때문에 그 차이는 우리의 계기로는 거의 측정이 불가능하다.

실제로 섭씨 0℃의 통상 기압 하에서 1㎤에 포함된 분자는 약 30,000,000,000,000,000,000개이다. 이것은 보통 3×10^{19}로 나타낸다. 용기 벽면을 포탄처럼 움직이는 이 모든 분자에 의해 발생하는 에너지의 합계는 1기압이 된다(1㎠당 약 1kg). 단위 면적에 대한 분자의 충돌 횟수가 천 번 많거나 적더라도 그것은 현재의 가장 정밀한 기계로도 측정할 수 없을 정도의 아주 작은 차이에 불과하며 그 수백만 배의 차이도 거의 기록이 불가능하다.

또한, 만약 우리가 통계적인 방법을 사용하지 않고 엄밀하게 이 문제를 풀려 한다면 이들 분자끼리의 상호작용을 나타내는 3×10^{19}에서 되는 3×10^{19}(즉, 3에 19개의 0이 붙은 것)의 미분방정식을 설정해야만 한다. 그러면 계산하는 사람이 하나의 분자를 다루는 시간이 불과 1초라 해도 이 문제를 해결하기 위해서는 200억 명의 사람이 평생을 바쳐야 한다.

그것은 명백하게 불가능한 일이기 때문에 우연한 법칙을 이용한 통계적인 방법이 왜 꼭 필요한 것인지를 알 수 있을 것이다. 동시에 이것을 통해

'동요(動搖)', 혹은 '흔들림'이라 불리는 매우 중요한 사실에 관해서도 설명이 가능해진다.

용기 내벽에 대한 충돌 횟수가 천 번 많거나 적거나 하여 발생하는 극히 작은 오차를 동요라 한다. 물론 그것은 너무 작아 관찰조차 불가능하다. 그러나 때에 따라서는 이 동요가 중요해지기도 한다. 예를 들어 하나가 1㎤인 용기 두 개를 준비하여 각각 같은 기체를 채우고 짧은 튜브로 이었다고 가정해 보자.

계측기에 따르면 이 두 개의 용기 압력은 순식간에 균형을 유지하며 동일해진다. 물론 두 개의 용기 내 분자의 수는(그럼으로써 내벽의 충돌 횟수가 정해지지만) 항상 같지는 않다. 왜냐하면, 분자는 두 개의 용기를 연결하는 튜브에 의해 한쪽에서 다른 한쪽으로 이동하기 때문에 기하학적 횟수만큼의 우연이 일어나지 않는 한 왕래하는 분자의 수는 엄밀하게 같은 숫자가 될 수 없기 때문이다. 그러나 평균을 내보면 매 초마다 충돌 횟수, 다시 말해 압력은 대략 비슷해질 것이다. 무수한 분자가 존재하고 있으므로 평균을 내면 두 개의 용기 내의 차이는 계측이 불가능할 정도로 적어지는 것이다.

그런데 여기서 30,000,000,000,000,000,000개의 분자가 들어간 용기(1㎤의 용기)가 아니라 분자가 불과 10개밖에 들어갈 수 없는 작은 용기의 경우를 생각해 보자. 이때 하나의 분자가 우연히 한쪽의 용기에서 다른 쪽의 용기로 이동한다면 순식간에 처음 용기의 압력은 10% 줄어들고 두 번째 용기 쪽에는 10% 상승한다. 두 개의 용기 사이에는 20%의 차이가 발생한다. 하나의 분자가 이동했을 뿐인데도 이렇게 큰 동요가 발생하는 것이다.

처음의 예에서는 한쪽의 용기에 있는 분자의 수가 다른 쪽보다 천 개 많더라도 거기서는 계측이 가능한 차이를 확인할 수 없다. 이 관찰기준에서 본다면 연결된 용기의 압력이 똑같아진다는 법칙은 옳은 것이고 엄청난 우연이나 매우 희박한 동요가 발생하지 않는 한 이 법칙이 깨지는 일은 없다.

그런데 두 번째 예에서는 다른 관찰기준을 따르고 있어 여기서는 반대 현상이 일어나고 있다. 용기 내의 분자 수는 평균을 내더라도 결코 같을 수 없고 어떤 불균형이 상당히 큰 압력의 차이를 발생시키고 있다. 각각의 용기 속 분자의 수가 같아지기 위해서는 희박한 우연이 일어났을 때뿐이고, 게다가 그것은 아주 짧은 시간밖에 지속하지 않는다. 여기서는 압력이 같다는 법칙은 예외적인 것이 되며 일반적으로 그 압력에 차이가 생긴다. 이렇게 관찰기준이 바뀌는 것만으로도 관찰자의 처지에서 본다면 두 가지 현상이 발생하게 된다. 그러나 자연의 측면에서 본다면 현상은 하나밖에 존재하지 않는다. 그러므로 우연이란 과학 법칙의 토대임과 동시에 예외를 발생시키는 원천이기도 하다.

지금까지 말한 예는 매우 중요하다. 왜냐하면, 인간은 백 개나 천 개의 분자가 딱 맞게 들어갈 수 있는 용기를 만들 수 없지만 '자연'은 그것이 가능하다. 그리고 생물체에는 얼굴이 달린 것과 같은 요소, 즉 자연이라는 거대한 질서의 일부로서 중요한 역할을 맡고 있는 구조가 포함되어 있기 때문이다. 그리고 이 구조 속에서 존재하는 분자의 수가 너무나 적기 때문에 우연한 법칙 따위는 결코 맞지 않는다. 이것은 이미 살펴본 것처럼 피보험자가 상당수에 달하지 않으면 영업할 수 없는 보험회사와 마찬가지이다.

우연한 법칙은 지금까지 과학에 대해

위대한 공헌을 해 왔으며 앞으로도 그것은 변함이 없을 것이다.

생명은 우연적으로
탄생한 것일까?

-그 확률을 생각해 보자

1
무질서에서
생겨나는 '질서'

지금까지 우연에 대해, 그리고 과학적인 법칙의 구조에 대해 장황하게 말한 데는 두 가지 이유가 있다.

첫째, 현재의 과학적 법칙은 모두 우연을 토대로 하고 있다는 것, 다시 말해 그 근저에는 절대적인 무질서가 있다는 가설을 독자 여러분이 이해했으면 하는 바람 때문이다. 만약 분자와 원자, 전자가 완전히 무질서한 운동에 따르지 않는다면 통계적인 추론을 통해 확고한 법칙을 끌어낼 수 없다. 이런 자연에 대한 법칙은 훌륭한 조화를 이루고 있다. 그러므로 인간의 관점에서 본다면 '질서는 무질서에서 발생한다.'고 할 수 있다.

이것에 대해서는 잘 생각해 볼 필요가 있다. 사려 깊은 사람이라면 누구나 이 짧은 표현 속에 현대의 가장 정신적인 철학적 문제점 하나를 인정하지 않을 수 없기 때문이다. 그것은 '자연'과 '인간'과 '원인'을 같은 도표 안에 연결하도록 인간의 이성과 지성이 추구하는 문제이자 어떤 의견을 제시할 때 신중을 기하지 않으면 안 되는 문제 중 하나이다.

이 책의 표제와 목적을 생각해 본다면 앞 장의 내용은 무미건조한 사족에 불과하다고 생각할지 모르지만, 그것을 쓴 이유는 이 짧은 한 문장을 독자 여러분이 이해해 주기를 바라기 때문이다. 이 문장의 중요성을 독자 여러분이 꼭 이해해 주기를 바란다.

'우연'이
발생하는
과학적 근거

그리고 두 번째 이유, 지금으로서는 생명의 탄생에 대해 순전히 '우연'만으로는 설명할 수 없다. 지금의 과학으로는 설명이 불가능한 것이다. 본 장에서는 확률 계산을 이용하여 수학적으로 그것을 증명해 보려고 한다. 확률 계산이란 우연한 법칙을 수학적으로 표현하기 위해 온갖 규칙을 조합한 것에 불과하다. 그러므로 독자 여러분은 이와 같은 발상, 과학적인 사고방식의 체계, 진정한 '우주'와 우리가 그 우주에 대하여 품고 있는 이미지와의 상관성, 그리고 그 상관성이 불러일으키는 거대한 문제에 친숙해질 필요가 있다.

현대 과학은 칭송할 만한 가치가 있으며 경이로 가득하다. 더군다나 그것이 인간의 뇌의 산물이기 때문에 과학을 확립한 뇌에 대해서는 더 큰 칭송을 해야 마땅하다. 그러나 잊지 말아야 할 점이 있다. 인간의 논리와 비범한 천재성이 감각이라는 왜곡된 거울을 통해 얻어낸 온갖 요소의 도움을 빌려 만들어 낸 가설, 그것에 근거한 정신적인 우주와 무언 무색인 현실의 우주와의 관계에 대해 우리는 무시하고 있다. 아마도 언제까지나 계속해서 무시할 것이 틀림없다. 그런데 이 세상이 발산하는 광채는 이 현실의 우주와 인간의 의식이 서로 부딪히며 탄생한 것이다.

인간의 뇌는 끊임없이 모든 대상을 이해하고 싶어 한다. 그리고 이해를 위해서는 단순화, 다시 말해 대상을 하나의 공통 요소로 환원시킬 필요가 있다. 그러나 단순화라고 하는 것은 모두 제멋대로이기 때문에 결국 우리가 깨닫지 못하는 사이에 현실로부터 멀어지고 만다. 무언가를 이해하려고 하면 그 연구 대상인 문제를 잃어버리기에 십상이다.

인간의 연구 출발점은 감각이 토대가 되고 있다. 그 감각을 분석하다 보면 원자와 전자에까지 거슬러 올라간다. 그리고 원자론적으로 파악한 감각은 그 의미를 완전히 상실하게 된다. 모든 현상 속의 공통 요소를 통합하거나 발견하는 등의 필요성 때문에 인간은 자신도 모르는 사이에 자신이 탐구하고자 했던 영역과는 다른 곳으로 빠져들게 된다. 그러나 때로는 통합의 길을 끝까지 진행해 가는 사이 일반적인 법칙과 위대한 보편성과 놀랄 만큼 거대한 규모의 다이내믹한 진화 원칙을 운 좋게 끌어내는 경우도 있다. 앞으로 고찰을 진행해 나가는 동안 이러한 법칙과 만날 기회가 있을 것이다.

2
'확률' 이란 무엇인가?

우리는 먼저 확률 계산의 특수한 응용의 예 하나를 살펴보기로 하자. 그러나 그 전에 대상의 '확률' 이란 무엇인지를 정의해 두기로 하자. 확률이란 온갖 가능성의 총수에 대해 어떤 상황에 안성맞춤으로 일어날 수의 비(比)이다. 여기에는 온갖 가능성이 모두 똑같이 일어난다는 것이 전제가 된다.

예를 들어 동전의 앞뒤를 맞추는 게임에서 가능성의 수는 당연히 2(앞이나 뒤)이다. 일반적으로 그러하듯이 동전이 좌우대칭이라고 한다면 두 개의 가능성은 똑같이 일어난다. 그러므로 공중에 던져진 동전이 낙하하여 앞(혹은 뒤)이 될 확률은 1(내기를 한 두 사람이 서로 이길 수 있는 경우의 수)을 2로 나눈 수, 다시 말해 1/2이거나 0.5이다. 이 게임에서 이길 확률은 0.5라 할 수 있다. 주사위의 경우에는 면이 여섯 개이니 확률은 1/6, 다시 말해 0.166666…이 된다.

여기서 잠시 기억을 떠올려야 할 중요한 점이 있다. 위대한 수학자 조셉 베르트랑이 한 명언 "우연은 의식도 기억도 없다."는 것이다. 동전을 열 번 던져 모두 뒷면이 나왔다고 해도 그다음에 던졌을 때 뒷면이 나올 기회와 앞면이 나올 기회는 역시 같다. 확률은 여전히 1/2이다. 그러므로 운수를 점 치기 위해 한 번 지거나 이기는 경우는 있어도 그 게임이 정직하게 진행되 고 거기에 개입하는 것이 우연뿐이라고 한다면 게임을 오래하는 동안 승패 의 횟수가 균형을 이루게 된다는 것은 수학적으로 확실하다.

마찬가지로 자연 현상을 확률 계산을 바탕으로 한 법칙으로 설명하려 할 때 '자연'이 정직하고 속임수가 없다는 것을 확인할 필요가 있다. 나중 에 말하겠지만 '생명'이 존재하지 않는 동안에는 모든 것이 그런 식으로 일 어나지만 일단 '생명'이 출현하게 되면 절대 그것은 들어맞지 않게 되기도 한다.

일반적으로 말하자면 문제는 그리 단순하지 않고, 확률은 복합 감소적 인 것이다. 여기서는 확률이 다음과 같은 정리(定理)를 이용해 계산된다.

확률을 계산하고자 하는 대상이 두 가지 상황의 연속에 의해 성립된 경 우 그 확률은 최초에 일어난 상황의 확률과 그다음에 일어날 두 번째 상황 의 확률과의 곱과 같다.

간단한 예를 들어보자. 주사위를 던져 5가 연속해서 두 번 나올 확률은 어느 정도일까? 처음 확률은 1/6이다. 두 번째도 1/6이다. 따라서 5가(다른 숫 자도 마찬가지이다) 연속으로 두 번 나올 확률은 $1/6 \times 1/6 = 1/36$, 즉 0.0277… 로 이미 매우 작아졌다. 같은 수가 연속해서 다섯 번 나올 확률은 겨우

1/7,776, 또는 0.00013이다. 열 번 계속해서 같은 숫자가 나올 확률은 약 1/60,466,176, 즉 약 0.000,000,016이다. 이렇게 확률은 급속하게 감소한다는 것을 알 수 있다.

'시간'의
개입

잠시 가능하다거나 불가능하다는 말의 진정한 의미를 한번 생각해 보기 바란다. 확률적 사고방식이 물리학에 도입된 이래 이 두 개의 단어는 당연히 과학 용어에서 삭제되었다. 하나의 주사위로 7이 나온다는 논리적으로나 구조적으로나 불가능하다고 여겨지는 경우를 제외한다면 어떤 상황이 정말로 일어날 수 없다 하더라도 그것이 일어날 가능성은 논리적으로 항상 존재한다. 단, 어떤 상황의 확률이 무한히 적다면 일정 시간 내에 그것이 일어날 것으로 생각하는 것이 실제로는 불가능하다. 물론 논리적인 가능성은 항상 존재하지만, 그 가능성이 매우 희박하다면 반대로 그 불가능성이 확실해진다. 그리고 거기에 시간이 개입하는 경우도 있다.

예를 들어 하나의 현상이 일어날 수 있는 시간대를 잘라서 생각해 보자. 어떤 상황이 특정 조건에서는 백 년에 한 번 일어날 수 있지만, 그 조건은 24시간밖에 지속하지 않는다고 가정해도 좋다. 어떤 사람이 주사위를 던져 앞에서 말했던 것처럼 확률이 매우 낮은 숫자, 다시 말해 열 번 계속 같은 숫자가 나오게 하려 할 경우를 생각해 보자. 그것은 약 6천만 번에 한 번의 확률이다. 종일(24시간) 1초마다 주사위를 던진다면 하루에 86,400번 던질 수 있지만 그런데도 같은 숫자가 열 번 연속해서 나올 '단 한 번의 기회'를 얻기 위해서는 약 2년 동안 쉬지 않고 던져야만 한다.

게다가 주사위가 겨우 이삼일밖에 견디지 못하는 무른 재질로 만들어져 있다고 가정해 보자. 그러면 60,466,000번이나 주사위를 던지는 것이 불가능하여서 기회의 폭은 더욱 줄어든다. 물론 아무리 적은 횟수를 던지더라도 운 좋게 금방 같은 숫자가 계속될 확률도 항상 존재한다. 그러나 그런 행운은 거의 제로에 가깝다. 가령 주사위를 열 번밖에 던지지 못한다면 원하는 숫자가 나오는 것은 거의 불가능하다. 어째서 이런 예를 들게 되었는지는 잠시 후면 알 수 있게 된다.

이번에는 1,000개의 흰 입자와 1,000개의 검은 입자로 되어 있는 분말을 생각해 보자. 각각 입자는 서로 색만 다를 뿐이다. 이 입자들은 유리관에 들어 있고 관의 지름은 입자보다 조금 클 뿐이라 입자는 일렬로 늘어서 있어 서로 섞이지 않는다. 흰 1,000개의 입자는 관의 상부에, 검은 1,000개의 입자는 하부에 있다. 우리의 관찰기준으로 본다면 관의 절반은 희고 반은 검다. 완전히 비대칭을 이루고 있어 균질성이 없다(비대칭 도는 1이다).

이 유리관은 한쪽이 막혀 있고 반대편은 비어 있는 유리 볼로 이어져 있다. 이 용기를 거꾸로 하면 입자는 한데 섞여 유리 볼 속으로 떨어지게 된다. 다음으로 용기를 다시 되돌리면 입자는 하나씩 유리관에 들어가 쌓이게 되지만 그 위치가 전과는 달라진다. 실험을 개시할 때처럼 백과 흑의 입자가 분리되는 일은 결코 있을 수 없다. 흰 알갱이와 검은 알갱이를 구분할 수 없을 정도로 멀리서 관찰하면 유리관 전체가 회색을 띠게 된다.

그리고 또다시 용기를 흔든 뒤 원위치를 시키면 입자는 새로운 나열 방식을 하게 되지만 그럼에도 유리관은 여전히 회색이고 눈에 보이는 변화는 없다.

꽤 오랜 시간 동안 이 실험을 지속해도 우리의 인상은 거의 같다는 것을 관찰을 통해 알 수 있다. 이 사실은 확률 계산으로 정확하게 설명할 수 있다. 왜냐하면, 한 번 유리관을 흔든 뒤 흰 1,000개의 입자가 검은 1,000개의 입자와 완전히 분리될 확률은 0.489×10^{600}, 다시 말해 소수점 이하에 0을 수백 개 늘어놓고 그 뒤에 489를 붙인 숫자로 표시될 뿐이다. 이것은 책으로 말하자면 0이 12줄이나 이어지는 계산이 나온다. 그리고 이것은 백과 흑의 정렬 순서를 완전히 무시했을 때, 즉 두 종류의 입자가 색을 제외한다면 완전히 똑같은 것으로 생각했을 경우에 통용되는 수치이다.

100을 넘는 지수(指數)는 분명 인간에게 있어서 아무런 의미도 없다. 이것은 당연히 마이너스 100과 같은 음수에도 적용된다. 음수(앞에 마이너스 기호가 붙는 것)란 그 수가 곱해지는 것이 아니라 나뉜다는 의미이다. 예를 들어 $3 \times 10^{-3} = 3 \div 10^3 = 3/1,000 = 0.003$이 된다.

수학적 해답과
현실과의 괴리

　　이제 독자 여러분이 준비되었으니 본론으로 들어가기로 하자. 지구상에 생명이 자연 발생한 확률을 계산하려면 문제가 너무나 복잡하므로 그 계산의 기초를 세우는 것은 불가능하다. 그러나 이 문제는 단순화시킬 수 있다. 생명이 가진 본질적인 요소, 단백질 같은 거대한 분자의 탄생 확률에 대해서라면 우연만을 이용해서 계산할 수 있다.

　　생명 조직의 기본적 분자는 모두 뚜렷한 비대칭성을 특징으로 하고 있다. 앞에서 살펴본 것처럼 이 비대칭성은 0.5와 1 사이에 있는 수로 나타낼 수 있다. 1이라는 숫자는 최대의 비대칭성(흑과 백의 입자의 경우에는 흑이 모두 한쪽에, 백이 모두 반대편에 있는 상태)에 대응하고, 0.5라는 숫자는 완전한 균질성인 가장 대칭적인 분포를 나타낸다. 다시 말해 흑과 백의 입자가 관 속에서 균등하게 섞여 있는 상태이다. 그리고 가장 일어나기 쉬운 요동(같은 수의 매우 작은 편차)은 비대칭도 0.5 주변에 모여든다.

　　이런 계산은 구성 원자 수 2,000, 비대칭도 0.5의 분자에 대해 샤를 외젠 구이 교수가 한 것이다. 단백질은 최저라도 탄소, 수소, 질소, 산소의 네 가지 원자와 그 밖에 동이나 철, 혹은 유황 등이 더해져 만들어지지만 여기서는 단순화시키기 위해서 상정할 단백질의 구성 원자를 두 종류로 한정해 보기로 하자. 이 원자들의 원자량을 10이라고 가정한다면 -이 또한 이야기를 단순화시키기 위한 것이다- 분자량은 20,000이 된다. 이 수치는 아마도 가장 단순한 단백질의 분자량보다 낮을 것이다(달걀의 알부민은 34,500이다).

이렇게 자의적(恣意的)으로 단순화시킨 조건에서는 비대칭도 0.5라는 배열이 나타날 확률도 높지만, 그 확률은(우연만을 고려한다면) 다음과 같다.

2.02×10^{321} 즉,

이런 확률로 상황이 일어나기 때문에 필요한 물질의 양은 상상을 초월할 정도다. 그것에 도달하기 위해서는 10^{82}광년이 필요할 만큼 거대한 반경을 가진 구(球)의 양과 같다. 이 양과 빛이 지구에 도달할 때까지 200만(2×10^6) 년이나 걸리는 끝없는 성운(星雲)을 포함한 전 우주의 양으로도 비교할 수 없을 만큼 크다. 간단히 말하자면 아인슈타인의 우주의 $1,000^7 \times 1,000^7 \times 1,000^7$배의 크기를 상상해야만 한다(샤를 외젠 구이의 설).

우연한 작용과 보통의 열운동에 의해 비대칭성이 높은 단 하나의 분자를 만들어낼 확률은 현실에서는 0이다. 빛의 주파수(파장은 0.4미크론과 8미크론 사이)에 필적하는 매초 500조(5×10^{14}) 번의 진동을 상정했을 경우 지구와 같은 크기를 가진 물질 속에서 그런 분자(비대칭 도는 0.9) 하나를 만들어 내기 위해서는 평균적으로 약 10억 년의 10^{243}배의 시간이 필요하다. 그러나 여기서 간과해서 안 되는 것이 있다. 지구는 탄생한 지 아직 20억 년밖에 되지 않았고 생명이 나타난 것은 지구가 냉각된 직후, 약 10억(1×10^9) 년 전이다.

3

과학적 견해는 여기서
막다른 길에 봉착한다

.

이렇게 해서 우리는 자신이 원하는 주사위의 숫자를 계속해서 나오게 할 단 한 번의 기회를 잡으려 해도 원하는 대로 주사위를 던질 시간을 확보하지 못한 사람과 똑같은 상황에 놓이고 만다. 더구나 이번에는 단순히 300배에서 400배의 시간이 부족한 것이 아니라 10,243배의 시간이 부족한 것이다.

그러나 한편 아무리 적다고는 하지만 그 기회는 존재하며 이런 희박한 배열이 수십억 세기, 수조 세기 뒤가 아니면 일어나지 않을 것이라는 확증은 없다. 그것이 앞으로 2초 뒤에 일어날 수도 있다. 이것은 확률 계산과 딱 맞아 떨어진다. 그뿐만 아니라 어떤 현상이 두 번, 세 번 계속해서 일어나면서 그 뒤에는 두 번 다시 일어나지 않는 경우조차 있다. 그러나 가령 이런 사태가 일어나고 우리가 확률 계산을 신용한다면 그것은 하나의 기적을 인정하는 것과 같을 것이다. 그리고 결과적으로는 '단 하나의 분자' 혹은 고작해야 두 개나 세 개의 분자가 창출되는 것에 불과하다.

여기서는 생명 그 자체는 완전히 도외시되어 단순히 생물의 모습을 이루고 있는 물질의 하나가 문제 될 뿐이다. 그러나 생명의 탄생에 있어 하나의 분자만으로는 아무런 도움도 되지 않는다. 수억 개에 달하는 같은 분자가 필요하다. 동일한 분자가 계속 탄생하는 프로세스를 설명하기 위해서는 더욱 큰 수가 필요하다. 왜냐하면, 앞에서 살펴본 것과 같이 새로운 분자가 출현하지 않을 확률(복합 감소 확률)이나 주사위를 던져서 같은 수가 연속해서 나올 확률은 매우 높아지기 때문이다. 생명을 가진 세포가 등장할 확률을 수학적으로 표시하려 한다면 앞에서 말한 숫자는 대단히 작은 것이 될 것이다. 앞의 예에서는 확률을 키우려고 일부러 문제를 단순화했기 때문이다.

수많은 실험과 그 반응, 혹은 매 초마다의 진동에 대해서는 인정을 한다 해도 그것이 일어날 단 한 번의 기회를 얻기 위해, 평균 잡아 지구의 추정 나이보다 훨씬 긴 시간을 있어야 하는 등은 인간의 감각으로 본다면 도저히 불가능한 일처럼 여겨진다.

이렇게 해서 우리는 딜레마에 빠지게 된다. 주변의 현상을 충분히 설명해 줄 수 있는 과학이나 수학적인 사고방식에 절대적인 신뢰를 하게 되면 기본적인 문제를 놓치고 그 문제를 설명하기 위해서는 기적을 인정해야 한다. 또한, 과학의 보편성이나 우연만으로 모든 자연현상이 설명될 가능성에 의문을 품게 되면 기적과 초과학적인 무언가에 또다시 도움을 청하게 된다.

어쨌거나 우리는 현대 과학의 토대가 뒤집히지 않는 한 '생명'과 그 발전, 진화에 관한 모든 현상을 과학적으로 설명하는 것은 현실적으로 완전히 불가능하다는 결론에 도달한다.

이렇게 해서 우리는 인간 지식의 단절에 당면한다. 생명체와 비 생명체 사이에는 넘을 수 없는 골이 있다. 입자의 영역에서도 원자를 구성하는 전자와 그 원자 자체와의 사이에는 골이 존재한다. 언젠가 과학에 의해 이러한 골짜기에 다리가 놓일지도 모르지만 현재로서는 그것이 희망적 관측에 불과하다.

록펠러 연구소에서는 토끼의 유두종(乳頭腫)의 결정(結晶) 바이러스에 대해 와이코프가, 담뱃잎의 모자이크병에 대해서는 스탠리가 눈부신 발견을 했다. 둘 다 무기물과 유기물 사이에서 가교 구실을 하는 것으로 인기가 많았지만 지금 말했던 것과 같은 결과를 뒤집지는 못했다. 왜냐하면, 첫째, 이들 분자량은 대단히 크기 때문에 우연한 결과로 그것이 출현할 확률은 더욱 낮아지기 때문이다(그 분자의 양은 약 10,000,000이며 이것은 500,000 이상의 원자로 되어 있다는 것을 의미한다). 둘째, 이 물질들에는 전혀 생명이 없기 때문이다. 물론 재생을 하지만 그것은 유기물이 분해될 때 발생하는 프토마인이라는 이름의 독소처럼 유기물과 접촉할 경우에만 국한되어 있다.

인간이 만든 법칙은
정작 '인간'에게는
통용되지 않는다

우연한 법칙은 지금까지 과학에 대해 위대한 공헌을 해 왔으며 앞으로도 그것은 변함이 없을 것이다. 이 법칙이 무용지물이 될 것이라고는 생각할 수 없다. 그러나 이 법칙은 특정 종의 무기물 현상과 그 진화에 대해서는 훌륭하지만, 주관적인 해석을 표현한 것에 불과하다. 객관적인 현실에 대한 올바른 설명은 아니다. 또한, 세포의 온갖 특성은 복잡한 배합과 조정으로 발생하는 것이다. 혼합 기체로 가득한 혼돈상태에서 발생하는 것이 아니라는 사실은 우연한 법칙을 이용하여 파악하거나 설명할 수 없다. 이 전달 가능한 유전적, 지속적인 조정 기능은 우연한 법칙에는 전혀 들어맞지 않는다.

화재로 타는 집의 수와 용기 안의 기압을 측정할 때 이용한 것과 마찬가지 계산 때문에 생물학적인 현상 일반과 생물의 진화를 설명할 수 있다고 착각하는데 이것은 과학적인 입장의 표명이 아니라 일종의 신앙이다. 거의 일어나지 않을 동요에 의존하더라도 단순히 어떤 것이 양적으로는 불가능하지 않다는 것을 알 뿐 그것에 대한 질적인 면은 설명할 수 없다.

인간의 정신은 놀랄 만큼 뛰어난 지적 트릭에 의해 '자연'과 일치하는 도표를 만들어 왔지만, 그것은 여전히 무기물에만 적용할 경우 편리한 방법일 뿐이다. 이 도표를 전자방사의 분야(보스, 아인슈타인 통계)와 전자 에너지(파울리, 페르미 통계)에 적용하기 위해서는 크게 개선할 필요가 있다.

그러므로 가장 흥미로운 현상인 '생명'을 연구하고 최종적으로 '인간'의 연구에 도달하기 위해서는 에딩턴(영국의 천체 물리학자, 처음으로 상대성이론을 설명한 사람)이 말한 반우연한 도움을 빌려야 한다. 커다란 수의 법칙, 입자 전체에 대해 생각하기 위해서 각각 입자 성질을 모두 부정해 버리는 통계학적인 법칙을 고의로 짓밟아 버리는 '속임수'가 없어서는 안 되게 된다.

4
'과학 전능 신화'의 붕괴

지금까지의 내용을 정리해 보자. 먼저 말할 수 있는 것은 물질세계에 대한 우리의 지식은 일반적으로 생각하는 것보다 적으며 그 지식은 주관적인 것이자 뇌의 기능에 의해 제한된다는 것이다.

지금까지 인간이 확립해 온 온갖 법칙은 어떤 일의 연속성이라는 질서를 설명하고 동시에 자연이 보여주는 유사한 질서와 유사한 변동에 대응하는 양적인 변동에 대해서도 설명해 준다. 그러나 그것은 생명이 존재하지 않을 때만 해당된다.

사람이 우주에 대해 생각하는 이미지에는 단절이 있기 때문에 자연 속에 아름다운 통일성이 있다는 것을 증명하고자 하는 우리의 끝없는 노력도 현재로서는 철학적, 혹은 감상적이라고 할 수 있는 신념에 불과하다. 가령 이 통일성이 실재한다는 것을 명확하게 밝힐 수 있다 해도 그것은 인간의 직관적인 사고방식이 합리적인 방법보다 한발 앞서 진리에 도달했다는 것, 그렇기 때문에 직관적, 비합리적인 사고방식을 무시해서는 안 된다는 것을 증명할 뿐이다.

역으로 이 통일성을 확립할 수 없다면 우리의 과학은 다른 토대 위에서 다시 쌓아올려야 한다. 경우에 따라서는 이원론적인 사고방식까지도 필요해 진다. 그렇게 되면 인간은 직관적인 발상에 대한 경의를 다시 가르쳐야할 것이다. 왜냐하면, 먼 옛날부터 우리는 마음속으로 이런 가능성을 인정해 왔기 때문이다.

지금까지의 장에서는 현재의 지식을 기반으로 무기물의 세계를 해석하는 데 있어 정말로 유효하다고 알고 있는 방법과 같은 것을 이용하더라도 생명의 탄생은 어리석은 생명을 만드는 데 없어서는 안 된다고 여겨지는 물질, 즉 비대칭성이 높은 입자의 출현에 대한 설명조차 불가능하다는 것도 명확해졌다.

결국 과학에 대한 신념을 꾸준히 유지하는 것은 좋지만 현실적으로 그것이 전능하다고 맹신해서는 안 된다. 뇌의 활동에 대한 모든 것이 다 해명되지는 않았다. 합리적인 사고방식은 그 활동의 하나에 불과하고 전폭적으로 신뢰할 수 있는 것도 아니며 가장 민첩한 것도 아니다. 우리는 이 점을 결코 잊어서는 안 된다.

'현상'은 항상 단 하나의

의미밖에 가지지 않는다

CHAPTER
4

'생명'의 진화 법칙과
진화의 '종점'

1
과학이 인도하는
'세계의 종말'

지금까지 다뤄온 모든 문제에 대해 독자 여러분은 왜 그것들에 이렇게 많은 페이지를 할애했는지 의문을 품을지도 모른다. 또 이런 문제는 이 책의 표제와 논리적으로 관계가 없는 것처럼 보인다. 그런 의미에서 지금까지의 서론은 설득력이 부족하다는 느낌이 들리라는 것도 부정할 수 없다.

그러나 지금까지의 세 장이 없었다면 진화의 일반과 인간의 자유 -자유 의지- 를 논하는 본 장은 거의 이해할 수 없을 것이다. 이 장에서는 흔히 말하는 유물론, 기계론, 합리주의, 그리고 때로는 무신론에 대하여 논하고 이러한 모든 철학적 견해가 일부 사람들이 생각하는 것처럼 과학적이지 않다는 것을 자세히 밝히고자 한다. 이런 주제에 대해서는 책 한 권을 쓰고도 남지만 여기서는 많은 예 중에서 그 정도면 충분하다고 할 수 있는 현저한 예

하나만 선택하기로 하겠다. 실제로 여기서 문제가 되는 것은 그 철학적 견해의 장단점을 논하는 것이 아니라 그것이 실제로 유지되고 있는가 하는 점이다.

모두가 잘 알다시피 현대 과학은 모든 물질이 무한한 원자와 분자로 되어 있고 그 원자와 분자가 통상적으로 엄청난 속도, 게다가 우연으로만 좌우되면서 완전히 제멋대로 돌아다닌다는 것을 명확하게 밝히고 있다. 우리는 이미 이러한 운동을 '완전한 무질서'라는 역설적인 말로 표현해 왔다.

동시에 과학적인 법칙은 그 토대에 무엇 하나 조직적인 질서가 없어서 유효성을 가지고 있다는 것도 앞에서 지적했다. 흔히 말하는 '우연한 법칙'의 정확함은(우리의 관찰기준으로 본다면 무시할 수 없는 점이지만) 특별한 원자라고 하는 것이(지금까지 검토해 온 어떤 특수한 견지로 본다면) 전혀 존재하지 않는다는 사실과 원자는 한결같이 모두 다 예측이 불가능한 무질서한 방법으로 운동하고 있다는 사실에서 비롯되고 있다.

무기적인 세계, 그 현실적인 해석의 가장 중요한 점인 카르노(1796~1832, 프랑스 물리학자, 수학자), 클라우지우스(1822~1888, 독일 이론 물리학자)의 기본 법칙, 이른바 열역학의 제2 법칙을 확률 계산과 결부시킨 것은 현대 과학의 최대 성공 중의 하나였다. 실제로 위대한 물리학자 볼츠만은 이 법칙을 근거로 한 무기물의 불가역적인 진화는 대칭성의 끝없는 증대와 에너지의 평균화를 특징으로 하며 더욱더 '일어날 확률'이 높아지고 있는 진화임을 증명했다. 즉, 우주는 지금 존재하는 모든 비대칭성이 평평해지면서 모든 운동이 멈추고 완전한 암흑과 한기가 지배하는 것 같은 하나의 균형 상태를 향하고 있다는 것이 된다. 이것은 -이론적으로 말하자면- 세상의 종말이다.

인간 뇌 활동의
위대한 결과

그런데 우리 인간은 이 지상에서 또 한 가지 진화, 다시 말해 생물의 진화를 눈앞에 두고 있다. 앞에서 살펴본 것처럼 우연한 법칙으로는 생명의 탄생을 설명할 수 없다. 그러나 비대칭성이 줄어드는 상태를 향하고 있는 것 이외의 모든 진화가 우연한 법칙에 의해 금지되어 있음에도 불구하고 생명의 진화 역사는 구조적으로나 기능의 면에서나 비대칭성이 착실하게 증가하고 있다는 것을 보여주고 있다. 게다가 이런 경향은 통계학적으로 배제되고 있는 '거의 일어나지 않는 요동'과는 거의 관계가 없다. 왜냐하면, 이런 경향은 지구상에 생명이 탄생한 이래 착실하고 꾸준하게 나타났으며 비대칭성도 인간이 만든 법칙 따위는 모른다는 듯이 오랜 시대를 걸쳐 증가하여 결국에는 인간의 뇌 속에서 그 정점에 달했기 때문이다.

이 엄청난 모순은 오늘날 유물론 앞에 넘기 어려운 장애물로 가로막고 있다. 지금까지 자주 인용되었던 유일한 논법, 생명 전반과 그 진화가 -사상을 나타내는 것과 같은 것을 포함해서- 무시할 수 있는 동요에 불과하다는 논법은 오히려 처량한 느낌이 든다. 왜냐하면, 무기물의 진화라는 사고방식은 인간이 자신의 뇌 속에서 만들어 낸 개념이고 그와 달리 생명의 진화는 화석처럼 관찰이 가능한 끝없이 이어져 있는 사실에 의해 증명된 현실이기 때문이다. 그러나 인간에게 무기물의 진화라는 생각을 품게 하고 그것을 체계화시켜 준 지적 노력에 대해서는 일축해 버리거나 무시하지 않고 '보잘 것 없는 동요'가 만들어 낸 궁극의 결작, 다시 말해 인간의 뇌 활동의 위대한 산물이라고 생각하는 것이 좋을 것이다.

따라서 생물학상의 진화를 무기물의 진화를 따르게 하려는 시험은 처음부터 과학적, 혹은 철학적인 것이라고 간주해서는 안 된다. 만약 지적이라는 말이 어원적인 의미 -라틴어의 intelligere 에는 '이해한다.'라는 의미가 있다- 로 사용된다면 이런 실험은 지적일 수가 없다. 시대에 뒤처진 유물론자는 인간의 생명에는 원인도 없고 목적도 없으며 인간은 의미 없는 온갖 힘의 소용돌이에 휩싸인 무책임한 물질의 부스러기라고 순진하게 확신하고 있다. 여기서는 재치 넘치는 철학자 화이트 헤드의 명언이 떠오른다.

"인생에는 목적이 없다는 것을 증명하는 것을 목적으로 자신의 인생을 사는 과학자에게는 그 자체가 흥미로운 연구 대상이다."

2
'생명의 진화'의 역동적인
꿈틀거림을 인식하자

오늘날 생명의 진화를 우연만으로 설명하는 것은 도저히 무리이다. 그런 설명으로는 인간과 그 심리적인 활동, 온갖 상황을 전체적인 도표 속에 끼워 넣는 것조차 불가능하다. 생명의 형태가 서서히 상승하면서 발전해 간다는 사실에 관해서도 설명이 불가능하고 오히려 그 발전을 부정하기까지 하고 있다. 그래서 또 하나의 가설이 필요해진다. 그 가설이란 단 하나, 다시 말해 궁극 목적론(파이널리즘)이다.

불행하게도 이 궁극 목적론은 다수의 선한 과학자들로부터 오해와 곡해를 받아 지금은 완전히 -그리고 당연히도- 시대에 뒤처진 것이라 여겨지고 있다. 이런 학자들이 저지른 큰 과오는 궁극 목적론을 '생물의 종'이라는 범위로 국한했다는 점이다. 그리고 그곳에서의 놀랄 만한 적응성에만 눈길을 돌려 보다 중요한 현상의 흔적, '문(파일럼)'과 '강(클래스)', '목(오더)'처럼 큰 집단에서 변형을 놓쳤다. 그 때문에 그들은 진화에 대한 중요한 문제를 설명하지 못했고 설득력 부족으로 궁극 목적론이라는 가설은 거의 사라지고 말았다.

이런 운명은 당연하다면 당연하겠지만, 궁극 목적론은 다른 형태로 다시 되살아날 수 있으며, 그리 되어야 한다고 생각한다. 그리고 이 재생은 매우 오랜 지질학적 시대의 전부를 아우르고 진화를 그 기원에서부터 현 단계에 이르기까지 빈틈없이 바라봐야 비로소 가능해진다.

우리는 거의 알려지지 않은 진화의 세세한 부분과 그 체계에 대해서는 일단 잊고 창조라고 하는 위업의 전체상을 정적(靜的)으로가 아닌(그것을 부동의 것으로가 아니라) 역동적으로(이 위업이 끊임없는 변화의 연속이라는 것을 잊지 말고) 바라봐야만 한다. 아무리 세세한 부분에 흥미가 있어도 그것에 빠져들지 말고 가장 원시적인 유기체에서 사람과 그 뇌의 믿기 어려운 발생에 이르기까지, 진화의 몇몇 기본적인 단계에 주목할 필요가 있다.

대성당을 감상하기 위해서는 멀리 떨어진 곳에서 바라보아야 한다. 너무 가까우면 조각상과 정문과 장식은 잘 살펴볼 수 있지만, 조각가가 의도한 전체적인 인상을 놓치기에 십상이다. 거리를 두고 바라보지 않으면 그 인상을 파악할 수 없다. 진화를 이해할 경우에도 시간의 흐름을 전체적으로 파악하여 각 시대를 빠짐없이 망라하고 다시 그것을 움직임이 있는 것, 끊임없이 변화하는 것으로 연구해야 한다.

영화를 보는 방법은 두 가지가 있다. 하나는 정적으로, 필름의 한 콤마

한 콤마를 돋보기를 이용해 살펴보는 방법이다. 또 하나는 스크린에 필름을 투영하여 보는 방법이다. 처음 방법으로는 흐르는 영상에서는 놓치기 쉬운 세부의 흥미로운 발견을 할 수 있을지 모르지만, 거기에는 움직임이 없으므로 전체의 관련성을 파악할 수 없어 주역들의 연기를 확실하게 느낄 수 없다. 움직임이 없어서 그들의 표정이 무엇을 의미하는지 알 수 없다. 진화 또한 불완전한 필름과 같은 것이다. 지금은 그 대부분이 비어 있지만, 진화의 현상과 매우 잘 보존되어 온 과거의 단편 몇 가지는 우리도 알고 있다. 단, 전체의 의미를 파악하기 위해서는 단편의 하나하나를 상상력을 통해 최대한 잘 이어붙이지 않으면 안 된다.

'인간'의 새로운 출발
─양심의 표출

　　　　19세기 초에 퀴비에(1769~1832: 프랑스 동물학자, 고생물학자)와 라마르크(1744~1829, 프랑스 동물학자)는 모든 화석을 수집하여 사실을 훌륭하게 분석했지만, 그 이후 우리에게는 나날이 풍부한 물적 자료가 제공됐다. 그러나 진화의 공정과 체계를 해명하기 위해서는 인간의 경험과 인간적 사고방식에 입각한 발상, 모든 것을 인간과 비교하고자 하는 발상은 최대한 피하지 않으면 안 된다.

　인간은 항상 모든 문제에 자신의 사고방식과 반응을 대응시키려고 한다. 예를 들어 동물과 곤충의 심리를 다룰 때도 그것들의 반응을 같은 조건에서 자신이 느끼는 반응과 비교하려 한다. 이 둘의 조건이 전혀 같지 않다는 것, 그리고 인간은 동물의 생리학적 구조에 의해 발생하는 반응을 완전히 이해하고 있지 않으며 앞으로도 절대 이해할 수 없다는 것을 망각하고 있다.

가령 코끼리 피부에 기생하는 미생물이 우리와 같은 지성을 가지고 있고 그 선조들이 과학을 수립하고 인간의 선조들이 그랬던 것처럼 그것을 후세에 전했다 하더라도 그 미생물은 자신에게 있어서의 우주, 즉 코끼리를 지배하는 모든 법칙에 대해서는 그다지 명확한 관념을 가지고 있지는 않을 것이다. 그 미생물은 약 1cm의 계곡, 인간으로 치자면 대략 2,000m에 필적하는 협곡 바닥에 살고 있다. 그곳에는 그들이 사는 세계에 대해서 우리 인간과는 완전히 다른 이미지가 형성되어 있는지도 모른다. 이 때문에 코끼리가 몸을 긁거나 물을 뿌리거나 할 때 눈에 보이지 않는 주민들이 이렇게 예상하지 못했던 큰 변화를 전혀 다른 원인의 탓으로 돌린다고 해도 이상할 게 없다. 그러나 우리는 하루 24시간이 1세기, 혹은 4세대에 해당하는 미생물적 견지는 피하는 것이 좋을 것이다.

인간의 진화를 연구하는 것은 먼 옛날에 시작된 이야기의 한 장에 불과하다는 것을 잊지 말아야 한다. 인간의 진화 전에는 무기물의 진화가 있었고 이것은 앞에서 말했던 카르노, 클라우지우스의 법칙에 지배되고 있다. 지금도 여전히 우리 주변에서 그 진화는 계속되고 있다. 그리고 무기물의 진화 전에는 원자와 분자가 아직 존재하지 않는 또 하나의 시대가 있었는데 이것에 대해서는 거의 알려지지 않았다. 왜냐하면, 이 시대는 아마도 백억 년 전으로 거슬러 올라가야 하기 때문이다.

이 시대의 도래는 좀 더 훗날의 일일지도 모르지만, 대략적인 추측으로 본다면 10조 년까지 거슬러 올라가는 일은 결코 없다. 입자와 전자와 양자 등의 진화, 즉 최초의 진화(이렇게 말하는 것이 맞는지조차 알 수 없지만)가 제2의 진화와 같은 법칙을 따르지 않았다는 것은 명백하다. 원자와 분자의 세계는 비가역적이므로 되돌아갈 수 없기 때문이다.

모든 사건과 현상은 고립된 체제(系)로 여겨지는 우주 에너지의 근원(이용 가능한 힘)을 바닥내고 있다. 그러나 만약 우주가 독립되어 있지 않다면 다른 조직으로부터 일정량의 에너지를 빌릴 수 있으리라는 것은 확실하다. 에너지의 소산(消散)이라는 이 모호한 과정을 거치는 동안 원래의 질서, 즉 에너지를 일이라는 형태로 유효하게 활용하는 모든 비대칭성은 완전하고 절대적인 무질서(비대칭성의 결여)로 향하려 한다. 엔트로피(물리법칙 중에서 가장 근본적인 법칙 중의 하나가 에너지 보존법칙)란 이 과정에서 소멸한 유효 에너지의 대응물이자 무질서를 가늠하는 하나의 잣대라 생각할 수 있다.

전혀 상상할 수 없는 오랜 시간에 걸쳐 몇몇 진화를 포함한 하나의 '진화'가 존재해 온 것이다. 그러나 우리가 관심이 있는 것은 인간 자신의 진화, 인간 자신의 모든 문제뿐이다. 이미 살펴본 것처럼 생물의 진화는 무기물 진화의 열쇠를 쥐고 있는 기본 법칙을 따르고 있다고는 보이지 않는다. 이 사실은 인간의 과학이 지금까지 이 두 가지 진화를 결부시키려는 시험이 실패로 이어지고 있다는 것을 가르쳐주고 있다는 점에서 흥미롭다. 그리고 우리는 이 사실을 통해 생물 진화에서 또 하나의 새로운 출발, 즉 사람의 마음속에서 갑자기 양심이 나타난다는 문제를 이전보다 쉽게 받아들일 수 있게 될 것이다.

'현상'은 항상
단 하나의 의미밖에
가지지 않는다

유물론자와 유심론자 사이에는 또 하나 확실하게 큰 논쟁을 해온 대립이 있다. 그것은 자유를 둘러싼 대립이다. 신앙을 가진 모든 사람, 인간을 단순한 동물이나 목적도 없이 움직이는 거대한 기계의 무책임한 톱니바퀴라는 식으로 생각하는 모든 사람, 인간은 자신의 손으로 스스로 운명을 형성해 나갈 수 있다고 믿는 모든 사람에게 있어 자유의지의 존재가 절대적으로 없어서는 안 된다는 것은 의심의 여지가 없다.

반면에 우연밖에 믿지 않고 과학을 통합하는 것, 모든 현상(여기에는 생명과 사고도 포함된다)에서 공통된 기반만을 찾고자 하는 단순한 유물론자는 우주가 어떤 기계적인 것이라는 놀랄 만큼 단순한 사고방식을 품고 있어 그것을 뒤집어 놓을 요소의 존재는 결코 인정하려 하지 않는다.

이 두 가지 신조는 서로 대립하는 것처럼 보인다. 그러나 유물론자는 단호하게 자신이 합리적이고 과학적이라고 자부하면서도 자기모순에 빠지는 경우가 많다. 결과적으로 그 신념은 스스로 신념이 감상적이라는 것을 깔끔하게 인정하는 유심론자에 뒤지지 않을 정도로 감상적인 것이 되고 만다.

이것이 바로 유물론자의 약점이다.

결정론자의 견지를 설명하기 위해 자주 다음과 같은 비유가 이용된다. 공중에 던져진 돌은 자신이 자유라고 착각할지 모르지만, 우리 인간은 그 돌이 중력의 법칙에 얽매여 있고 따라서 자유롭다 생각할 수 없다는 것을 알고 있다. 이것과 마찬가지로 인간은 자신이 자유라고 착각하는지도 모른다. 그러나 사물에 대한 깊은 지식을 가지고 있는 관찰자의 측면에서 본다면 이 자유 감각은 진짜가 아니라 현실의 객관적인 근저에 도달하지 못하는 인간의 무능함에서 비롯된 주관적, 환상적인 반응을 보여주는 것에 불과하다.

여기서는 먼저 오래된 토론이 라플라스(1749~1827, 프랑스의 수학자, 천문학자)의 옛 결정론이 받아들여지던 시기의 산물이라는 것을 지적해 두겠다. 1900년경에는 이 결정론은 우연만을 원동력으로 하는 통계학적 결정론으로 바뀌고 최종적으로는 법칙과 모순될 수 있는 동요도 이론적으로는 일어날 수 있다는 것을 인정하게 되었다. 따라서 돌이 낙하하지 않는다는 것도 생각할 수 있다.

그러나 현실에서는 결코 그런 일은 일어나지 않는다. 또한, 철학적 처지에서 보더라도 이 비유는 거짓으로 가득하다. 한쪽(돌의 운동)은 하나의 의미밖에 없고 다른 한쪽(인간의 행동)은 다양한 의미로 해석할 수 있으므로 이 두 가지 상황을 논리적으로 비교하는 것은 불가능하다. 외부의 관찰자 측면에서 보면 중력의 법칙을 따르지 않는 돌은 본 적이 없어서 설령 돌이 무언가를 '생각' 했다 하더라도 그 결론은 결국 땅에 떨어질 수밖에 없다는 것이다. 돌이 스스로 그것을 선택이라 부르든 복종이라 부르든 큰 문제가 되지 않는다. 중요한 것은 돌이 그 결론을 거스르는 선택은 절대로 할 수 없다는 점이다. 역사적으로 보더라도 가능성은 하나뿐이다. 이런 형상은 하나의 의미밖에 가지지 않는다.

3
인간에게 남겨진
유일한 선택권

이제 인간에 대해 생각해 보자.

인간의 견지, 인간의 관찰기준에서 말하자면 마치 모든 일이 인간의 뜻대로 될 것처럼 보인다. 자신의 동물적 본능에 따라 커다란 육체적 만족을 얻거나 반대로 그런 만족을 경멸하고 더 고상한 인간적이고 정신적인 가치라 불리는 것을 얻고자 추구한다 해도 그것은 본인의 자유다. 그리고 후자의 목표 추구는 동물적인 자기와의 싸움을 의미하기 때문에 고통을 동반하지만, 궁극적으로는 최대의 기쁨을 안겨준다는 것을 우리는 알고 있다.

이런 두 가지 길이 인간에게만 존재한다는 것은 의심의 여지가 없다. 이성적으로 말하자면 인간의 주관적인 반응이 어떻든 간에 이 두 가지 가능성 사이에 차이가 있다는 것은 쉽게 증명된다. 왜냐하면, 만약 여기에 차이가 없다면 앞뒤를 맞추는 동전 게임처럼 어느 한쪽을 선택할 확률은 같아지기 때문이다. 그렇다면 두 가지 길을 선택하는 인간의 수도 거의 같아야 하지만 실제로 그런 일은 결코 있을 수 없다. 따라서 두 가지 길을 선택할 확률은 같지 않고 둘 사이에 차이가 발생한다. 결국, 인간의 사고방식은 다양한 의미로 해석될 수 있다.

그러므로 관찰자는 마음을 차분히 가라앉히고 인간의 진화가 동물에 의해 정해진 전통을 따를 것인지, 아니면 인간의 전통을 따를 것인지 결론을 내려야만 한다. 그러나 그가 도덕적이고 매우 인간적인 흐름을 따르는 형태로 인간발전의 길을 선택할 것이라고는 생각하기 어렵다. 왜냐하면, 대다수 인간이 반대 방향을 지향하는 것 같기 때문이다. 그리고 거기에는 진화에 대한 단 하나의 길, 지금까지와 마찬가지로 생리학적, 해부학적 진화의 연장선에 있다는 결론이 날지도 모른다. 그러면 또 하나의 가능성(도덕적 진화)은 동물적인 진화에 아무런 영향도 끼치지 못하는 단순한 '동요', '흔들림'으로 밖에 생각할 수 없게 된다.

그러나 '동요'란 '정해진 것'이 아니라 그 정의로 볼 때 완전히 우연에 의한 것이다. 인간은 항상 다음과 같은 딜레마에 빠지게 된다. 그것은 온갖 유혹에 굴복할 것인지 자신의 본능적 충동을 따를 것인지 아니면 유혹에 저항하고 애초의 생리적 충동과는 상반된 도덕적인 충동을 따를 것인지 하는 딜레마다. 분별이 있는 사람이라면 누구나 결코 이 딜레마의 존재를 부정하지 못할 것이다.

진짜 문제는 인간이 자유롭게 스스로 길을 선택하고 그에 따라 행동할 것인가 하는 점이다. 인간의 태도가 '정해진 것'이 아니라는 사실이 확실해진 지금, 남겨진 유일한 선택은 인간이 자유라는 것뿐이다.

우리가 맞이해야 할
진화의 '종점'

　　　도덕적, 정신적 진화의 흐름을 단순한 동요로 보는 한, 두 가지 가능성에 직면했을 때 인간의 선택이 우연에 의해 좌우된다는 것은 이성적으로 볼 때 인정할 수 없다. 적어도 2, 3만 년이라는 기간에 걸쳐 존속했고 계통적으로 반복되어 온 동요는 이미 동요라 할 수 없고 그것은 확실한 특징을 가진 하나의 현상이 된 것이다.

　동물적인 것, 그리고 정신적인 것이라는 것 두 그룹 중에서 어느 것이 먼 미래까지 살아남을지 누가 알 수 있겠는가? 관찰하는 우리조차 해답을 낼 수 없다. 지금의 세계에서 정신적인 사람이 소수파라고 해서 그것이 인류 진화의 진정한 요소가 아니라고는 단정할 수 없다. 진화의 역사라는 것은 일반적으로 소수의 단체, 갑작스러운 변이의 형태에서 비롯되고 있다. 독자 여러분은 뒤에서 그런 몇 가지 예를 보게 될 것이다. 그러므로 '동요'가 현실적으로 진화의 주류가 될 수 있다는 가설은 제외되지 않은 것이다.

　따라서 자유의지의 존재는 과학적으로도 무시할 수 없는 것은 물론이고 오히려 그것만이 유일하고 타당한 가설로 남겨지게 된다. 그렇다면 인간의 역할은 5만 년 전에 우연한 결과로 시작되었을지도 모른다는 동요를 최종적으로는 진화의 일반 법칙이라 할 수 있는 법칙으로 바꾸어 나가게 될 것이다. 그리고 그것은 자유의지에 의해서만 달성할 수 있고 이 때문에 그 자유의지는 이 진화를 위해 중요한 도구가 되는 것이다.

물론 인간적 견지에서 본다면 그 사정은 훨씬 단순하다. 우리는 경험상 의무의 길을 걷는 것이 얼마나 힘든지, 그 이외의 길을 걷기가 얼마나 쉽고 편한지를 잘 알고 있다. 그런데도 어떤 희생을 치르더라도 자신의 이상에, 자신의 '동요'에 승리를 안겨주겠다고 결심하는 사람도 있다. 그런 사람들은 이상을 위해 피를 흘리고 죽어간 선조들의 슬픈 역사가 몸속 깊이 배어 있고 자기가 싸우고자 하는 현실도 충분히 알고 있다. 그러나 그들은 그런 고통에도 불구하고 남들보다 행복할 것이며 언젠가 자신은 승리를 거둘 것이라 확신한다. 우리의 조상인 동물은 살아남기 위해 싸웠지만, 인간은 더 숭고한 본인의 운명에 대한 믿음을 위해 싸우고 있다. 앞으로 수세기가 흐른 뒤 같은 이상을 품고 있는 사람들로 세상이 가득 차게 된다면 그때의 다른 '관찰자'는 소위 이런 기독교적 가치야말로 진화 법칙의 결과라고 결론을 내릴 것이다. 우리의 바람 또한 바로 그 점에 있다.

4
'올바른 선택'을
하기 위해

나는 이런 토론이 유물론자를 이해시킬 수 있다고 믿을 만큼 순진하지 않다. 신념을 지닌 인간은 단순히 말과 논리만으로 설득시킬 수 없다. 비합리적인 신앙을 가진 사람들은 -그리고 유물론자가 그런 사람들이라는 것은 지금까지 살펴본 바로 알 수 있을 것으로 생각하지만- 합리적인 토론에 굴복하지 않는다. 그들과 우리 사이에는 같은 말을 쓰고는 있지만, 그 의미가 다르기 때문이다. 우리가 인간에게 있어 전자(電子)보다 훨씬 현실성이 있는 도덕적, 정신적 가치에 대해 논할 때도 그들은 그런 가치를 인정하지 못한 채 구실에 불과한 물질적인 세계를 굳게 믿고 있다. 인류가 원자력의 해방으로 완전한 파멸의 위기에 처해 있는 지금, 사람들은 더 크고 보다 높은 도덕적 발전이야말로 그 위기를 막을 수 있는 유일한 방법이라는 것을 깨달기 시작했다. 인류 역사상 처음으로 인간은 스스로 지성이 만들어 낸 업적을 두려워하며 지금까지 선택했던 길이 과연 옳은 것인지를 의심하기 시작했다.

지금까지 진화의 자유, 혹은 자유 의지에 대한 기계론적인 자세에 대해 논한 이유는 엄밀하고 과학적인 합리주의를 자랑하는 유물론자가 자신들의 전문 분야에서도 모두 옳지 않을 수 있다는 점을 지적하는 데 있다. 물론 유물론자는 자신의 잘못과 모순을 공공연히 드러내지는 않을 것이다. 그러나 그들에게 합리적 사고와 과학적 사실이 자신들 신조의 기반이라고 강변할 자격은 없다. 이것은 반드시 명심해야 할 것이다.

이제부터는 지구의 생명 진화에 대한 이야기를 시작하기로 하자. 궁극 목적론의 견해를 가지지 않는다면 전혀 이해할 수 없다는 것을 독자 여러분은 이해해 주기 바란다. 또한, 이야기를 진행하는 지침으로써 목적론적인 가설을 이용할 생각이다. 이것은 그야말로 하나의 궁극적 목표를 가진 궁극 목적론이며 새로운 용어로 표현하자면 '종국적 궁극 목적론' 이라고도 부를 수 있을 것이다.

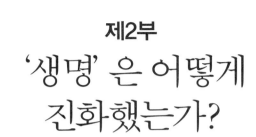

제2부
'생명' 은 어떻게
진화했는가?

The Evolution of Life

사라진 생물, 살아남은 생물

지구의 나이와
고생물의 발생에 대하여

1
지구의 나이를
생각해 보자

지구상의 생명체에 관해 이야기하기 전에 지구의 나이와 지질학상의 연대를 결정하기 위해 이용되는 몇 가지 방법을 잠시 알아보기로 하자. 여기서는 수억 년 전까지 거슬러 올라가 특정 동물의 출현을 다루게 되는데 독자 여러분은 숫자가 어떤 근거와 어떤 방법에 의해 받아들여지게 되었는지를 알 권리가 있을 것이다.

최근의 신뢰할 수 있는 자료에 따르면 지구의 탄생 시기는 태양과 은하계의 다른 행성들과 거의 같다고 한다. 지구의 나이는 약 46억 년 정도로 결코 그보다 오래될 수는 없다. 태양 또한 50억 년을 넘는 일은 없을 것이라고 한다.

방사능을 조사해 보면 지구의 나이는 상당히 정확하게 계산할 수 있다.

그 방법을 간략하게 알아보기로 하자.

특정 종의 원소는 자연스럽게 붕괴하여 간다. 그때 원자핵은 자신의 일부를 방사하여 질량이나 전하(電荷), 아니면 이 둘 모두가 이전과는 다른 새로운 개체성을 띄게 된다. 약 20종의 원자에 대해서는 자연스럽게 이 프로세스를 따른다는 것이 알려졌으며 현재는 원자 수백 종을 인공적으로 만들어 낼 수 있다.

자연 방사성 원자의 경우 세 가지 계열 -라듐 계열, 악티늄 계열, 토륨 계열- 에 있어서의 붕괴 출발점이 되는 것은 대부분 안정된 원소이다. 이 때문에 이 프로세스는 매우 완만하여 일정량의 물질에 있는 원자의 아주 미미한 부분이 붕괴하는 데도 1년이 걸릴 정도다. 다행히 이런 방사성 현상을 측정하기 위해 이용되는 방법(피에르 퀴리 법)은 정밀도가 매우 높아 변화된 물질의 양을 꽤 정확하게 측정할 수 있다.

중(重) 우라늄은 1년에 65억7천만 개의 원자 중 하나가 자연스럽게 소멸한다. 경(輕) 우라늄, 다시 말해 악티노우라늄의 경우에는 10억3천만 개의 원자 중에 하나, 토륨은 2백억 개의 원자 중에 하나가 소멸한다. 이 결과로 발생하는 원자는 부모 원자보다 훨씬 안정성이 떨어지지만 일련의 오랜 변화 과정을 지나 최후에는 셋 모두 각각 원자량 206, 207, 208을 지닌 납의 세 가지 동위체(동일 원소지만 질량수가 다른 원자)인 안정된 원자핵이 된다.

이 경우 중간 생성물 속에는 100만 년에 달하는 수명을 가진 것이 있는가 하면 거의 1초의 수분의 1밖에 존재하지 않는 것도 있다. 그것들은 일정한 주기로 서로 교차하며 나타나 온도와 압력 등 그 어떤 외부적 요인에도 속도가 절대 변하지 않는 특징이 있다. 우리는 틀리지 않는, 절대적으로 신뢰할 수 있는 시계를 가지고 있는 셈이다.

우라늄을 포함하는 광물이 10억 년 동안 암석 속에 갇혀 있다면 처음에 있었던 원자의 14%가 붕괴하여 이 원자들에 상당하는 양의 납 원자로 바뀌게 된다. 이 원자량은 처음 우라늄 원자량의 12%에 해당하며 나머지 2%는 이 과정에서 떨어져 나간 헬륨의 원자량을 나타낸다.

암석 표본이 오래될수록 그만큼 납은 많아진다(검출된 납의 양과 잔존하는 우라늄양의 비율을 살펴보면 그 암석이 형성된 이후 지난 시간을 알 수 있다). 물론 처음부터 방사성이 없는 보통의 납도 존재하지만, 그로 인해 오차가 발생하는 일은 없다는 것을 알아둘 필요가 있다. 왜냐하면, 자연의 납은 항상 원자량 204의 동위체를 매우 적은 분량만 포함하고 있기 때문에 그것은 방사성 붕괴 프로세스 과정에서는 결코 발생하지 않기 때문이다.

우리의 흥미를 끄는 것은 이러한 측정 법칙을 통해 얻을 수 있는 최대의 숫자뿐이다. 그것을 이용함으로써 지구가 응고되기 시작한 시대를 확정할 수 있다. 이 숫자에는 15억 년에서 18억 년이라는 폭이 있다. 암석과 토양의 형성 연대를 알 수 있으면 그 속에서 발견되는 화석의 나이를 산출해 낼 수 있다는 것은 확실하다.

2
생명은 어떻게
탄생했는가?

생명 기원의 문제는 복잡한 단백질 기원의 문제와 떼려야 뗄 수 없으므로 지금은 일단 접어두고 여기서는 진화의 관점만을 생각해 보기로 하자.

진화가 어떻게 시작되었는지를 상상하는 것은 지금으로서는 불가능하다. 최초에 하나의 세포가 있었는지, 아니면 최초의 세포 이전에 뭔가 무정형의 생명체가 존재했는지에 대해서는 아무것도 아는 바가 없다.

슈반(1810~1882, 독일의 동물생리 및 해부학자)과 그 이후의 생물학자 대부분은 모든 생명체가 세포로 이루어졌다는 세포설을 주장했다. 그러나 극히 초보적인 유기체 중에 몇몇은 다핵세포로 나뉘어 있지 않다. 예를 들어 항균세포는 수목과 같은 구조를 하고 있으며 무게는 약 454g에 달한다. 현재도 존재하는 이 유기체들은 영양 섭취, 호흡, 분비, 이동, 생식 등, 모든 생체 기능을 가지고 있다. 이것은 항균 세포뿐만이 아니다. 곰팡이 종류인 조균강 (藻菌綱)과 조류(藻類)에 속하는 관조목(管藻目)도 그 한 종류이다.

진화가 동물과 식물을 막론한 모든 생물이 공통으로 매우 초보적인 출발점에서 시작되었다는 것은 아마도 확실할 것이다. 그러나 처음부터 이 둘 사이에는 유사성과 동시에 커다란 차이가 있었다. 동물의 활동 기반이 되는 영양 공급원은 혈액이고 고등동물의 경우에는 여기에 근본적인 물질, 헤모글로빈이라는 붉은색 색소를 포함하고 있다. 이것은 산소를 세포에 공급하여 노폐물을 산화, 혹은 연소시킨다. 헤모글로빈의 분자는 매우 크고 복잡하며 그 구조는 종류에 따라 서로 다르다(평균적인 분자량은 69,000).

화학적으로 살펴보면 이 헤모글로빈은 식물과 조류(藻類)의 순환색소인 엽록소(분자량 904)와 매우 가깝다. 이 때문에 유사성을 인정할 수 있지만, 분자 속 철 원자가 하나 존재하는 것이 헤모글로빈의 특징인 반면 엽록소는 그 구조가 훨씬 단순해서 한가운데 마그네슘 원자 하나를 함유하고 있다. 다시 이야기가 복잡해지지만, 고등동물 이전부터 존재하고 있던 하등동물, 절지동물이나 연체동물의 혈액에는 종류에 따라서 400,000에서 6,700,000까지 서로 다른 분자량을 가진 색소가 있다. 거기에는 철과 마그네슘이 아닌 동(銅) 원자가 함유되어 있다(예를 들어 특정 달팽이가 그렇다).

조류(藻類)에서
볼 수 있는
진화의 과정

        어떤 생명체에서 다른 생명체로의 화학적 변화는 어떻게 일어나는 것일까? 솔직히 말해 그것을 상상하는 것은 불가능하고 갑자기 나타났다는 가설도 결코 만족할 수가 없다. 어떤 변화가 있었다는 것은 확실하지만, 그것이 어떻게 해서 일어났는지는 결코 알 수 없을지도 모른다.

    수백만 세기를 걸쳐 살아남은 초보적인 유기체 속에서 그 원생체(原生體)와 아주 조금 모습이 변한 그것들의 자손을 발견하는 것은 거의 불가능하다. 그러나 우리는 곳곳에서 기묘한 모습의 생체(生體)를 발견한다. 마그네슘(엽록소에서 채취한 것)을 함유하고 있으면 그 생체는 식물이라 할 수 있어 마그네슘은 하나의 판단 기준이 된다. 그렇지 않다면 식물인지 동물인지를 분류하기 힘들다.

    와편모충(渦鞭毛蟲)도 이런 초보적 형태의 하나이다. 이것은 육안으로는 볼 수 없는 조류로 고인 물속에서 번식하며 현미경으로 살펴보면 활발하게 움직이고 있다. 길고 부드러운 꼬리로 튀어 오르거나 회전하면서 재빠르게 헤엄친다. 세포 모양의 몸뚱이는 마치 호흡을 하는 것처럼 수축, 팽창을 반복하고 눈처럼 생긴 빛에 예민한 붉은 반점 하나는 무언가를 응시하는 것처럼 보이기도 한다. 그 모습은 놀랄 만큼 다양하다.

    와편모충은 식물일까, 동물일까? 이 정도의 진화 단계에서는 이런 의문은 큰 의미가 없다. 와편모충은 엽록소를 가진 단세포의 유기체로 대부분 복잡한 섬유소 피막으로 뒤덮여 있다. 훨씬 진화된 식물과 마찬가지로 물속에 녹아 있는 미네랄과 대기 중의 가스를 섭취하고 있다. 동물은 도저히 이런 흉내를 낼 수 없다.

엽록소의 존재는 지금까지 오랜 세월 동안 진화를 해 왔다는 것을 증명해 주는 것일까? 그럴지도 모른다. 왜냐하면, 조류 속에는 엽록소가 없는 녀석들도 있기 때문이다. 그러나 녀석들에게는 또 다른 색소가 포함되고 있다. 그래서 어떤 종류가 먼저 존재했는지를 증명하는 것은 불가능하다.

학자들에 따라서는 조류보다 훨씬 오랜 선조는 선캄브리아기의 시생대라 불리는 고대의 연수 해양에 생식했던 박테리아(막대 모양의 미생물)였다는 설도 있다. 이 박테리아는 오래 살아남았고 그중에는 진화를 포기한 것도 있지만, 그 직계 자손은 현재도 철광이 채취되는 늪지나 그곳에서 흘러나오는 산화철이 포함된 붉은색의 물속에서도 발견된다고 한다. 이것이 렙토트릭스(금속염을 함유하는 깨끗한 물속에서 철과 망간염의 산화를 조장하는 화학적 타급 영양 세균)라는 것으로 녀석들의 오랜 생식 역사는 도널드 크로스 피티에 의해 훌륭하게 묘사되었다.

3
무기물에서 유기물로,
'죽음'의 발명

지금의 우리 지식으로는 특정 유기체가 또 다른 유기체와 비교해서 역사가 더 오래되었다고 단정할 수 없으며 어느 한쪽에서 다른 한쪽이 탄생했다고 주장하는 것은 더더욱 불가능하다. 단, 일련의 불가사의한 현상의 결과로서 남조류라 불리는, 지금도 존재하는 매우 초보적인 청색의 조류가 발견되었다. 이 조류는 엽록체는 갖고 있지 않지만 엽록소와 보조색소를 지니고 광합성을 하는데 대표적인 색소는 피고 빌린류(피고 에 리트린, 피코시아닌)이다. 이런 식물은 관처럼 된 모양이나 공처럼 둥근 모양을 하고 있다는 점, 그리고 무성생식(無性生殖)을 한다는 점에서 박테리아와 비슷하다.

이 식물이 완벽한 단계까지 도달한(?) 어느 날, 위대한 전진이 찾아온다. 녹색의 조류가 생각할 수 있는 모든 진화의 희망과 가능성을 겸비하고 바다와 하천으로 밀려들어 온 것이다. 이 조류는 핵을 가지고 있으며(이것은 일종의 기적이다) 게다가 유성생식(有性生殖)을 시작한 것 같다(이것도 기적이다). 세포 구조와 핵을 가진 녹색의 조류는 정말로 청색 조류로부터 태어난 것일까? 그것은 확실하지 않다. 이 둘의 차이는 매우 커서 변화 과정에 대해서는 아직까지 알 수 없다. 그러나 만약 녹색 조류가 청색 조류에서 태어난 것이 아니라면 그 기원은 대체 무엇일까?

어쨌거나 이 진보는 대단한 것이다. 왜냐하면, 동물과 식물의 몇 가지 무성생식 방법이 알려졌다고는 하지만 그 프로세스는 같은 형질(形質)의 무한 재생산에 불과하기 때문이다. 하나의 세포와 유기체는 두 개의 개체에서 분열되고 성장하여 각각 다시 두 개로 분열한다(유계 분열, 분체, 맹아(萌芽: 싹 틈) 등). 예기치 못한 사태라도 일어나지 않는 한 절대로 사멸하지 않는다. 특정 주기에 따라 끊임없이 증식을 계속하기 때문에 훨씬 광범위하고 지배적인 현상에 의해 억제되지 않는 한 그 압도적인 양은 순식간에 지구를 질식 상태로 몰아갈 것이다.

진보와 급속한 진보는 서로 다른 환경에서 성장한 서로 다른 종족의 혼합과 유전적 개량에 의한 혼란이 있어야 비로소 가능해진다는 것이 논리적인 듯싶다. 무성 세포는 개체로서 죽음을 알지 못한다. 그것은 불멸이다. 그러나 갑자기 유성생식의 시대를 맞이하게 되면서 전혀 새롭고 예기할 수 없었던 순환적 현상, 개체의 탄생과 죽음이 발생하는 것이다. 수정해야 하는 유성식물은 개체의 불멸성을 손상시키지만 특정 종족을 복잡하게 진보시키기 위해서는 없어서는 안 된다는 것이 확실하다. 실존하는 종류를 한데 섞어 이미 가지고 있는 특성들을 모아 유전적 개량을 꾀하고 그것을 더욱 풍성하게 할 필요가 있었다.

이것은 포유류의 출현처럼 중요하면서도 이해하기 어려운 큰 변화였지만 지금까지는 그 점이 충분히 강조되지 않았다. 특정 단계를 지나더라도 생물학적 진화가 지속된 것은 공간적으로나 시간상으로 제약을 받는 온갖 개체 덕분이다. 개체의 역할에 대한 이런 사고방식은 기본적인 것이면서 무기물과 생명체와의 뚜렷한 차이, 즉 기존의 차이에 다시 더 심해지는 차이도 원래는 이런 사고방식에 의한 것이라고 여겨진다.

이렇게 이미 진화된 개체의 탄생은 종에 따라 차이는 있지만, 특정 기간이 지난 후 스스로 죽음을 맞이한다. 하나, 혹은 몇 개의 다른 개체에 생명을 전달한 뒤 스스로 소멸하여 자신이 기적적으로 벗어난 무기물의 우주로 되돌아간다. 따라서 진화의 견지에서 본다면 자연의 최대 고안물은 죽음이라 할 수 있다.

그다음은 항상 짧은 생명밖에 가지지 않은 개체를 통해, 그리고 이 개체 덕분에 점진적인 진화가 계속된다. 그것은 흩어진 음표에서 생겨나 기억만 남긴 채 침묵 속으로 사라져버리는 멜로디와 같은 것이다. 단명한 개체가 생물학적인 진화의 최초 요소를 만들어 낸 셈인데 이것은 마치 후세에 심리적인 개체가 정신의 진화에 없어서는 안 될 요소를 만들어가는 것과 마찬가지이다. 확실한 반증이 없는 한 다음과 같이 말해도 큰 지장이 없을 것이다. 자연의 진화는 죽음의 도래와 함께 무기물이 우주를 지배하는 통계학적 속박을 어떻게 해서든 피하려 노력하기 시작했고 인간적인 자유가 도래하기 위한 길을 정리해 왔다고 말이다.

'진화론'의 시작

지금까지, 그리고 앞으로의 페이지에서 연대와 시대를 표시하는 숫자를 다룰 곳에서는 정확한 주석이 필요하다. 진화의 연대기는 매우 의심스러운 것이라는 사실을 잊어서는 안 된다. 종의 '출현'이나 유기체는 '천천히 자신을 완성한다.'거나, '거대한 첫걸음을 내디뎠다.' 등의 표현을 할 경우에는 가장 위대한 저술가나 과학자들에게서 인용한 생각을 전하고 있다. 그러나 그들과 우리가 확고한 시대의 순서와 새로운 생명의 갑작스러운 출현, 점진적인 개량의 존재를 확신하고 있다는 의미는 아니다. 우리가 자유롭게 다룰 수 있는 사실은 고대의 암석과 유기체가 충적층(沖積層)에 남긴 흔적뿐이라는 것을 반드시 염두에 두기 바란다.

물론, 때로는 매우 오래된 생물의 흔적이 현재의 특정 종의 생물에 남겨진 흔적과 매우 흡사한 경우가 있는데 이 경우에는 오늘날의 흔적이 선캄브리아기에 살았던 원래 종의 것과 같은 것이 아닐지 생각해 볼 수도 있다. 흔적이 많으면 그것이 발견된 지층의 연대에 따라 특정 시기에 이들 유기체가 커다란 발전을 할 수 있었다는 추론도 가능하다. 그러나 그것으로 이 종의 유기체 제1호가 출현했던 날을 알 수 있는 것은 아니다. 어쩌면 수백만 년 동안 어딘가 발굴되지 않은 곳에 매우 적지만 존재하고 있었을지도 모르고, 아니면 대홍수가 삼켜버렸을지도 모르기 때문이다.

그러나 일반적이고 평균적인 견해로 본다면 우리가 다루고 있는 사실을 근거로 진화의 역사를 대략 살펴보는 것은 용납된다. 그것이 세세한 내용에 있어 조금의 잘못도 없다고는 단정할 수 없지만 그래도 꽤 정확한 인상을 전해주기는 한다.

육생생물의 탄생

선캄브리아기의 지질학적 층에 대해 언급할 때 잊어서 안 되는 것은 이 시대가 박테리아에서 인간에 이르기까지의 진화 전체에 걸렸던 시기의 5분의 4, 다시 말해 약 27억 년에 걸쳐 있다는 점이다. 따라서 이 시기에는 수없이 많은 현상이 속속 벌어졌을 것이다. 그것은 화석 연구를 통해 입증되었다. 예를 들어 식물은 천천히 진화했으며 동물의 경우에도 건조한 토지에 모습을 나타내기 전에 상당히 완벽한 단계까지 도달했다는 것을 엿볼 수 있다.

이 시대에는 매우 초보적인 수생식물이 막 탄생했지만, 한편으로는 이미 온갖 종류의 동물 지렁이와 같은 연충(환형동물)뿐만 아니라 원추상의 껍질이 있는 연체동물(현재 바다에서 볼 수 있는 따개비 등과 닮은 것)과 절지동물인 삼엽충, 대형 갑각류들이 무리를 이루며 살고 있었다. 이런 동물의 발견은 놀라움 그 자체였다. 왜냐하면, 선캄브리아기의 세계가 이미 매우 노화되어 있다는 사실이 그로 인해 밝혀졌기 때문이다.

연충류가 박테리아 청조류, 녹조류와 비교해서 긴 다리의 진보를 보여주고 있다면 삼엽충은 연충류와 비교했을 때 더 큰 진보를 이루었다. 삼엽충은 고도로 진화된 동물로 그 배아 형성을 살펴보면 선조의 계열이 오래되어 왔다는 것을 알 수 있다. 그러나 이 시대에는 육생식물의 흔적은 전혀 찾아볼 수 없었고 극히 초보적인 해양식물의 흔적만 발견되었을 뿐이다. 따라서 동물계와 식물계의 기원이 같다고 한다면 다음과 같은 결론을 내릴 수밖에 없을 것이다. 다시 말해 박테리아와 조류(藻類), 그 밖의 유기체에는 원시적인 선조가 있으며 그것은 출현 후 얼마 되지 않은 시기에 분화되어 마그네슘을 함유한 엽록소가 복잡하고 동(銅)을 함유한 혈청소(헤모시아닌)로 바뀐 것이다.

진화의 메커니즘은 그것이 일단 시작되면 그 종족 속에서는 급속도로 진전되었지만 동일 종의 다른 종족은 형태를 바꾸지 않고 살아왔다. 당연히 두 개 이상의 종족 중에서 거의 동시기에 같은 현상이 일어날 가능성도 있다. 그러나 그 이외의 종족은 아무런 영향도 받지 않고 거의 10억 년이 지난 지금도 당시의 모습과 매우 흡사하다.

이 사실은 원시적인 수생식물과 고도로 진화한 동물이 함께 공존했다는 것을 증명하고 있다. 동물 진화의 시작은 지구의 요람기, 다시 말해 선캄브리아기 전반에까지 거슬러 올라가야 한다고 할 수 있다.

동물계에서는 처음부터 식물계보다 급속한 진화가 이루어져 왔다. 만약 동물 이전에 식물이 존재했고 그 기원이 같다고 한다면 한쪽에서 다른 한쪽으로의 이행은 급속, 혹은 거의 순식간에 일어났을 것이다. 이 또한 확률계산에 의존하지 않는 것이 현명한 또 하나의 문제이다.

고생대(캄브리아기, 오르도비스기, 실루리아기, 데본기, 석탄기, 페름기 등의 6단계가 있다.)에는 단단한 껍질로 덮여 있는 경린어류(硬鱗魚類)가 바닷속에서 살고 있었다. 그 밖에도 문어의 선조인 두족류, 앵무조개, 완족류, 공기 호흡을 하는 전갈류도 있었다. 다형종인 전갈류는 신장, 간장, 심장 등, 인간에 이르는 모든 자손과 마찬가지 기관을 가지고 있고 그것들의 구조와 기능은 현재의 동물과 기본적으로 닮았다. 기관의 외관 또한 마찬가지로 복잡했다. 이것은 4억3천만 년 이상 전의 일이다. 이 시대의 건조한 육지에는 양치류는커녕 그 어떤 식물도 존재하지 않았을 것이다.

최초의 육생식물은 캐나다의 가스페 반도에서 발견되었다. 그것은 실루리아기(오르도비스기 뒤의 시대)에 나타난 잎이 없는 30센티 정도의 작고 초라한 식물이다. 백여 년 전에 이것을 발견한 존 윌리엄 도슨 경은 프실로피톤(벌거벗은 식물)이라 명명하였다. 무성하고 우아한 석탄기의 식물이 나타난 것은 그로부터 7천8백만 년 또는 4천8백만 년 뒤의 일이다. 이때는 아름다운 손바닥 모양의 잎으로 둘러싸인 10m를 넘는 거대한 양치류, 가지와 잎사귀가 있고 키가 15m에 달하는 코르다이테스(석탄기에 무성했던 소나무와 닮은 교목), 그 외에도 많은 식물이 있었다. 현대 산업의 대부분은 먼 옛날에 비축된 태양 에너지를 지금의 석탄이라는 형태로 재공급해 주는 이 거대한 숲에 의존하고 있다.

또한, 석탄기에는 최초의 나자식물(裸子植物:겉씨식물)인 소철류와 은행나무류가 나타난다. 소철류는 지금도 열대지방에 존재하고 은행나무류를 대표하는 은행나무는 쥐라기 초기의 모습에서 거의 변하지 않았다. 마지막으로 침엽수류가 발달한다. 이것은 오늘날의 삼림에서도 중요한 위치를 점유하고 있다. 은행나무류와 침엽수류는 양치류와 함께 거대 파충류 시대의 한 발짝 앞인 이 세대의 마지막 생존자이다. 노송나무와 이와 동종인 거대한 세쿼이아는 무시무시한 공룡과 동시대의 것으로 훨씬 나중에 출현하게 된다.

4

고생물의 흔적을
거슬러 오르다

오늘날 진화론을 믿지 않는다는 건 불가능하다. 그러므로 우리는 싫든 좋든 간에 인간의 출현 문제를 정면으로 직시하지 않으면 안 된다. 인간의 육체는 생명의 가장 원시적인 형태까지 거슬러 올라가야 하는 일련의 유기체로부터 태어났다고밖에 생각할 수 없다. 그렇다고 해서 시생대, 중생대, 그 외의 시기에 있었던 그 어떤 동물도 인간의 조상이라고는 단정할 수 없다. 그런 확증은 하나도 없다.

현재는 '인간의 조상은 원숭이다.' 라고 믿는 사람은 아무도 없다. 그러나 모든 생물에는 공통적인 기원이 분명 있을 것이고 진화는 존재하고 있어서 최초의 종족은 아마도 극히 일부의 분화를 한 생명체로 아직 무기물에 가깝고 어느 정도 진화를 한 유기체는 아니었다는 사실은 여전히 변함이 없다. 그러나 이 가설은 그런 생물이 어떻게 탄생했는지에 대한 의문에 아무런 답변도 내놓지 못하고 있다. 이 의문에 대한 답을 얻기 위해서는 그 생물을 탄생하게 한 그 이전의 진화를 확인해야 하고 그렇게 되면 또다시 같은 문제가 발생하게 된다.

인간과 동물의 파생관계를 새롭게 조합하기 위한 실험 소재를 얻을 수 있는 것은 고생물학이다. 진화라는 사고방식을 받아들이게 된 것은 이 과학의 덕분으로 우리는 그 이상의 것을 바라면 안 된다.

수백만 년이 지난 화석을 완전무결한 상태로 보존하기 위한 조건은 그리 많지가 않다. 조직과 기관이 완전하게 보존된다는 것은 더더욱 그렇다. 뼈는 공기와 빛, 습도와 접촉하게 되면 소멸하고 부서져 풍화한다. 극히 드문 우연에 의해 동물이 갑자기 홍수에 휘말리거나 공기와 물로부터 보호를 받고, 유기 섬유가 광물질로 변화는 등의 경우에만 그 골격과 내장기관을 정확하게 재구성할 수 있다.

파충류와 조류의 중간 상태의 생물인 시조새에 대해 알 수 있었던 것도 이런 우연에 의한 것이다. 입자가 가는 석판 모양의 편암(상부 쥐라기 층)에는 그 흔적이 놀랄 만큼 세밀하게 보존되어 있어 최초의 날개 구조를 또렷하게 알 수 있다.

다량의 석회를 포함한 물의 흐름에 의해 화석이 만들어지는 것도 마찬가지로 예외적인 경우이다. 프랑스 센 강 근처에는 약 4천만 년 전인 신생대 제3기에 물속에서 꽃이나 곤충이 화석이 되었다. 가장 보존상태가 좋은 것은 호박 속에 곤충이 들어 있는 경우다. 잘 알다시피 호박은 침엽수의 수지

(樹脂)가 화석으로 남은 것이다. 점신세(漸新世: 올리고세, 적어도 2천만 년 전)의 삼림이 중요한 지층으로 발견되었으며 이 수지에 빠져버린 곤충은 단순히 보존된 것이 아니라 말 그대로 방부 처리가 되어 아무런 손상도 입지 않았다. 물론 이러한 우연(偶然)이 발생하는 것은 아주 작은 동물에 국한 한다.

또한, 고대 침전 생성물의 대부분은 해저에 깔려 있어 여기에 접근하는 것은 사실상 불가능하지만, 채석장이나 광산의 개발로 인해 때로는 세상을 깜짝 놀라게 하는 발견을 하는 경우도 있다.

벨기에서는 지하 수백 미터의 탄광 갱도에서 23마리의 이구아노돈(하부 백악기의 공룡)이 발견되기도 했다. 그러나 전 세계의 광산을 다 합치더라도 대륙 표면의 극히 일부에 지나지 않는다는 것을 생각해 볼 때 이런 지층을 발견하는 것이 얼마나 어려운 것인지는 쉽게 이해할 수 있을 것이다.

동물이 남긴 발자국에 대해서도 마찬가지다. 와이오밍, 콜로라도, 애리조나, 유타 등지에서는 또렷한 발자국이 발견되기도 했다. 어떤 공룡의 발자국은 132cm나 되었다. 이 발자국을 통해 이 동물의 크기를 상상할 수 있다. 놀랄 정도로 인상 깊은 발자국도 있다. 뜨거운 애리조나의 태양 아래 물감을 칠해 놓은 것 같은 사막 근처에서 그 발자국을 보고 있노라면 마치 실제로 공룡을 보고 있는 듯한 생명감조차 느껴진다. 그것은 진흙을 밟고 지나간 거대 공룡의 몸통 그 자체이다. 푸른 하늘을 배경으로 저 멀리 바위산 중 하나에 이 괴물의 모습이 나타날 것 같은 느낌이 들 정도다. 시간의 경계가 무너지면서 이 거대한 짐승이 1억 년 전에 지나간 것인지, 아니면 어제 막 지나간 것인지 착각이 든다.

사라진 생물,
살아남은 생물

고생물이 전해주는 자료를 통해 진화의 기초와 구조를 입증하고자 할 때 경솔한 해석은 금물이다. 그 소재는 너무나 불완전하고 서로 연결되지 않기 때문이다. 과도기, 새로운 형태의 것은 당연히 그 수가 적으며 지역도 한정되어 있으므로 놓치기 십상이다.

반면에 우연에 의해 예외적인 개체나 멸종된 종족의 최후 표본을 만나기도 한다. 여전히 현존해 있는 투아타라가 좋은 예인데 마오리어로 '가시가 돋친 등'인 이 파충류는 길이가 60센티 정도이다. 쥐라기(약 1억5천만 년 전)에 멸종된 파충류 강(綱) 중에서 다섯 번째 목(目)을 대표하는 최후의 생존자이다. 뉴질랜드 북부 해안의 몇몇 작은 섬에서 발견된다. 극히 희박한 우연에 의해 이 생물은 지금까지도 살아남았다. 머리 위에 제3의 눈을 가진 대단히 흥미로운 태고의 특성이 있다. 만약 이렇게 바위투성이인 섬들을 탐색하지 않았거나, 혹은 해저로 가라앉아 버렸다면 훼두목(喙頭目:옛 도마뱀 목)은 쥐라기에 멸종했을 거라는 결론이 나오지 않았을까? 한편, 만약에 지금으로부터 백만 년 뒤에 사람의 뼈 가까운 곳에서 보존상태가 좋은 투아타라 도마뱀의 뼈가 발견된다면 널리 분포되지 않았다 하더라도 이 생물이 현재의 가축과 동시대의 것이라는 결론을 내리게 될 것이다.

불완전한 진화의 고리

CHAPTER
6

화석은 무엇을
말하고 있는가?

1

진화의 주류에서
벗어난 생물들

전문가가 아닌 사람들에게 모든 진화 중에 고등동물의 해부학적 복잡함은 마음을 빼앗길 만큼 매력적이다. 그러나 아주 작은 단세포 생물의 생리학적인 복잡함 또한 그에 뒤지지 않을 만큼 경이롭다. 또 진화에 관한 한 생리학상의 형질 전환은 해부학적인 형질 전환보다 놀라움으로 가득하며 의미가 깊다. '자연'을 어떻게 봐야 하는지 알고 있는 생물학자에게 그것은 끝없는 놀라움의 원천이다.

자연은 상상을 초월하는 문제를 온갖 방법으로 해결해준다. 수백만 년에 걸쳐 그 해결방법들을 시험한 끝에 최선의 것, 자신의 목적에 가장 어울리는 것을 선택해 왔다. 그러나 그런 해결방법과는 상관없이 이전과 똑같은 문제가 남아 있다. 진화가 펼쳐지는 프로세스 전체를 통해 과학자는, 설명하기 어려운 신비, 즉 불충분한 해결방법을 개선해야 하는 숙명을 타고난 기관이 만들어지고 개체의 자유와 환경으로부터 개체의 자립성이 커지는 신비와 직면하게 된다.

단 하나의 세포 속에 '자연'은 식도와 관 형태의 직장을 갖춘 초보적인 소화 기관과 신경 기관을 훌륭하게 만들어 냈다. 이 신경 기관은 뇌의 원형을 보여주고 있어 다세포 조직으로 가는 싹이라고도 할 수 있다. 또한, 여기에는 매우 복잡한 배설 기관(수축포)도 엿볼 수 있다. 이 단세포 속에서 생리학상의 기본 문제가 제기되어 그 일부가 해결돼 왔다. 그리고 나중에 '자연'은 분화된 세포기관을 가진 동물, 후생동물 중에서도 동일 문제를 훨씬 완전하게 해결됐다.

문제 해결의 노력이 결실을 보지 못했을 경우, 주변 생활 조건과의 대결을 통해 '개량된' 형태가 그 우위성을 보이지 못했을 경우에 그 종은 사라지거나 아니면 그저 생명만 유지하다가 결국 멸종하게 된다. 진화의 커다란 틀은 이미 앨곤키아대(Algonkian Era), 다시 말해 시원대(始原代:선캄브리아기 초기)부터 고생대에 이르기까지의 시대에 실현되었다고 단언해도 거의 틀리지 않을 것이다.

아마도 선캄브리아기 끝 무렵인 약 5억 년 전, 혹은 그 이전에 진화의 기본 메커니즘 덕분에 대단히 복잡하고 다양한 생물이 탄생했을 것이다. 이런 생물은 환경에 훌륭하게 적응했을 것이고 그 생리학적 기능은 오늘날 살아 있는 동물과 기본적으로는 거의 같을 것이다.

그러나 진화는 멈출 줄 모르고 다시 분화가 계속되었다. 그것은 마치 단순히 생존만 가능한 생물이나 완전한 적응을 보여주고 있는 생물이 만들어지는 것만으로는 만족하지 못하는 것 같았다. 그리고 무수한 시험이 이루어졌다.

어떤 생물은 경험으로 자신의 결함이 밝혀졌으며 '자연'의 잘못을 깨닫기라도 한 듯 무리 전체가 사라진 경우도 있다. 고생물학적인 견해에서 본다면 불행하게도 동물계의 온갖 기본적인 형태에는 연속성이 없는 것이 많다. 파충류와 조류의 두 가지 강(綱) 사이에는 관련성을 부정할 수 없지만(현존하는 표본에 대한 해부학과 생리학의 연구가 그 연관성을 증명해 주고 있다) 시조새라는 예외적인 사례를 이 둘 사이의 진정한 결합이라고 생각하는 것은 용납되지 않는다.

여기서 말하는 연결고리는 파충류와 조류라고 하는 강(綱) 사이, 혹은 훨씬 좁은 그룹 사이에서의 변화에 없어서는 안 될 단계를 말한다. 어떤 동물이 두 가지 서로 다른 생물군의 특성을 함께 가지고 있다 해도 그 중간 단계가 발견되거나 변화 체계가 밝혀지지 않는 한 진정한 결합이라고는 생각할 수 없다.

조류의 항온성(恒溫性:체온이 변하지 않는 것)에 대해서도 마찬가지다. 이를 통해서 조류가 환경으로부터의 예속에서 해방되었다는 것은 의심의 여지가 없다. 그런데도 그것은 절대적인 창조라는 관점에서 본다면 아무리 그것이 그렇게 보이지 않는다고 하더라도 불충분한 성질들뿐이다. 이것은 오늘날 진화의 최대 수수께끼 중 하나이다.

진화하는 기관,
퇴화하는 기관

우리는 포유류의 출현 훨씬 이전에도 도저히 풀 수 없는 문제와 직면하게 된다. 더군다나 이 문제는 첫 번째 해결법인 절지동물(곤충, 거미류, 갑각류 등)이 언뜻 보기에 만족스러운 해답을 주고 있어서 더더욱 흥미롭다. 절지동물의 근육은 다리 속에 있으며 매우 복잡하고 관절을 가진 갑각의 보호를 받고 있다. 이 메커니즘이 얼마나 훌륭한 해결법인지는 게나 새우의 껍질을 벗기지 않고 관찰하거나 곤충이 달리는 것을 보는 것만으로도 알 수 있다.

두 번째 해결법, '내부 골격'이 완성되기 전까지는 매우 긴 시간이 걸린 듯하다. 골격이 바로 뼈 상태로 되었는지는 확실하지 않다. 적어도 어류는 처음에 연골 상태였다는 것을 알 수 있다. 오르도비스기(紀)에 최초로 나타나 현재까지도 바다에 사는 연골 어류(상어나 가오리 등)는 진정한 연골 어류가 아니다. 진정한 의미의 어류(경골어류)가 출현할 때까지는 약 1억 년의 세월이 걸린 것이다.

인간의 처지에서 볼 때 동물계에서 가장 중요한 무리를 대표하는 척추동물의 기원에 대해서도 모든 것이 명확하게 밝혀진 것은 아니다. 정말로 원시적인 물고기인 창고기가 척추동물의 선조라는 생각은 오래전부터 있었다. 이 물고기는 지금도 생존해 있으며 연골 상태의 골격이 생기기 시작한 것을 보여주고 있다. 최근 발표된 새로운 학설에 따르면 멜람파이스(머리

주변에 커다랗고 단단한 갑각이 있는 어류)가 물속에 사는 척추동물의 기원이라고 한다, 미국의 저명한 고생물학자 W. K 그레고리가 제출한 이 가설에서 창고기가 퇴화한 형태라고 여기고 있다.

또 하나 불가사의한 것은, 앞에서 말한 신중한 보류를 잊지 않고 감히 화석으로 판단해 보면 육생의 척추동물이 바다의 척추동물보다 먼저 발전을 한 것 같다는 점이다. 양생류(兩生類)의 대표는 온갖 형태를 한 중요한 거대 생물군, 즉 석탄기 초기에 나타난 견두류(堅頭類)이다. 여기에는 사족(四足) 동물도 포함되며 다리가 없는 뱀 같은 것도 있고 크기가 90cm인 두개골을 가진 것도 있다. 이런 다양성은 그들의 선조가 오래 살아남았다는 것을 말해주고 있다. 상부 데본기 층에서 발견된 발자국은 이 생물들의 것이라고 추측된다. 따라서 양생류는 석탄기 이전에 생존했고 골격은 어류보다 훨씬 이전에 발달한 것이다. 어류와 양생류, 이 두 가지 강(綱)이 공통된 조상을 가지고 있다는 것은 확실하다. 그러나 그것이 무엇이었는지는 알 수가 없다.

양생류는 충분히 발달한 뒤 육생동물이 되었지만 그전에는 물속에서 살고 있었다. 이와 달리 파충류는 완전한 육생동물이다. 공기 중에서 살아남기 위해서는 태아가 공기를 직접 호흡하기 위한 기관이 필요하다.

두말할 것도 없이 이 메커니즘의 발달 역사는 확실하게 알 수가 없는 상태이다. 이것은(그 기관이 있는 동물에게 직접적인 이익을 가져다주는 것은 아니지만) 더욱 앞선 고등한 단계인 포유류에 도달하기 위해서 필요한 형질 전환의 예이다. 데본기에 살았던 어떤 종류의 어류는 물과 땅에서 모두 호흡이 가능하여 양생류보다 훨씬 안전하고 혜택을 받았다고 생각할지도 모른다. 그러나 그것은 사실이 아니다. 왜냐하면, 이 종류의 물고기는 현재 남아메리카에 몇 종류만 살아남아 있을 뿐이기 때문이다.

진화라는 관점에서 말하자면 특정 기관이 복잡하다는 것이 반드시 진보의 척도라고는 할 수 없다. '자연'이 선물한 훌륭한 해결방법 중에서 혹독한 시련을 통해 버려진 것도 상당히 많다. 예를 들어 무척추동물에게는 개수와 위치와 발달 정도가 서로 다른 매우 원시적인 눈이 있다. 절지동물은 작은 홑눈과 함께 겹눈이 발생한 경우가 많다. 물고기 중에는 눈이 네 개가 있는 것도 있고 그중 두 개는(필요에 따라 시력을 교정하면서) 물속을 보기 위한 것이고 나머지 두 개는 물 위를 보기 위해 사용된다. 그러나 불필요할 정도로 복잡한 구조는 사라지고 말았다. 어떤 파충류는 머리 위에 제3의 눈(솔방울 모양의 눈)을 가지고 있다. 앞에서 말했던 투아타라에게는 양호한 시신경을 가진 제3의 눈의 흔적이 또렷하다. 그러나 이것도 사라지고 말았다. 사물을 보는 장치의 원칙은 유지되었지만, 해결방법이 바뀐 것이다.

모든 현상은 항상 달성해야 할 하나의 목적이 있으며 그 목적이야말로 진화의 진정한 이유, 진화의 원천이라도 되는 것처럼 발생한다. 이 목적에 근접하지 못한 모든 시험은 잊히거나 버려지게 되는 것이다.

불완전한
진화의 고리

양생류는 또 하나의 문제, 즉 이 강(綱)의 현재 대표자인 개구리목(꼬리가 없는 개구리나 두꺼비)과 도롱뇽목의 기원 문제를 제기하고 있다. 이 두 개의 목(目)이 처음 나타난 것은 쥐라기와 백악기이다. 이것들은 석탄기 척추동물의 직계 자손이라고는 여겨지지 않는다. 그러나 이 둘이 어류 이전의 먼 옛날에 공통된 조상에서 비롯되었다면 그것은 무엇일까? 지금까지 전혀 알려지지 않은 중간 단계에서 대체 어떤 일이 벌어진 것일까?

최초의 파충류는 상부 석탄기층에서 발견된다. 다시 말해 그 시기는 견두류의 쇠퇴기와 일치한다. 파충류는 삼첩기에서 중생대에 걸쳐 담수와 바다에서 우위를 차지했다. 세 가지 목(어룡목, 용반목, 도마뱀목)에 속하는 파충류는 모두 '갑자기' 출현했으며 그것을 육상동물의 선조와 연관 짓는 것은 불가능하다. 거북이도 마찬가지이다. '갑자기'에 따옴표를 친 것은 문제를 확실히 하기 위해서이다. 거북이의 등껍질과 특정 공룡의 뼈 돌기가 자연 발생적이거나 급속하게 만들어졌을 것이라고는 결코 상상할 수 없다. 여기에는 오랜 추이가 있었음이 틀림없을 것이고 그렇지 않다면 이런 갑각의 존재는 생각할 수 없다.

그러나 더 알아내려 해도 정확한 사실은 물론이고 중간체의 흔적조차 발견되지 않았다. 그런데 약 2억 년 전 중생대 초기(삼첩기)에는 '갑자기' 최초의 포유류가 모습을 보인다. 이것은 대체 어디서 나타난 것일까? 아직 진화의 초기 단계였던 파충류에서 비롯된 것 같지는 않다. 양서류도 아닐 것이다. 만약 그렇다면 이 비약적인 진화는 믿기 어려울 만큼 너무나도 크다.

같은 이유에서 어류도 아니다. 그렇다면 선캄브리아기에서 공통 조상을 찾아야 하지만 여기서도 다시 같은 의문이 생긴다. 고생물학자 중에는 파충류와 포유류의 특징을 겸비한 3돌기치목의 단 하나의 두개골을 근거로 그것이 중간 고리를 보여주는 증거라고 믿는 사람도 있다. 그러나 그렇게 단정하기에는 또 다른 새로운 발견이 필요하다.

2
'인간'이 되기 위한
부단한 진보

우리는 "1억 년이라는 세월에는 수많은 일이 일어난다."는 식의 단언을 하고 싶지만 그런 유혹에 넘어가서는 안 된다. 만약 1년 동안에 아무 일도 일어나지 않는다면 아무것도 일어나지 않은 그 세월을 백만 배, 1억 배 더 한다고 한들 이 세월 동안에 무슨 일이 일어날 것이라고 어떻게 단정할 수 있겠는가? 아무리 사소한 일이라도 거기에는 출발점이 반드시 있어야 한다.

하나의 출발점, 혹은 많은 출발점이 단순한 우연 때문이라는 것은 충분히 상상할 수 있다. 그러나 예를 들어 날개가 발달할 가능성을 가진 출발점이 있는가 하면 종류를 막론하고 곤충이든 파충류든, 조류, 포유류든 간에 마지막에는 반드시 날개를 가지게 된다고 단정할 수 있을까? 모든 것은 그리 단순하지 않다. 이 문제에 대해서는 세 가지 서로 다른 해결법이 '자연에 의해 주어지고 있다. 그러나 가장 곤혹스러운 현상은 진화의 주류에서 벗어난 종족들의 어떤 특성의 발달이 아니라 '인간'으로 가기 위한 진화 과정에서 볼 수 있는 부단한 진보이다.

약 1억 년 동안의 파충류 시대를 통해 포유류는 현재의 유대류와 비슷한 10여 센티의 태반이 없는 작은 동물로 그저 살아남았을 뿐이었다. 그것 중 어떤 것은 곤충을 먹고, 또 어떤 것은 육식동물, 또 어떤 것은 설치류였다. 80톤에 육박하는 거대한 공룡은 자신도 모르는 사이에 이 작은 동물을 수백 마리나 짓밟았을 것이다. 안정된 체온, 몸의 크기에 비해 발달한 뇌, 고유의 생식법을 가진 이 작은 짐승들이, 미발달 상태의 지성밖에 없고 일정한 온도와 습도 조건에 예속된 거대한 파충류를 능가하여 미래를 자신들의 것으로 만들 것이라고 상상이나 할 수 있었을까? 그러나 약 5천만 년 전에는 거대한 공룡이 자취를 감추고 포유류가 군림하기 시작했다. 그리고 그 시대는 지금까지 흔들림 없이 지속하고 있다.

곤충에서
엿볼 수 있는
'진화의 추론'

파충류의 출현과 견두류(원시 양서류)의 쇠퇴를 확인한 석탄기 후기에는 많은 곤충류가 탄생했다. 현재까지 약 1천 종이 확인되었지만 그들의 과거에 대해서는 확실치가 않다. 가령 공통의 조상으로부터 태어났다 해도 그것들이 언제 갈라져 각자의 고유 방식으로 진화하게 되었는지는 짐작조차 할 수 없다. 그중에는 날개를 펼치면 70센티나 되는 매우 큰 곤충도 있었지만, 그것은 아마도 나비처럼 능숙하지 못한 날갯짓을 했을 것이다. 곤충의 전성기는 적어도 페름기에서 중생대까지 3천만 년, 혹은 4천만 년이라는 오랜 세월 동안 지속하였다.

당시에는 기묘한 형태를 한 식물이 지표면을 울창하게 뒤덮고 있었다. 공기는 습도가 높아 숨을 쉬기 어려울 정도였다. 하늘에는 거대한 먹구름이 겹겹이 쌓여 있어 태양은 그 모습을 볼 수 없었다. 홍수와 같은 비가 언제 멈출지 모른 채 쏟아졌고 썩은 식물의 악취가 진동하고 뿌연 안개가 주변의 풍경을 감추었다. 거친 폭풍이 끊임없이 불었고 대지는 수많은 화산에서 불꽃을 내뿜으며 고통스러워하는 괴수처럼 몸을 뒤틀어 지축을 흔들었다. 이글거리는 바위, 그러니까 용암이 늪지로 흘러가 또다시 다량의 수증기를 방출했다. 캄캄한 숲에서는 연체생물이 기어 다녔다. 평지와 계곡을 날아다니는 거대한 잠자리는 번갯불과 용암의 붉은 빛에 비쳐 흐릿하게 그 모습을 볼 수 있었다. 그러나 여기에는 꽃 한 송이도 없었다. 이 사실은 곤충류에서 볼 수 있는 정체와 어떤 관계가 있을지도 모른다.

이 잔혹하고 비참한 시대가 지난 뒤에는 완벽하게 고요한 시대가 찾아왔다. 그것이 중생대 전체를 통해 1억3천만 년 이상 지속하였다. 지진도 화산의 분화도 전혀 볼 수 없었다. 그러나 대지는 정지하지 않았다. 여기저기서 융기와 침하가 일어났다. 바다는 대륙을 침식하여 해안선이 후퇴하며 갯벌을 만들고 전조되어 소금 덩어리로 남았다. 그러나 이 모든 것은 너무나도 천천히 일어난 변화였으며 만물의 정숙을 방해하는 것은 없었다. 기후는 온화했고 남극과 북극에 가까운 지역을 제외하면 사계절은 없었다. 그 외의 지역은 모두 오늘날의 태평양 제도처럼 기온이 거의 일정했다.

곤충이 놀랄 한 본능을 발달시킨 것은 아마도 이 시대였을 것이다. 지역에 따라서는 오늘날의 온갖 수목들이 고대 침엽수를 몰아내기 시작했다. 포플러, 자작나무, 버드나무, 참나무, 떡갈나무가 나타남과 동시에 꽃도 나타났다. 식물은 천천히 변했고 그것은 곤충의 숫자에도 영향을 끼쳤다.

사실상 사계가 존재하지 않았기 때문에 혹독한 겨울로 인해 곤충의 수명이 줄어드는 일은 없었다. 곤충은 장수하며 경험을 축적하여 자손을 돌볼 수 있게 되었다. 곤충의 행동 패턴은 극히 한정되었고, 더군다나 주변 환경으로부터의 자극도 일정했기 때문에 이 동작은 습성처럼 자동적인 것이 되었다. 그것이 뇌에 입력된 유전으로 전해지게 된다. 이런 습성은 특정 시기에 자연적으로 확립되어 조건반사가 되었다.

위대한 동물학자 중에는 사태의 추이를 이상과 같이 생각하는 사람도 많았다. 사실 충분히 이치에 맞기도 했다.

겨울이 시작되었을 때 -그것은 제3기 중반경(올리고세와 중신세, 즉 로키, 히말라야, 아틀라스, 알프스와 같은 산맥이 만들어진 시대)이다.- 곤충은 세대에 따라 계속해서 갈라졌지만 수백만 년이라는 세월 속에서 배양된 조직을 버리지는 않았다. 곤충은 지금도 과거와 변함없는 행동을 취하고 있다. 그것은 마치 생명이 짧아 배울 수 없는 새로운 것들을 선천적으로 알고 있는 것과도 같은 것이다.

3

'과도기의 생물'
그 존재를 증명할 수 없는 이유

짧게 요약해 보면 생물 군(群)과 목(目), 과(科)는 갑자기 탄생한 것처럼 생각된다. 이것들을 그 이전의 종족과 연결해 주는 형태는 거의 찾아볼 수 없다. 설령 그런 형태가 발견된다 해도 현재로서는 이미 완전히 분화를 이루고 있다.

실제로 우리는 과도기적 형태를 전혀 발견하지 못한 것은 물론이고 일반적으로 새로운 생물군과 옛 생물군을 밀접하게 연결하는 것이 불가능하다. 따라서 생물들 사이의 이행(移行)은 적어도 돌발적인가, 아니면 지속적인 것인가, 하는 문제도 여전히 남아 있다.

지금까지 설명한 것처럼 번식하여 넓게 분포할 수 있을 정도로 오래 살아남은 생물군만이 화석으로 발견된다는 것은 확률을 통해서도 확실하게 밝혀졌다. 그러므로 가장 초기의 형태를 발견하지 못해도 그리 놀랄 일이 아니다. 이렇게 생각해 보면 지금까지 확실하게 증명되지 않았다고 여겨지는 중요한 결론에 도달하게 된다. 그것은 과도기의 형태는 결코 안정된 형태가 아니고 대량으로 번식하는 것도 넓게 분포하는 것도 불가능했다는 점이다.

과도기의 형태에는 다른 역할이 있다. 반복해서 말하겠지만 모든 현상은 항상 마치 달성해야 할 한 가지 목적, 더욱 진화해야 할 숙명을 타고난 보다 높은 발달단계가 존재할 것처럼 발생한다. 그리고 새로운 다음 단계가 시작된 순간에 중간 형태는 그 중요성을 잃게 된다.

이 두 가지 단계의 관계는 산업용 소재와 제품과의 관계와도 닮았다. 단, 그것은 최종적인 소재가 그 이전의 소재에는 없었던 개량을 이루고 다량의 실험에도 견뎌내는 뛰어난 성질을 갖추고 있는 경우이다. 자연계의 진화에 대해서는 이 성질이 유전적인 것이자 실험을 통해 확인할 수 없는 것이라는 점은 분명하다.

지금까지는 진화의 주요 문제에 대해 살펴보았다. 이 책의 후반에는 인간의 발달을 심리학적인 면에서 다시 연구하고, 그것을 일반적인 진화 프로세스와 연결하고자 할 때 지금까지 검토해 온 것과 매우 흡사한 메커니즘과 만나게 된다. 그러므로 그 가설을 실증하기 위해서라도 독자 여러분에게 모든 사실을 제공하여 이 유사점을 이해시킬 필요가 있는 것이다.

진화와 '적응'
메커니즘에 대하여

1
'진화'의 특수한
메커니즘

진화를 이해하거나 적어도 그 전개 과정을 연상하는 데에는 하나의 유추가 도움된다. 산 정상에 있는 호수에서 여러 갈래의 물이 흘러내리는 광경을 상상해 보자. 물길은 도중에 바위나 수목 등, 수천 가지 장애물을 만나며 방향과 모양이 결정된다.

물은 중력에 따라 항상 계곡 아래로 흐른다. 어떤 물줄기는 서로 합류하여 점점 커지고 또 어떤 물줄기는 바위틈이나 늪지로 빨려 들어간다. 작은 호수를 만들며 더는 흐르지 못하는 물줄기도 있다. 암반은 폭포를 만들기도 한다. 물의 흐름은 어느 하나 똑같은 것이 없다. 왜냐하면, 똑같은 장애물을 만나는 경우는 없기 때문이다. 그러나 물줄기는 모두 똑같은 힘, 하나의 정해진 필연성에 의해 움직이고 있다. 그것은 바로 모든 물줄기가 산기슭에 도달한다는 필연성이다.

이런 그림과 진화를 형성하는 끝없이 복잡한 온갖 과정을 단순 비교할 생각은 없다. 그럼에도 불구하고 결코 잊어서 안 되는 것은 이 실례가 하나의 힘, 다시 말해 중력을 말해주고 있으며 그 힘이 궁극적 목적과 마찬가지로 물의 흐름에 작용하고 있다는 것이다.

물의 흐름에 모양과 성향을 띠게 하는(물의 흐름을 환경에 적응시키는) 온갖 요인과 상황들은 모두 우연에 의해 좌우된다. 그러나 이런 장애물과 싸우고 그것을 이겨내고자 하는 노력이 외적인 조건과 계곡 아래까지 도달하려고 하는 단 하나의 필연성에 의해 발생한다는 것은 분명하다. 목표는 정해져 있지만, 그것을 달성하는 수단이 정해져 있지 않을 뿐이다.

진화의 특수한 메커니즘은 각각의 작은 물줄기의 진로에 해당하고, 그 메커니즘을 검토하지 않은 채 진화를 이해하려 한다면 궁극 목적론을 이용하지 않고서는 갈피를 잡을 수 없게 된다. 앞에서 말했듯이 거스를 수 없는 진화라는 현상을 단순히 우연만으로 설명하는 것은 불가능하다.

우리가 만약 진화라는 사고방식을 받아들인다면 지구가 탄생한 이래 진화가 대체로 상승의 길을 걸어왔고 항상 같은 방향을 향하고 있다는 것을 인정해야만 한다. 그러나 특정 사슴 종류의 뿔이 과도하게 발달한 것처럼 동물의 변화 중 상당수는 진보라 부를 수 없다는 반론도 있다. 이것은 사실이며 그러므로 앞에서 말했던 예에서 중력에 비유했던 궁극론의 가설, 즉 진화 전체를 관장하는 '종국적 궁극 목적론' 의 가설을 제시한 것이다.

지금까지 온갖 시험이 이루어졌고 성공을 하는가 하면 그렇지 않은 경우도 있었다. 여기서 잠시 달성해야 할 하나의 목표를 생각해 보자. 그것은 중력과 마찬가지 작용을 하고 일단 출발점이 정해지면 가능한 모든 조합을 실험하며 환경에 대한 반응에 따라 그 이익과 가치가 입증될 것이다. 새로운 형태가 받아들여지지 않고 새로운 진화 단계로의 출발점을 얻지 못했을 경우, 또는 다른 종족에 압도당했을 경우, 이것들은 진화의 주요 흐름에서 멀어져 차츰 사라지거나 단순히 연명만 할 뿐이다. 그러면 종 자체의 운명은 뒷전으로 밀려나게 된다.

중요한 것은 '진화 전체에서의 연결고리로 여겨지는' 종의 운명이다. 놀랄 만한 적응력이라는 것은 서커스에서 사람들을 놀라게 하는 연기 정도의 의미밖에 없다. 따라서 더 이상 적응과 자연도태가 진화와 동일시되는 일은 없다. 진화는 모든 종을 지배하는 훨씬 더 큰 목표를 가진 것으로 적응과 자연도태와는 구분된다.

이런 가설에서는 다윈의 설과는 반대로 종족진화의 원동력이 적자생존이라는 것은 생각할 수 없다. 특정 계통에서의 최고 적자(適者)가 몇몇 종을 만들어 냈다 해도 외부의 조건(풍토 등)이 변화하거나 궁극 목적론의 관점에서 볼 때보다 적응력이 뛰어난 개체가 그것을 대신하게 되면 그 종은 소멸하거나 단순히 연명하는 숙명을 짊어져야 하기 때문이다.

단, 다음의 것들에 대해서는 확실히 하는 것이 좋을 것이다. 생명을 가진 유기체의 특징과 성질은 과거의 생기론자(生氣論者)가 주장하는 어떤 특별한 원리를 바탕으로 하는 것은 아니다. 여기서 말하고 싶은 것은 물리, 화학상의 법칙과 생물의 일반 법칙에 근거하여 다양한 방법을 통해 특정 목표가 달성된다고 하는 점이다.

'자연'은 생물계에서는 우연과 확률에 의존하는 경향이 있기 때문이다. 물고기는 수십만 개의 알을 낳지만, 그것들은 부화와 관련된 모든 조건에 따라 90%가 죽을 운명이라는 것을 아는 것과 마찬가지다.

'도덕성, 정신성'은
어떤 단계에서
탄생했을까?

인간의 심리를 이해하려 할 때 생리적인 모든 기능을 배제하고는 생각할 수 없는 것과 마찬가지로 우리가 생물의 진화를 이해하려면 진화에 있어 온갖 형태의 변화를 떼어놓고서는 생각할 수 없다.

진화는 되돌아갈 수 없는 포괄적인 현상이며 적응(라마르크)이나 자연도태(다윈), 돌연변이(드브리스)와 같은 기본적인 메커니즘이 조합된 활동으로 형성된다고 봐야 할 것이다. 진화는 생명이 있는 무정형(無定形) 물질이나 다핵세포처럼 아직 세포 구조를 가지지 않은 생물에서 시작해 양심을 전수하여 사고 능력을 지닌 '인간'에서 끝난다. 진화란 이렇게 정의되는 주된 계통만을 지칭한다. 진화란 헤아릴 수 없을 만큼 많은 생명 형태 중에서 우여곡절을 겪으며 발전해 온 이 유일한 계통을 구성하는 생물에게서만 볼 수 있다.

다시 한 번 말하지만, 진화란 그것이 궁극의 목적, 즉 멀리 있는 확실한 목적의 지배를 받는다는 사실을 인정해야 비로소 이해할 수 있다. 이 궁극적 목적의 실체를 받아들이지 않는다면 지금까지 말했던 것처럼 진화가 물질의 법칙과 절대로 양립할 수 없을 뿐만 아니라 도덕적, 정신적인 관념의 출현이라는 현상도 결코 풀 수 없는 비밀로 남겨진다는 것, 이것이야말로 중요한 점임을 인정할 수 없게 된다.

이 두 가지 비밀 중에서 확실한 설명이 이뤄지고 이해하고 싶어 하는 우리의 욕구를 충족시켜 줄 수 있는 것, 희망의 문을 열어 줄 수 있는 것을 선택하는 것이 희망의 문을 닫아 버리고 모든 설명을 거부하는 비밀을 선택하는 것보다 현명하고 이치에 맞는 것이라 할 수 있다. 이와 달리 적응과 자연도태, 돌연변이는 천천히 진화를 형성해 가는 데 공헌해 온 메커니즘이기는 하지만 그 자체를 반드시 진보라고는 할 수 없다. 엄밀하게 말하자면 이런 메커니즘은 진화 전체의 결정적인 요인이 되지 않는다. 그것은 석공이 대성당을 건축하는 데 결정적 요인이 될 수 없는 것과 마찬가지이다.

석공 자신은 물리적(화학적, 생물학적), 사회적인 모든 법칙을 따르는 매우 복잡한 요소들을 갖추고 있다. 그러나 대성당과 직접 접촉하는 것은 본인의 흙손뿐이다. 건축가의 측면에서 본다면 석공은 하나의 도구에 불과하며 석공의 사생활이나 비극, 질환 따위는 전혀 문제가 되지 않는다. 그리고 건축가 자신도 대성당의 완성을 바라는 교회의 입장에서 본다면 하나의 수단에 불과하다.

'진화의 메커니즘'이라는 총칭으로 엮인 모든 프로세스 또한 마찬가지이다. 그 프로세스는 모두 물질적, 통계학적으로는 진화에 이바지하고 있지만, 그 프로세스가 따르는 법칙과 그것을 지배하고 연관 짓는 진화의 법칙은 실제로 일치하지 않는다. 마찬가지로 원자 내의 입자 운동을 지배하는 법칙은 독특한 것으로 원자 자체의 화학적 특성을 지배하는 법칙과는 다르다. 현재의 과학에서 본다면 원자의 화학적 특성은 인간의 심리적인 행동과는 질적으로나 양적으로나 아무런 관계가 없다. 그런 관계가 언젠가 발견되리라 추정하거나 예언하는 것은 사실의 뒷받침이 없는 가설에 불과하다.

현실적으로 인간은 도덕적인 추론보다는 과학적인 추론에 경계의 눈길을 돌려야 한다. 왜냐하면, 인간의 과학적인 경험은 심리적인 경험보다 훨씬 짧기 때문이다.

과학에서는 낡은 사고방식을 완전히 수정해야 하는 새로운 사실이 빈번하게 발견된다. 과학의 역사는 그런 변혁 때문에 만들어진다. 원자론, 운동론, 전기와 에너지, 빛, 방사선의 입자론, 그리고 상대성 이론이 우리의 생각을 뿌리째 바꾸어 놓았다. 과학의 장래는 항상 새로운 발견과 이론에 의해 좌우된다. 그러나 이런 물질의 과학이 2백 년도 채 되지 않는 것과 달리 인간의 과학은 5천 년 이상이나 계속되고 있다.

경험 심리학은 이집트 제3 왕조시대에 고도로 진화했고 2천6백 년 전의 위대한 철학자들은, 현재로서도 넘을 수 없고 그것에 대한 확인만 이루어질 뿐인 위대한 인간 인식의 자리에 도달해 있었다. 그러므로 도덕적인 추론은 설령 그것을 수학적으로 표현하지 못하더라도 과학적인 추론보다 훨씬 확실한 것으로 생각해도 틀림이 없을 것 같다.

2

진화에 뒤처진
형태

　진화의 법칙이 목적론을 따르고 있는 것에 대해 종의 형질변환 법칙은 단순히 주변 환경과의 균형 상태를 지향하는 경향이 있다. 모든 것은 마치 적응에 의한 형질변환이 우연한 법칙과 미지의 생물학적인 법칙에 단편적으로 의존하는 것처럼, 또는 카르노나 클라우지우스의 기본적인 물리학의 법칙을 어느 정도 벗어난 것처럼 일어난다.

　적응과 자연도태, 돌연변이는 막연한 개념이며 유전학(멘델의 법칙, 바이스만의 법칙)과 그 외에 연관이 있는 복잡하고 거의 알려지지 않은 메커니즘의 결과를 설명하는 것에 불과하다.

　다른 관찰기준에서 말하자면 이런 메커니즘은, 예를 들어 원자나 분자의 기준에서 본 물리, 화학적 현상처럼 진화 전체의 토대가 되는 기본적인 현상을 설명하고 있다. 동물, 특히 절지동물, 곤충, 거미류, 수많은 기생충이 아무리 경이로운 적응을 이루었다 해도 이런 메커니즘이 지금까지 알고 있던 궁극적 목적을 따른 것인지 아닌지는 확실하지 않다. 만약 그렇다 해도 그 궁극적 목적은 아마도 진화를 관장하는 궁극적 목적과는 본질에서 다를 것이다.

궁극 목적론을 주장하는 사람들이 지금까지 저지른 최대 실수는 진화와 적응을 혼동하여 종에만 한정된 적응의 기적을 모든 생물군을 관장하는 진화의 무한한 추진력과 동일시한 점이다.

진화 메커니즘과 진화 그 자체의 차이는 병사의 상처를 아물게 해 주는 세포의 활동과 병사에게 전투를 재개하게 하는 동기의 차이와 비교할 수 있다.

적응을 측정하는 잣대는 '유용성' 이다. 그것은 종의 이익이라는 면에서 엄밀하게 한정되어 있다. 그러나 일단 적응 메커니즘이 작동하기 시작하면 그것이 맹목적으로 지속하고 어리석은 작용을 하여 결국에는 걷잡을 수 없는 해로운 기형을 만들어 내는 경우도 있다.

진화를 측정하는 잣대는 '자유' 이다. 그것은 생명이 최초에 나타난 이래 개체를 선별하는 최선의 시금석이며 그렇게 선별된 개체야말로 무수한 생명체를 통해 진화하여 '인간' 을 최후의 정점으로 하는 단 하나의 가지에 대한 존속을 보장해 왔다. 이런 사고방식에 대해서는 뒤에서 다시 자세하게 살펴보기로 하자.

위의 가설을 따르면 종국적 궁극 목적론은 진화 전체에 하나의 방향을 제시하고 지상에 생명이 출현한 이래 지금까지 심오한 주도력으로 작용해 왔다. 이 힘으로 양심이 갖게 된 정신적, 도덕적으로 완성된 하나의 생물이 발달하게 된 것이다. 이 주도력은 그 목표에 도달하기 위해 무기물 세계의 법칙에 관여하게 된다. 그것은 마치 열역학의 제2 법칙의 통상적인 작용이 항상 같은 방향으로 흐르는 것처럼, 더 큰 비대칭성과 훨씬 '일어나기 힘든' 상태에 이르게 되는 무기물에는 금지되어 있는 방향으로 향하도록 무기물 세계의 법칙에 작용하고 있다.

진화의 가지 즉, '인간' 으로 가는 가지는 먼저 생리학적, 형태학적으로 다른 모든 가지와 연을 끊고 이윽고 양심을 갖춘 '인간' 을 출현했다. 그리고 다시 이 가지는 도덕관념을 통해 인간과 동물을 결정짓는 폭을 서서히 넓혀 왔다.

인간을 제외하면 지구상에 현존하는 생물은 모두 방치된 형태이다. 그 중에는 고생대에 등장한 환형동물과 뉴질랜드의 투아타라처럼 오랜 세월을 거쳐 어느 정도 안정된 상태를 이룬 것도 있다. 반면에 여전히 애매한 형질전환을 계속하거나 혹은 점점 소멸하여 가는 것도 있다. 모든 생물은 최대한 적응을 지속해 왔지만, 그 적응이 불완전하거나 외적 조건이 변하는 등의 이유로 진화의 흐름에 다시 합류할 희망을 잃게 된 것이다.

완전히
'적응'한 시점에서
진화는 멈춘다

생물은 물리(화학)적으로 항상 자신을 적응시키려는 경향이 있다. 이것은 무기물의 세계에서 관찰되는 것과 매우 흡사한 평균상태를 추구하고 있다는 표출이다. 무기물의 세계에서는 모든 시스템이 항상 그 모든 에너지에 대한 자유 에너지가 최소가 되도록 평균상태를 유지하려 한다. 이 경향은 수학적으로 나타낼 수 있으며 최종 상태는 극대 확률과 일치한다는 것이 증명되었다(볼츠만). 그러나 현재, 생물이 주변 환경과 평균을 이루고자 하는 경향에 대해서는 말이나 숫자로는 설명되지 않았다. 앞으로도 그것이 가능할지는 알 수 없다.

개체는 빈번하게 진화를 하는 건 아니지만, 적응을 강요당하고 있다. 적응이 필요할지를 결정하는 요인은 하나의 생물군 전체에 작용한다. 살아남기 위해 형질 변환을 강요당해 돌연변이를 한 수천의 개체 중에 진화하는 것은 단 하나, 혹은 극소수에 불과하지만, 그것이 반드시 최선의 적응방법이라고는 단정할 수 없다. 어떤 독특한 내적 경향(물리적인 경향)을 보여주는 적응은 외적 조건에 직면하면 곧바로 '심리를 진행한다.'. 여기서 합격을 하면, 그러니까 새로운 개체가 이전보다 잘 적응하거나 더욱 강해진 덕분에 증식하게 되면, 그 종은 살아남게 된다. 돌연변이, 적응, 자연도태라는 세 가지 프로세스가 서로 협력해 일정한 순서에 따라 제 기능을 발휘하는 것이다.

그러나 완전한 적응을 보여주는 이 평균상태가 달성되면 또다시 새로운 적응이 필요해질 만큼의 외적 조건에 변화가 없는 한, 그리고 그 평균상태가 깨지지 않는 한, 동물은 당연히 형질전환을 멈추게 된다. 그러면 이 종족은 수천 세기에 걸쳐 생물의 역사를 써오기는 했지만, 지금은 이미 사라진 과거의 추억에 불과한, 고정된 무수히 많은 가지의 하나에 지나지 않는다. 현존하는 이 세상의 동물 중에는 적응을 통해 만들어진 걸작들도 많지만 그래 봤자 그것은 진화의 '잔재'에 불과하다.

'안정된 종'이
부딪치는 벽

온갖 종족 중에서 결코 평균상태에 도달하지 못했지만 살아남은 것이 딱 하나 있다. 그것은 최종적으로 '인간'에 이르는 계열이다. 따라서 적응이란 결코 라마르크와 그의 추종자들이 믿었던 것처럼 하나의 목적이 아니었다. 적응은 오히려 수단이었다. 그것을 통해 아무런 제한 없이 다양하고 무수한 개체가 발달했고 목적론적인 이유에 좌우되는 선택의 기회가 주어졌다.

선캄브리아기의 환형동물은 아마도 현재의 해변에서 발견되는 것과 별 차이가 없었을 것이다. 그것들의 적응력은 매우 뛰어나 인간의 적응력을 능가했다. 이 환형동물은 평균상태에 도달한 뒤 거의 변하지 않는 조건에서 생식했기 때문에 그 이상 형태를 바꿀 이유가 없었다. 그래서 수억 년 동안 거의 그 모습이 변하지 않은 채 살아남았다.

그러나 그중에서도 어떤 종의 벌레는 진화를 계속했다. 그것은 다른 것들보다 적응력이 떨어져 일종의 불안정한 상태였기 때문일 것이다. 이런 불안정한 상태는 당시로서는 아무런 이익도 되지 않았지만 다른 한편으로는 더욱 큰 변화를 유도하게 되었다. 그런 이유에서 이것을 '창조적인 불안정'이라고 불러도 좋을지 모르겠다.

물론 이 표현을 그대로 받아들여서는 안 된다. 불안정하다는 자체가 창조적이지 않기 때문이다. 그러나 그것은 진화로 향하고자 하는 자세를 보여주고 있다. 이 벌레는 한 마리의 벌레로서는 완성도가 낮지만 어쩌면 우리 인간의 선조였을지도 모른다.

다시 한 번 말하지만, 진화에 공헌하는 것은 환경에 가장 잘 적응한 생물이 아니다. 그런 생물은 틀림없이 살아남기는 했지만, 그 반대로 다른 생물보다 뛰어난 적응력 때문에 진보의 길에서 뒤처졌고, 땅 위에 살며 활력이 떨어진 종의 수를 늘리는 데 공헌했을 뿐이다.

그러므로 물려받은 형질의 적응성과 유전성, 이것은 콜히친을 이용한 실험 이후 더 이상 의문의 여지가 없는 성질이지만 반드시 진화의 수단이 아니라 오히려 형질변환의 수단이 되어 막다른 길에 봉착하여 기형과 퇴화를 만들어 낼 수 있다. 적응성과 유전성은 자극 감수성과 같은 생물 고유의 특성이자 평균과 정체라는 단 하나의 결과만을 향하고 있다.

다시 한 번 반복하기로 하겠다. 적응이 스스로 목적인 평균상태에 도달하기 위해 맹목적인 노력을 하지만 진화는 불안정한 기관과 조직을 통해서만 지속할 수 있다. 진화는 끝없이 불안정한 상태에서 불안정함을 향하고 완전한 적응을 한 한정된 조직을 만났을 때만 진화를 멈추게 된다.

이것이, 동물의 형태가 섞일 만큼 다양성과 진화의 특정 메커니즘이 종국에는 자기모순을 일으킬 수도 있다는 역설적인 사실에 대한 설명이다. 한편, 이상적인 적응이라 할 수 있는 완전한 평균이 고등한 유기체에서는 거의 실현되지 않았다는 사실도 분명하다. 현존하는 종에는 일정한 자유와 불안정함이 흔히 극단적인 곳까지 내몰린 형태로 존속하고 있다. 그렇지 않다면 먼 옛날에 안정된 종이 수백 년 사이에 주변 조건의 변화에 어떻게 적응해 왔는지를 이해하는 것은 도저히 불가능할 것이다.

종족이 더 복잡해지고 연대를 거치면서 이 불안정성은 소멸하여 가지만 거기서 비롯되는 것은 단순히 이차적인 적응뿐이고 새로운 종의 탄생에 필요한 큰 형태의 변화는 발생하지 않는다. 종을 창조하는 능력은 오래전에 잃었고 인간에 이르는 진화의 흐름을 제외한다면 이 형질변환은 대부분 생물학적 특수화의 방향으로 진행해 온 것이다.

3
'적응'에서
'파멸'로 가는 길

앞에서 말했던 방법으로 생물의 형질변형을 해석한다면 지금까지 비판되었던 다윈과 라마르크의 이론에 포함된 모순도 설명할 수 있다. 다시 말해 최고의 적응을 거둔 생물이 환경의 변화에 직면했거나 지질과 기후의 격변 결과로 그 환경으로부터 내몰리게 되면 종래에는 우위성을 지녔던 특징이 오히려 무용지물에다 번거로운 것, 또는 해로운 것이 되고 마는 상황에 부닥치게 된다. 그렇게 되면 적응은 지금까지 스스로 노력을 모두 없애는 방향으로 작용한다. 자연도태는 지금까지 보호하던 것을 배제하는 방향으로 진행하는 것이다.

이 경우 적응이 진보가 아니라 보호적, 방어적인 것임이 틀림이 없다. '진보적'인 흐름이 적응이 아니라 진화에 의존하고 있다는 것을 생각해 볼 때, 그것은 매우 당연한 이야기이고 지금까지의 이야기를 통해 이 점에 대해서는 확실히 알 수 있을 것으로 생각한다.

특정 환경 하에서는 최초의 변화가 해부학적으로 봤을 때 너무나도 중대한 문제일 경우 그 환경이 매우 급하게 변했다면 종이 다음으로 체험할 프로세스(적응과 도태)에서는 변화를 송두리째 제거하거나 바로잡을 수 없게 될 수도 있다. 그렇게 되면 그 종은 사형 선고를 받게 된다. 왜냐하면, 새로운 적응과 도태는 느리게 진행되지 않기 때문에 지금까지 고생하며 획득했어도 새로운 조건에서는 유해해진 형질을 제거할 시간적 여유가 없기 때문이다. 예를 들어 시베리아 북부에 사는 어떤 순록(토나카이)의 뿔은 이상하리만큼 발달해 있다. 그들은 빙하시대가 되고 북극 지대의 빙원이 확대되면서 툰드라와 수목이 없는 동토의 땅을 뒤로한 채 남쪽의 울창한 삼림으로 이동했다. 그러나 숲 속에서는 뿔이 방해물이 되어 결국은 멸종하고 말았다.

종국적 궁극 목적론에서 보면 이것은 특별할 것 없는 수많은 우발적 사건 중의 하나에 지나지 않는다. 이 순록은 진화에서 아무런 역할도 하지 못한 채 먼 옛날에 진화의 줄기에서 갈라진 종족의 후손을 대표하고 있을 뿐이기 때문이다. 그러나 진화론적인 사고방식에 반대하는 사람들은 진화론에 대한 분쟁의 여지가 없는 반론으로써 이 사실에 달려들었다.

운 좋게 새로운 조건이 종의 존속을 위협하지 않고 시간적인 여유가 있을 때 동물은 '퇴화'로 인해 지금까지의 기능상 특정 일부분을 사용할 수 없게 됨으로써 서서히 적응해 나가는 경우도 있다. 예를 들어 굴속에 사는 두더지의 시력이 퇴화하거나 빛이 전혀 들어오지 않는 동굴 속에서 생식하는 특정 물고기가 시력을 잃는 것이 그렇다.

적응은 방치되면 기형을 발생시킨다. 그 메커니즘은 앞에서 지적했던 것처럼 일단 작동을 시작하면 엉뚱한 작용을 하는 경우가 있다. 그것은 조종사가 없는 비행기가 몇 시간 정도 비행을 할 수는 있지만 결국은 추락하는 것과 비슷하다. 진화의 메커니즘도 궤도를 벗어나면 수습 마술사와 같은 행동을 취하게 된다.

'인간'을 인도한 것

진화의 놀라운 점은 그것이 '과도적'인 형태에 의해 만들어지는 일종의 이용 가능한 불균형을 추구한다는 것이다. 이 과도적인 형태란 탄생 시점에서는 기형이며 다른 형태보다도 적응능력이 떨어지지만, 이 종의 화석이 거의 없다는 사실을 봐도 알 수 있다. 때로 그것은 장래적인 가능성이 크기도 하다.

여기서 '때로'라는 표현을 쓴 것은 과도기의 형태에서는 중요한 것이 전혀 발생하지 않는 경우도 있기 때문이다. 이렇게 볼 때 진화란 아무래도 무수히 많은 개체 중에서 더 큰 자유를 지향하여 상승해 나가는 하나의 흐름을 따라 이루어지는 선택이라고 할 수 있을 것이다.

게다가 그 선택은 무수히 많은 개체 속에서 이루어진다. 단세포 생물과 연체동물에서부터 차례대로 살펴보면 자유가 점점 늘어난다는 것은 일목요연하다. 일단은 운동의 자유가 있고 환경(염분의 농도, 온도, 음식 등)에 대한 완전한 의존이라는 고리로부터의 해방, 다른 종에 의해 멸종되는 것이 아닐까 하는 위협으로부터의 해방, 보행과 굴을 파기 위해 손을 쓰지 않으면 안 된다는 제약으로부터의 해방, 획득한 유익한 특징과 경험을 전달하기 위해 고생해야 하는 방법으로부터의(언어와 전통을 통해) 해방 등이 지속되고 최후에는 뒤에서 살펴볼 양심의 해방이 찾아온다.

진화를 위해 선택한 형태는 다른 형태와 비교했을 때 한동안은 불행한 시기를 보내게 된다. 때로는 수십만 년, 수백만 년이라는 오랜 시기를 헛되이 보내는 경우도 있으며 다른 형태는 그동안 숫자가 늘어나고 크기도 커진다. 앞 장에서 살펴본 것처럼 중생대의 대형 파충류와 공존했던 최초의 포유류가 그러했다.

공룡도 분명 처음에는 다른 생물보다 보호를 받았고 돌연변이와 도태, 적응의 프로세스를 거쳐 온갖 거대한 모습으로 번식했다. 그러나 소형 포유류의 경우, 출현 당시에는 아직 실제로 존재하지 않았던 조건에 잘 대처할 수 있는 준비가 되어 있었다. 물론 그것은 우연한 일치라는 반론도 가능하다. 그것은 아무래도 상관이 없다. 그러나 그런 우연한 일치가 10억 년 이상을 끊임없이 지속하여 결국 인간과 뇌가 출현했다는 사실은 과연 어떻게 설명할 수 있겠는가?

적응은 기적을 일으킬 수 있다. 진화야말로 '인간'을 탄생시킨 것이다. 그 인간도 실험을 통해 기형을 만들어 냈다(초파리에 관한 모건과 그 학파의 실험). 인간은 적응을 마음대로 조절할 수 있으며 획득한 특징 또한 조절할 수 있다. 하나의 특정한 진화를 개시시키는 것은 결코 불가능할 것이다.

4
진화의 샛길로
빠져버린 동물들

생물의 역사에서 '고리'라고 하는 것은 위험한 말이다. 어떤 형태가 진정한 고리라고 단언할 수는 없다. 때로는 그렇게 말할 수도 있지만 확실하지 않다. 아무튼, 현존하는 모든 형태도 다른 형태의 직접적인 선조가 아니라는 것만은 확실하다. 인간은 원숭이의 자손이 아니다. 화석 속에는 쉽게 말해서 '중간의' 형태를 보여주는 것이 많지만 아마도 그것들은 적응에 실패한 실험작, 즉 진정한 중간 형태와 동시대이거나 그 전후 시기에 탄생한 기형에 불과하다.

오스트레일리아 원산의 기묘한 동물로 알을 낳고 모유를 먹여 키우는 단공류(單孔類: 오리너구리와 바늘두더지) 또한 마찬가지다. 바늘두더지는 오리너구리만큼 유명하지는 않지만 흥미로운 점에서는 오리너구리 이상이다.

이 동물은 체온조절 시스템이 아직 완전하지 않아 섭씨 5도의 체온 차이가 발생한다. 이런 동물은 단순한 시험작에 불과하고 그 직접적인 선조는 어떤 우연 때문에 큰 형질변환을 하지 않고도 살 수 있는 조건에서 운 좋게 태어났다. 대륙에서 떨어진 덕에 다른 곳에서 펼쳐진 대혼란을 피할 수 있었기 때문에 일정한 단계까지 도달한 뒤 비교적 안정된 조건으로 존속할 수 있었다.

그런 의미에서 오스트레일리아나 뉴질랜드의 동물상은 아직 특이한 존재이자 고대의 형태를 많이 가지고 있다. 그러나 이런 동물에게는 유대류를 제외하면 포유류로서 자부할 수 있는 것은 하나도 없다. 뉴질랜드는 날개가 없는 거대한 조류로 유명하다. 그 중 한 종이었던 모아(공조)는 키가 3.6미터나 되었다. 아마도 오리너구리나 바늘두더지의 경우에는 약간의 형질전환은 있었겠지만, 포유류의 실제 선조는 아니다. 이 동물들은 진화의 샛길이 막바지에 있는 것이다.

무성생식에서 유성생식으로
−형질전환의 비밀

진화의 진정한 원줄기는 적응하지 못한 탓에 가늘고 불안하기만 했다. 이 줄기는 급속도로 진화했지만 넓게 퍼지지는 못했다. 변온동물(냉혈동물)에서 항온동물(온혈동물)로의 변화는 막대한 수의 중간체가 필요했다. 그러나 이런 과도기의 종은 서로 큰 차이가 없고 개체 수도 많지 않았기 때문에 훗날 인간으로 가기 위한 완전한 계보를 재구성할 기회가 매우 적었다.

그러나 포유류 강(綱)은 시신세(始新世:에오세 약 5천만 년 전)의 히라코테리움과 에오히푸스에서 현재의 말에 이르기까지 여섯 개의 중간단계를 거쳐 그 계보를 확립할 수 있었다. 물론 이 중간체들은 모두 갑자기 나타난 것으로 보이며 화석이 없기 때문에 그 경로는 여전히 확인할 수 없는 상태이다. 그렇지만 그것이 존재한 것은 틀림이 없다.

현재 알려진 형태는 무너진 다리의 기둥처럼 흩어진 채로 남겨진 상태이다. 다리가 세워져 있었다는 사실은 알고 있지만 남겨진 것은 안정된 기둥의 흔적뿐이다. 각각의 기둥이 이어져 있었다는 것은 추측할 수 있지만 앞으로도 그것을 사실로서 확증하는 것은 불가능할지도 모른다.

아무튼, 이것은 중요한 점이 아니다. 정말로 중요한 것은 속(屬)과 종(種)의 역사가 아니라 문(門)과 강(綱)의 역사 속에서 드러난다. 아무리 상상력을 총동원하더라도 단세포생물에서 후생동물로, 무성생식에서 유성생식으로, 동(銅)을 함유한 청혈소(헤모시아닌)에서 철을 함유한 혈색소(헤모글로빈)로의 이행(移行)을 현실의 것으로 생각할 수는 없다. 이미 살펴본 것처럼 적응의 목적과는 아무런 관계가 없지만, 진화로 본다면 기본적인 형질전환은 가장 먼 시대, 지구의 요람기에 일어난 것이다.

생명체에 일어나는
'예지 조화'

지금까지는 생물의 형질변환을 돕는 각종 메커니즘 중 하나를 검토한 것에 불과하다. 그러나 과학자 중에는 그것이 전부라고 오해했던 사람이 많다. 다윈과 라마르크의 훌륭한 가설을 얻게 된 그들은 이 가설을 제멋대로 비틀고 억지를 부림으로써 시대의 경과와 함께 형질전환이 제시하는 다양한 문제에 교묘하게 짜 맞추려 했다. 아쉽게도 그런 방법으로는 여전히 신비에 싸인 채 우리의 지식으로는 도저히 해결할 수 없는 수많은 장해물을 설명할 수 없다.

예를 들어 어떤 출발점이 주어지면 적응 프로세스의 시작에 대해 생각할 수 있다(감히 이해할 수 있다고까지는 말할 수 없더라도)고 가정해 보자. 그럴 경우 이 기본적인 형질전환은 분명 돌연변이의 개체에 동종의 다른 개체 이상의 우위성을 부여할 수 있을 만큼 유익할 것이다. 그러나 여기서 어떤 유익함이나 일시적인 진보도 거둘 수 없다면 어떻게 새로운 형질이 완성되거나 유전 때문에 전해졌는지는 도저히 이해할 수 없게 된다. 결국, 모건의 초파리처럼 쓸데없는 기형이 또 하나 탄생할 뿐이다. 물론 우리는 아무리 뒤틀어지고 조잡한 모양이라 해도 동물이 사물을 볼 수 있게 된 순간에 눈이 완성되고 거기서 다시 개량이 시작되었다는 것을 인정하지 않을 수 없다. 그러나 그 눈이 사물을 본다는 목적에 도움이 된 것은 눈이 광학적으로 만들어진 신경세포에 의해 뇌의 예민한 시각중추와 연결된 뒤의 일이다.

이렇듯 시력이 존재하지 않았음에도 불구하고 시력에 필요한 모든 요소가 동시에 진화했다는 사실을 어떻게 설명하는 것이 좋단 말인가? 표피에 빛에 민감한 특정 부분이 있다는 것만으로는 도저히 수정체와 홍채, 망막의 최종적인 형성에 관해 설명할 수 없다. 마찬가지로 익룡류와 박쥐의 막상(膜狀)의 날개가 체중을 지탱할 수 있게 된 것도 날개가 완성된 뒤의 일이다.

　　바위와 나무에서 수없이 떨어졌다는 것만으로는 이 날개의 발달에 대한 설명이 불가능하다. 가령 이 발달이 매우 느려 처음에는 피부가 늘어진 극히 작은 부위였다고 한다면 그것은 불편한 장애일 뿐 크게 발달할 이유가 아니다. 그러나 가령 그것이 어느 날 갑자기 생겨난 것이라고 한다면 날개를 지탱해 준 손가락의 성장에 대해서는 어떻게 설명을 할 수 있겠는가? 그리고 어느 경우든 날개의 발달이 유전적인 것이 된 이유는 무엇일까?

　　이 프로세스는 오랜 진화의 결과라고밖에 생각할 수 없다. 단, 우리는 그것을 추측할 수 있지만 증명할 수는 없다. 이 모든 과정은 우리의 상상을 훨씬 초월하는 것이다. 이미 자연은 동물이 하늘을 날 수 있게 계획했고 성공했다. 이 문제는 약 1억 년 전인 데본기에 하늘을 나는 곤충, 풀잠자리류에 의해 대략적이기는 하지만 만족할 만한 답을 얻었다. 해결방법은 전혀 다르지만, 그것이 대단하다는 것에는 변함이 없다. 그리고 특히 곤충 세계에서는 또 다른 수백이 넘는 예가 발견되었다.

　　만약 종국적 궁극 목적론이 하나의 '이념' 이나 '의지', 최고의 '지성' 의 개입을 가정함으로써 계속 '인간' 으로 가는 일련의 형질전환에 대해 조금이나마 조명할 수 있다면 종(種)에만 한정된 특정한 형질전환 중에서도 단순히 물리, 화학적인 모든 힘과 우연한 작용 이상의 것을 발견하지 않을 수 없을 것이다.

5

당연한
'인간의 진화'

영장류가 탄생할 때까지 온갖 실험이 이루어진 뒤 알 수 없는 긴 중간단계를 거쳐 필트다운인, 자바의 피테칸트로푸스 에렉투스(자바인: 직립원인), 그리고 북경원인에 이르렀다.

이 두개골들은 다른 영장류의 것보다 급속도로 발달했다. 현재는 북경원인이 수십만 년 뒤에 유럽에 나타난 네안데르탈인의 조상이 틀림없다고 믿는 연구자도 많다. 그러나 실제로는 네안데르탈인의 기원은 불분명하다. 이것은 아마도 오랑우탄이나 긴팔원숭이, 침팬지를 탄생시킨 가지와 같은 시기에 공통의 줄기에서 갈라졌을 것이다.

어쩌면 이 분열은 훨씬 더 오래되었을지도 모른다. 신뢰할 수 있는 연구에 의하면 제3기의 유인원류는 '인간화' 경향이 현저했고 멸종된 유인원(드리오피테쿠스나 시바피테쿠스)의 체형은 현존하는 유인원류의 원숭이보다 훨씬 인간에 가깝다고 한다. 또 다른 연구서에 따르면 영국의 필트다운에서 발견된 에오안트로푸스가 점신세, 또는 시신세(이집트)의 프로플리오피테쿠스의 직계라고 하는 설도 있다. 그렇다면 이 영장류가 공통의 줄기이고 여기서 약 4, 5천만 년 전에 실제 영장류와 인간에 이르는 가지가 나누어졌을지도 모른다. 개중에는 공통의 조상이 훨씬 더 오래되었다고 믿는 사람도 있다. 그러나 실제로 확실한 것은 전혀 알 수가 없다.

아무튼, 피테칸트로푸스의 뇌는 체중이 세 배나 되는 대형 유인원의 뇌보다 무겁다. 피테칸트로푸스는 에오안트로푸스보다 뒤에, 북경원인보다 조금 전에 자바 섬에서 나타났다. 그들은 약간 구부린 채로 직립보행을 했다. 그리고 진화는 여전히 계속되었다.

진화는 인간을 통해, 그리고 인간만을 통해 지속하였다. 그러나 머지않아 알게 되겠지만, 인간의 진화라는 것은 그 이전의 진화와 같은 토대에서 이루어지는 것이 아니다. 전자(電子)의 거스를 수 없는 '진화'와 원자(原子:전자로부터 이루어진)의 진화 사이에는, 그리고 원자의 거스를 수 없는 진화와 생명(원자로부터 이루어진)의 진화 사이에는 지성으로는 초월할 수 없는 장벽이 있는 것 같다. 생명의 진화와 인간의 진화 사이에도 역시 마찬가지로 장벽이 있는 것 같다.

인간은 구조상 여전히 동물이고 수많은 본능을 조상으로부터 물려받았다. 이 본능 속에는 종의 보존을 위해 없어서는 안 될 것도 있다. 그러나 인간은 알려지지 않은 하나의 원류에서 동물과는 다른 본능과 인간 특유의 관

넘을 이 세상에 초래했다. 이 관념은 본능과는 모순되기도 하지만 압도적으로 중요한 것이 되었다. 그리고 진화의 현 상황을 만들고 있는 것은 이 관념, 이 새로운 특성의 발달이다.

그러므로 인간에 있어서 진화의 원칙은 유지되더라도 그 탄생 방법은 조금 다른 것임이 틀림없다. 지금까지 그 어떤 진화론으로도 인간의 행동을 설명할 수 없었던 것은 바로 그 때문이다.

제3부

인간의 진화와 그 운명

The Evolution of Man

CHAPTER

8

인간,
'진화'의 시작

1
새로운 '인간의 새 시대'를
앞에 두고

이렇게 진화는 계속되어 간다. 그리고 정신이 머물 장소를 제공하고 정신이 발달할 수 있는 동물형태가 만들어진다. 그리고 모든 것은 한 단계씩 서서히 전개되어 간다. 더욱 완벽한 형태가 출현하여 무용지물이 된 발판은 제거되고 먼 미래의 궁극적 목표를 향해 천천히 진화가 이어지는 것이다.

그러나 모든 것이 명백하지는 않아도 인간의 태아에서 지금도 찾아볼 수 있는 흔적처럼 생물의 중간단계인 '기억'이 남는 경우는 많다. 육체적인 기억뿐만 아니라 '육체적인 기억'이란 서서히 형성되어 유전적으로 전해진 해부학적인 구조를 말한다. 진화의 특정한 시기에 환경에 의해 결정된 생존 조건에 대응하면서 뇌에 축적된 본능의 기억도 남는다.

지금은 모든 의미를 잃게 된 이 유전에 대해, 영구적으로 사라진 시대의 자취에 불과한 이 장대한 기억의 축적에 대해 '인간'은 도전하지 않으면 안 된다. 그리고 자신의 미래상이기도 한 정신적인 존재의 도래를 준비해야 한다.

현대의 진화는 이미 생리적이거나 해부학적인 단계가 아니라 정신적, 도덕적인 단계에 이어 지속하고 있다. 우리는 지금 진화의 새로운 국면을 맞이하고 있다. 그러나 그와 함께 진행되는 변화가 사물의 질서에 극심한 소용돌이를 일으키고 있으므로 이 사실은 여전히 많은 사람의 눈으로부터 감춰져 있다.

여전히 우리의 내부에서 꿈틀거리고 있는 옛 동물로부터 '인간'으로의 이행(移行)은 최근에 일어난 것이 아니다. 그래서 그 결과로 발생한 곤혹과 불가사의한 수수께끼를 동반하는 충돌과 대립은 여전히 이해가 불가능하다. 그러나 그것을 깨달을 수 없지만 우리는 실제로 혁명의, 다시 말해 진화라는 기준에서 혁명의 소용돌이 속에서 살고 있다. 이와 비교해 본다면 우리가 직면하는 사회의 혁명은 설령 수십만의 목숨이 희생됐다 해도 미래에는 아무런 흔적도 남지 않는 처량한 것이 될 것이다.

'운명'의
진정한 지배자

수십만 년에 걸쳐 가혹한 법칙을 따른 뒤, 어떤 생물군은 다른 것과 생물학적인 차이가 발생하여 새로운 제약에 직면하게 되었다. 이전의 질서와는 완전히 다른 새로운 질서가 요구되면서 인간의 희열과 육체적 쾌락의 영역에 제약이 부과되었다. 본능적으로는 존경심을 품고 있지만, 여전히 잘 모르고 있는 이 권위에 대해 인간은 어째서 반항하지 않았을까?

인간은 고삐에 저항하는 야생마와 닮았다. 다른 점은 자기 스스로 제약한다는 점이다. 그리고 그 제약을 자유롭게 거부하거나 받아들일 수 있어서 인간은 최종적으로는 자기 운명의 진정한 지배자가 될 수 있다. 식욕을 채우기만 하는 존재에 머무를 것인지, 아니면 정신의 도약을 이룰 것인지. 자유롭게 선택해 스스로 운명을 지배해 나감으로써 인간의 존엄성이 탄생하는 것이다.

2
'죽음'의 관념,
동물에서 인간으로

진정한 의미에서 인간의 개성은 언어의 발달과 함께 나타났다. 물론 형태학적인 진화는 지속하였다. 그러나 동물적인 지성과 본능은 그것들과는 전혀 다른 인간 고유의 지성형태에 길을 양보하기 시작했다. 아직 멀고 먼 목적, 다시 말해 인간과 동물과의 분리가 실현되기 위해서는 수천 년이라는 길고 새로운 국면이 필요했다.

인간이라는 새로운 방향성을 제시하는 최초의 단서는 조잡한 부싯돌 같은 도구와 화로의 흔적 등 고대의 유물이었다. 그러나 우리의 생각으로는 그보다 훨씬 인상적인 인간화의 새로운 증거가 얼마 뒤 발견되었다. 그것은 바로 무덤이다.

네안데르탈인은 죽은 사람을 매장했을 뿐만 아니라 프랑스의 망통 근처

묘지에서 발견된 것처럼 때로는 합장을 하는 경우도 있었다. 이것은 더는 본능의 문제가 아니다. 죽음에 대한 일종의 반항을 보여주는 인간적 사상의 자각을 엿볼 수 있다. 죽음에 대한 반항은 죽은 사람에 대한 깊은 사랑과 죽음이 모든 것의 끝이 아니라는 바람이 담겨 있다. 이렇듯 '발상(發想)', 아마도 인간으로서 최초의 발상은 미적인 감정과 서로 협력하며 발달한 것 같다.

죽은 이의 얼굴과 머리를 보호하기 위해 평평한 돌을 쌓거나 때로는 서로 지탱할 수 있게 짜맞췄다. 그런 뒤 장식품과 무기, 음식, 몸을 치장하는 화장품 등을 함께 무덤에 넣었다. 죽음이 모든 것의 끝이라는 생각은 견디기 어려운 것이다. 언젠가 죽은 이가 눈을 뜨고 배고픔을 느끼게 될 것이다. 자신의 몸을 지키고 몸을 치장하고 싶어질 것이다. 죽은 이는 결코 죽은 것이 아니다. 죽은 이는 자신을 사랑하고 칭송해 준 사람들의 기억 속에 영원히 살아 있다. 이 사실은 인간에게, 아니 인간에게만 개인의 감정적인 영역을 초월하여 퍼져나가는 관념을 초래한다. 인간은 이 관념을 자신의 외부에 투영시켜 죽음의 길을 떠난 사람을 위해 새로운 객관적 존재를 만들어 낸다. 이것은 지금까지 전혀 예상하지 못했다.

사람은 사랑하는 사람들과 이승에서는 두 번 다시 만날 수 없다는 것을 알고 있다. 그러나 그들이 다른 어느 곳에서 살아 있을 것이라고 믿고 싶었다. 그 때문에 사람은 또 하나의 삶을 생각해 내 언젠가 서로 재회할 수 있는 장소로 또 하나의 세계를 만들어 냈다.

이렇게 해서 죽은 이에 대한 생각, 다시 말해 생물의 최고(最古) 특징의 하나인 기억과 모든 고등동물에서 폭넓게 엿볼 수 있는 감정인 사랑이 인간에게 결부되어 내세라는 그야말로 인간적인 사고를 만들어 냈다. 그것은 그다지 상상력이 풍부하지 않더라도 이해할 수 있을 것이다. '인간'은 조상으로부터 물려받은 모든 특성을 이용하면서 그것을 스스로 진화를 가속하기 위한 새로운 도구로 바꾸어 나간 것이다.

3
왜 인간은 진화의 본류에
있을 수 있었을까?

생물의 진화에서 빼놓을 수 없는 조건인 기억은 훨씬 원시적인 동물에도 존재한다. 생물학자 중에는 단세포 생물인 짚신벌레에서도 그 증거를 찾아볼 수 있다고 단정한다.

기억이 없다면 진화는 일어나지 않았다. 그것은 틀림없는 사실이다. 기억이야말로 최초의 식물과 동물을 구별 짓는 것이고, 그 후로 순식간에 동물이 우위를 점유하게 해준 형질이었을지도 모른다. 조건반사와 본능을 만들어 내는 것은 기억뿐이다.

그러나 이 기억 메커니즘은 두뇌 중추를 갖춘 개체의 내부에서 작용하는 메커니즘과는 다른 것 같다. 생물의 특징 중 하나인 자극 감수성은 기억의 바탕이다. 때문에 기억의 발달은 본능과 마찬가지로 진화된 뇌에만 국한된 것이 아니다. 곤충의 본능은 포유류 이상으로 뛰어나다. 그러나 포유류의 뇌가 훨씬 복잡하고 지적이기 때문에 예상치 못 했던 환경에 잘 대응할 수 있다.

곤충은 자기 본능의 노예가 되었다. 포유류의 지성은 진화를 통해 더 큰 자유를 얻었다. 포유류는 특정한 유전적 본능에 의해 지켜지고 있을 뿐만 아니라 이동 도중에, 혹은 형성기 지구의 변동, 대기현상, 그리고 온갖 종류의 위험에 의한 변화 때문에 발생하는 수많은 갑작스러운 상황에 대해 새로운 방어 방법을 고안해 내는 힘도 가지고 있다.

인간, 즉 낡은 껍데기에서 힘겹게 벗어난 새로운 생물은 다른 포유류와 비교했을 때 훨씬 큰 자유를 누리고 있다. 그 자유는 인간에게만 허락된 것이며 서로 밀접한 관계가 있는 해부학적 개량을 통해 탄생한 것이었다. 손의 발달과 특수화는 인간에게 직립 자세를 강요했다. 이 또한 수많은 시험 중 하나에 불과했지만, 그 성공은 순식간에 성공을 거두어 두 가지 엄청난 수확을 올리게 되었다. 그것은 바로 도구와 불이다.

그 후로 음절이 있는 말이 등장했지만, 그것은 아래턱(돌출된 턱)의 구조 덕분이다. 그로 인해 길이 펼쳐지고 목표가 정해지면서 인간은 진화의 선두에 나서게 되었다. 이후 인간의 길은 다른 생물의 길과 갈라져 항상 다른 생물을 지배하게 된다. 진화는 인간만을 통해 지속하였고 두 개의 길은 점점 더 벌어지게 되었다. 우리는 앞으로 더욱더 벌어지고 있는 두 길의 거리를 통해 진화의 정도를 측정해야만 한다.

그러나 인간이 단숨에 자유를 쟁취할 수 있는 것은 아니다. 수억 년에 걸친 유전이라는 짐은 너무나도 무겁다. 엄밀한 의미에서의 인간적 진화 곡선은 서서히 그려질 것이고 정체상태에 빠질 것이 틀림없다. 요동이 끝난 뒤에는 개체의 퇴화, 혹은 집단적 퇴화가 발생해 인간이 동물로 되돌아가는 경우도 생길 수 있다. 어떻게 하면 이것을 막을 수 있을까?

자연의
'법칙'에서의 탈피

인간의 구조와 기능의 근저에 있는 물리적, 화학적인 메커니즘은 본질에서 다른 포유류의 메커니즘과 같다. 인간의 몸 또한 같은 법칙을 따르고 있다.

인간의 뇌는 새로운 종의 희망 전부를 짊어지고 있지만, 세포로 이루어져 있다는 점에서는 훨씬 원시적인 생물의 뇌와 다름이 없다. 이 세포는 다른 세포와 마찬가지로 양분을 보급받고 있다. 그 기능도 내분비샘에서 분비되어 몸 전체의 조화로운 균형을 관리하고 유지하는 화학물질에 의해 정해져 있다.

갑상선은 지성을 제어하고 있어 그것을 제거하거나 위축하면 정상적인 생물도 치매 상태에 빠지게 된다. 그러나 치매의 회색 세포와 천재의 세포는 외관상 구분이 불가능하다. 부갑상선은 신경계통을 부분적으로 제어한다. 뇌하수체는 뼈의 성장을 관리한다. 이것을 절제하면 2, 3일 뒤에 죽게 된다. 그것은 부신(副腎)을 절제하면 2, 3일 뒤에 죽음을 초래하는 것과 마찬가지이다. 마지막으로 간질선(間質腺)은 목소리와 모발 같은 남성적 형질의 발달에 큰 영향을 끼친다. 이것이 손상되면 뇌와 심장, 근육, 피부까지 영향을 끼친다. 그리고 정신적, 육체적인 에너지인 남성 고유의 성질도 직접적으로 그것에 좌우되고 있다.

이렇듯 인간이라는 조직 기반 그 자체는 동물과 마찬가지로 물질적이며 화학적인 것이다. 사람은 먹고, 자고, 생식해야만 한다. '인간'에게 있어서 이런 관계를 피하거나 내분비로부터의 예속에서 벗어나는 것은 어렵다. 그러나 '인간을 지배하려 하는 힘'과 싸움으로써 사람은 인간적 존엄의 근간을 이루고 있는 동물과의 차이를 주장할 수 있다. 역으로 예속에 안주한다면 수억 년에 걸친 진화를 통해 배양된 독립성을 포기하는 것이 된다.

인간으로의 변신을 이루는 시기 어딘가에서 사람은 종교와 철학, 예술의 영원한 주제인 기본적인 이원론을 깨닫게 되었다. 이것을 깨달았다는 것은 진화 전체를 통틀어 가장 중요한 사건이다.

지금까지의 인간은 그 이전의 모든 생물과 마찬가지로 인간 독자의 완성으로 자신을 인도하는 외계의 현상에 개입할 필요가 없었다. 그것은 진화의 연쇄 속에서 무책임하고 무의식적인 고리에 불과했다.

분명 고등한 포유류보다는 자유롭다 해도 신체 조직의 자극 반응으로 움직이고 이런 포유류로부터 물려받은 욕구를 따르는 존재였다. 더 위대한 지성, 부싯돌로 불을 일으킬 수 있는 손, 음성을 낼 수 있는 목, 그 소리에 무한한 패턴을 만들어 주는 혀와 입술 덕분에 사람은 자기의 운명을 제어할 수 있게 되었다. 그리고 드디어 동물성, 즉 노예 상태로 되돌아가거나 아니면 진화 속에서 자신의 역할을 추구하거나 두 가지 갈림길에 서게 된 것이다.

머지않아 인간이 될 운명의 생물도 양심이 탄생하기 전까지는 선조와 형태학적인 면에서 달랐던 것에 불과했다. 이 생물은 자연의 법칙, 진화의 법칙을 따르고 있으며 그러지 않을 수 없었고 그것은 옳은 것이기도 했다. 그러나 어떤 행위가 '좋은 것'인지 아닌지, 다른 행위가 '보다 좋은 것'인지를 자문한 순간 동물에게는 닫혀 있던 자유를 획득한 것이다.

이런 사실에 대해서 꾸며낸 것 같은 설명을 해도 아무런 의미가 없다. 이 사실을 가족과 씨족의 탓으로 하거나 아니면 부모나 이웃의 부족 탓으로 하거나 그것은 큰 문제가 아니다. 중요한 것은 인간에 있어서, 그리고 인간에 있어서만 이 선택의 가능성이 도덕관념으로 바뀌어 왔고 이것은 다른 그 어떤 종에도 절대 들어맞지 않는다는 점이다. 이 변화가 일어났을 때 인간은 다시 한 걸음 비약하여 이미 다른 영장류와 인간 사이의 거리를 더욱 넓혔다. 인간 진화의 새로운 방향성이 확실하게 드러났다. 그 후 다른 모든 생물과는 대조적으로 인간은 이제 '자연'을 따를 필요가 없게 되었다. 인간은 이전까지는 유일한 '법칙'이었던 자기 욕망을 판단하고 그것을 제어하지 않으면 안 되게 된 것이다.

고도로 진화한
인간이 이뤄야 할
'고매한 의무'

　　　　　이 끝없이 가혹한 싸움을 통해 인간적인 갈등이 발생하게 된다. 그리고 오늘날까지 그 싸움의 격렬함은 전혀 시들지 않았다.

　물론 대다수의 사람에 대해 생각해 보면 이 도덕관념이 정말 있는지 의심이 가는 것도 무리는 아니다. 매일 그 사실을 목격한 비관론자라면 동물과 인간 사이에 놓여 있는 골이 정말로 깊은 것인지 자문하게 될 것이다. 이 질문에 대한 답은 이렇다. 지금은 아직 인간 진화의 여명기에 있으며 양심을 가지고 있는 사람이 불과 백만 명 중의 한 명뿐이라 해도 그것은 자유의 새로운 단계가 도래했다는 것을 충분히 설명해 줄 수 있다고.

　진화의 역사에 있어서 중요한 경과 대부분은 아주 적은 수의 개체, 어쩌면 단 하나의 개체에만 영향을 끼치지 않는 돌연변이로부터 시작되었다. 마찬가지로 도덕관념도 매우 드물게 뿌려졌을 것이고 실제로 이 관념은 너무나 깨지기 쉬운 것이었다. 그런 관념을 가슴에 품는다고 해서 육체가 강인해지기는커녕 오히려 방해되기도 한 것이다.

　가련함, 공평함, 자비심 등, 지금은 존중받고 있는 모든 자질의 개화도 타인의 무의식적인 잔혹성과 흉포성과 맞서 싸워야만 했던 선사시대의 사람들에게 있어서는 심각한 단점이었음이 틀림없다. 이런 갈등은 지금도 곳곳에서 찾아볼 수 있다. 그러나 평균적으로 말하자면 자신에게 약점이 있거나 조상에게서 물려받은 본능을 따르면서도 대다수 사람은 그것이 위대한 미덕이라는 것을 피부로 느끼고 있다. 이런 미덕은 설령 실천되지 않더라도 언제나 놀랄 만큼의 위신을 유지해 왔다.

현대인의 대다수가 인간으로서 당연히 그래야 한다고 여겨지는 반응을 나타내는 경우도, 하나의 집단으로서 같은 반응을 보이는 경우는 없다. 그러나 그 반면에 개인적으로는 그다지 덕이 있는 것도 아니며 순교 정신이 없는 사람들이 자발적으로 반항을 계획하고 함께하는 대중의 마음을 빼앗아버리는 경우가 있다. 인간성의 역사는 이런 사례가 수없이 많다. 그것은 마치 포도 덩굴이 기어 올라가는 모습을 연상케 한다.

지주가 뽑히거나 꺾이더라도 포도는 땅을 기어 어느새 새 지주를 찾아 잡초보다 높이 뻗어 올라갈 기회를 노린다. 그리고 지주를 찾아내면 당장에 태양을 향하기 위해 무의식적인 불굴의 노력으로 그 지주를 단단히 붙잡는다. 때로는 실수도 한다. 가지 선택을 잘못해 썩은 가지일 경우도 있다. 그러나 그것은 덩굴의 잘못이 아니다.

인간 집단도 애매한 질서를 따르고 있다. 위를 향해 뻗고 싶은 마음은 굴뚝같지만, 지도자가 없으면 불가능한 일이다. 불행 중 다행으로 지금까지는 나쁜 영향이 있을 때도 대부분은 시대를 앞서간 과도기의 동물처럼 뛰어난 재능을 가진 사람들이 그 일을 대신해 주었다. 그들은 진화의 높은 단계에 도달한 사람들이며 자신이 맡은 소중한 역할, 맡은 바 고매한 의무를 지고 있다. 그것은 인류를 동물과는 거리가 먼 길로 인도하는 것이다. 기묘하게도 짊어져야 할 부담에도 불구하고, 그리고 그들이 받아들여야 할 교리가 전혀 매력적이지 않고 오히려 희생을 강요하는 것임에도 불구하고, 역사적으로 가장 신망을 받은 사람은 바로 이런 사람들이었다. 그들의 가르침은 대대로 이어져 다른 그 어떤 것보다 찬란한 빛을 발하였다.

4

정신과 육체의
끝없는 갈등

인간에게 주어진 이 새로운 자유는 계속되는 진화에 불가결한 것이다. 인간을 물리적으로 지탱하는 육체가 어느 정도 안전한 상태에 도달하면 새로운 시험은 불필요해 지고 진화는 본질에서 인간답게 해주는 또 하나의 차원, 즉 정신적인 차원에서 계속되게 된다. 그런데 인간 자신의 끊임없는 협력이 없었다면 진화를 어떻게 상상이나 할 수 있었겠는가?

진화 과정에는 수없는 시험과정이 있었다. '자연' 과의 대결에서 이런 시험은 때론 성공을 거두며 새로운 싹을 틔우게 되었다. 그와 반대로 고배를 마시고 무위한 생활을 보내거나 멸종하는 경우도 있었다. 그러나 생물학적 (해부학적, 또는 생리학적)인 면에서의 시험은 자연스럽게 심리학적인 차원의 시험으로 바뀌어 갔다.

한층 고차원의 이 레벨에 도달하면 단순한 생존만의 문제가 아니다. 심리학적, 도덕적인 진보가 문제 된다. 그러나 이 진보는 이전과 마찬가지로 투쟁과 경쟁, 도태에 의해서만 실현될 수 있다.

여기서 흥미로운 것은 종국적 궁극 목적론이 가장 오래되었고 존경할 만한 인간의 전통 중 하나와 일치하고 있다는 점이다. 그 전통이란 기원은 확실하지 않지만, 기독교 세계 전체에 영향을 끼쳤고 어쨌거나 우리의 결론은 창세기 제2장에 드러난 결론(창세기 제2장 15~17절. '하느님은 여호와 하나님이 그 사람을 이끌어 에덴동산에 두어 그것을 경작하며 지키게 하시고, 여호와 하나님이 그 사람에게 명하여 이르시되 동산 각종 나무의 열매는 네가 임의로 먹되 선악을 알게 하는 나무의 열매는 먹지 마라. 네가 먹는 날에는 죽으리라 하시니라.)과 일치한다. 단, 그러기 위해서는 창세기 제2장이 지금까지와는 다른 방법으로 해석되어 편집자에게 이 문구를 전한 현인들이 직관적으로 터득한 진실을 이 부분에 매우 상징적으로 표현하고 있다는 생각이 전제된다.

과학과 종교의 화합, 그 첫걸음으로 이 점을 이해하기 위해서는 몇몇 단어의 의미를 신중하게 정의할 필요가 있을 것이다. 특히 중요한 것은 자유, 명령, 계율이라는 단어다.

자유가 진화의 기준이 될 수 있었던 것에 대해서는 앞에 지적한 바와 같다. 생물진화의 단계를 거슬러 올라갈수록 그와 비례해서 자유가 커진다는 사실도 밝혔다. 이 자유라고 하는 기준은 양심의 탄생으로 비로소 깊은 의미로 쓰이게 되는 것이고 다른 생물보다 육체적으로 자유로워진 생물에게만 이 최후의 자유가 부여되었다는 것은 명백하다.

그러나 이렇게 한층 커진 자유에도 불구하고 인간은 다른 동물과 마찬가지로 여전히 육체적 욕구의 지배를 받고 있다. 그러므로 생물학적으로 말하자면 인간은 어디까지나 동물이다. 뒤에서 다시 살펴보겠지만 이런 상태는 필요불가결한 것이다. 왜냐하면, 인간을 인간답게 하는 것은 스스로 본능과 싸우는 것이기 때문이다.

5

생리학적
'속박'에 대하여

그렇다면 동물에게 자유란 어떤 것이 포함되어 있을까? 거의 아무것도 없다. 물고기는 산호나 불가사리보다 자유롭고 포유류는 파충류보다 자유롭다. 그러나 고등동물이든 하등동물이든 동물은 예외 없이 생리학적인 기능과 호르몬 분비, 내분비의 속박을 받고 있다.

유전적인 본능에서 벗어날 수 없는 것과 마찬가지로 동물은 이것에서 벗어날 수 없다. 생리학적인 기능과 내분비와 본능은 생물의 구조 그 자체의 직접적이고 필연적인 결과이기 때문이다.

종국적 궁극 목적론의 견해에서 보든, 성경의 견해에서 보든 간에 이런 구조적 장치는 진화의 결과 그 자체이며 바꿀 수 없는 규칙이다. 따라서 동물은 자유롭지 않다. 그리고 이것이야말로 창세기 속에서 하느님이 동물에게 살아라, 번창하라, 세상을 가득 채우라고 명령한 상징적인 의미이다.

특정 기관을 가진 동물을 하느님이 창조했다면 그것은 그 기관을 쓰라고 명령한 것이다. 따라서 동물에게는 선택의 여지가 없다. 동물의 의지는 필연적이다. 그리고 천지창조의 여섯째 날에는 그와 같은 명령이 최초의 인간 한 쌍(남과 여)에게 내려진 것이다(원래 남과 여는 인간의 모습을 하고 있었지만, 양심은 지니지 않았다고 해석하는 것처럼).

수많은 과학자의 비난은 양해하고 우리는 성서를 과학적인 진리에 대한 매우 상징적이고 비밀에 싸인 문헌으로써 분석하기로 하겠다. 연금술에서는 이런 방법을 많이 실험했다. 그 결과 이전에 생각했던 것보다 훨씬 화학적 진보를 이룩한 연금술사도 적지 않다. 이 분석을 중간에 그만둔다 하더라도 큰 문제가 생기는 것은 아니다. 일단은 창세기를 주의 깊게 살펴보기로 하자.

성서에서
엿볼 수 있는
'인간적 자유'란

천지창조 여드레째 되는 날, 하느님은 인간의 모습을 한 동물 하나를 만들며 이전과는 다른 말을 쓰기 시작했다. 하느님은 먼저 남자의 코에 숨결을 불어넣고 다음으로 남자가 그것을 먹으리라는 것을 잘 알고 있으면서 선악을 알게 되는 열매를 먹으면 안 된다고 명령했다. 이 신비로운 말은 무엇을 의미하는 것일까?

그것은 진화에 있어 가장 중요한 사건이 일어난다는 의미이다. 무생물과 유기적 생명 사이에 놓여 있는 골에 필적할 만큼 깊은 절벽이 자연 속에 새롭게 출현했다는 것을 의미한다. 다시 말해 양심과 최후의 자유가 이제 막 탄생한 것이다.

실제로 하느님은 자기모순에 빠지지 않고 동물에 대해 무언가를 금지하지는 못했을 것이다. 어떤 방법으로 동물을 만들고, 더군다나 처음부터 동물들을 구조상의 조합이 만들어 내는 생물학적 법칙에 따르게 한 이상 하느님은 정당한 이유가 없는 한 스스로 생명을 철회할 수 없었을 것이다. 그 이유란 이 새로운 동물의 양심, 이 동물이 더 진화하기 위해 없어서는 안 될, 더군다나 그 이전의 다른 어떤 동물에게도 없었던 양심이다. 그 점은 하느님이 '생명에 숨을 불어넣었다. 그리고 인간은 살아 있는 영혼이 되었다.'고 하는 사실을 통해 명확하게 드러났다. 그것은 하느님이 인간에게 -인간에게만- 하나의 양심, 다시 말해 선택의 자유를 주었다는 의미로 받아들여도 좋을 것이다. 그 이후 하느님은 이 피조물, 다시 말해 인간에 대해 다른 모든 동물에게 범해서는 안 된다고 한 명령, 생리학적 명령, 즉 동물적인 본능에 복종하는 것을 금지한 것이다.

하느님이 그렇게 할 수 있었던 것은 이 새로운 생물이 자유로운 존재였기 때문이다. 인간은 원하기만 하면 내분비선에 의한 속박에 종지부를 찍을 수 있다. 이렇게 해서 인간은 육체의 명령을 따르며 결국 퇴화해 버린 조상인 동물들에 합류할 것인지, 아니면 반대로 동물적인 본능인 충동과 싸워 최종적으로 최고의 자유를 획득함과 동시에 손에 넣은 존엄성을 확실히 몸에 익힐 것인지, 갈림길에 놓이게 된다.

굳이 육체적 고통과 험난한 대가를 지급하고서라도 '인간'으로서의 역할을 선택한다면 그는 동물에서 탈피한 '인간'으로 진보하여 도덕적인 차원으로의 진화를 계속할 것이다. 그리고 최종적으로는 자신을 정신적인 차원으로 인도해줄 길을 걸어가게 된다.

이렇게 생각해 보면 극단적이지만 간결한 창세기의 문장도 이해할 수 있고 함축성이 깊은 글이 된다. 이렇게 해석하지 않고 반대로 생각한다면 창세기의 의미는 애매한 채로 남겨진다. 분명 금지도 하나의 명령, 즉 부정적인 명령이기는 하지만 거기에는 그 이상의 것, 다시 말해 자유가 포함되어 있다. 실제로 범죄자를 투옥하더라도 누군가 그에게 감옥에서 나오거나 다시 범죄를 저지르는 것을 금지하고 있지는 않다. 그렇게 하는 것이 본인에게 물리적으로 불가능할 뿐이다. 그러나 일단 범죄자가 감옥에서 나오게 되면 범죄행위의 속행은 금지된다. 왜냐하면, 그는 다시 죄를 저지를 수 있는 자유로운 몸이 되었기 때문이다.

성서에 대한 애초의 오해는 생물을 창조하여 당신의 뜻을 전한 하느님이 자신의 명령을 말이 아닌 물리적이고 절대적인 불가능성으로 표현했다는 점을 이해하지 못했기 때문이다. 예를 들어 이렇게 생각해 보자. 기화기를 조립하는 기사는 모터에 폭발성 가스를 보내도록 기계에 명령한다. 이때 기화기는 그 역할을 금지하는 것이 불가능할 것이다. 기화기의 상태가 정상이라면 모터가 가스를 빨아들임과 동시에 가스는 기화될 것이다. 그러나 반면 이 기사가 누군가에게 -자유롭게 그 자동차에 다가갈 수 있는 사람에게- 기동장치의 스위치를 누르는 것을 금지하는 것은 가능하다.

위와 같은 점에 대해 성서의 문장이 제시하는 중요성, 성서가 금지와 자유의 관계를 발전시키고 그것을 현실로 일어난 최초의 인간적인 사건으로 인정하고 있다는 사실, 그리고 이 죄 많은 남자가 하느님에 대한 불복종에도 불구하고 인간의 시조로 선택되었다는 사실은 선택의 자유가 그 후 더욱더 중요한 것이 된다는 것을 증명하고 있기도 하다.

'동물적 자기'와의 싸움

인간은 하느님이 금지했음에도 그것을 거역하고 원죄를 범하고 있다. 인류는 자신을 스스로 영원히 정화해나가지 않으면 안 된다. 단, 그것은 인간의 모든 자손에게 자의적인 벌이 부과되었다는 의미가 아니라 현재의 인간이 아직 도달해야 할 완벽한 단계까지 도달하지 못했다는 것이다.

사람은 하느님의 시험에 합격하지 못했다. 사람은 여전히 선조로부터 물려받은 본능의 지배를 받으며 그 본능을 따름으로써 하느님에게 등을 돌렸다. 요컨대 인간은 모두 같은 진퇴양난의 궁지에 직면하고 있고, 모두 다 똑같은 갈등과 맞서야만 한다. 그리고 내면의 동물적 충동을 이겨내고 정신적 승리에 공헌함으로써 비로소 업적을 이루었다고 말할 수 있다.

이때 사람은 인간으로서의 사명을 다 하고 완벽한 정신적 존재를 창조하고자 하는 하느님의 계획에 이바지하게 될 것이다. 그런 의미에서 인간의 진보는 더 이상 하느님의 뜻이 아니라 개개인이 얼마나 노력을 다했는지에 따라 좌우된다. 인간에게 자유와 양심을 부여함으로써 하느님은 자신의 피조물을 위해 스스로 전능함의 일부를 포기한 것이고 그것이야말로 인간 속에서 찬란하게 빛나는 하느님의 불꽃인 것이다(하느님은 당신 속에 있다.). 자유는 현실적인 것이다. 왜냐하면, '하느님 자신'이 그것을 방해하는 것을 거부했기 때문이다. 자유는 불가결한 것이다. 왜냐하면, 그것이 없다면 인간에게는 진보도 진화도 있을 수 없기 때문이다.

동물은 자연과 싸우고, 생활환경과 싸우고, 적과 싸운다. 이 '생명을 위한 투쟁'이 1천만 세기를 거쳐 드디어 인간이라는 형태를 만들어 냈다. 그리고 그 싸움은 자신의 내면에 있는 동물적인 잔해에 대한 '인간'의 싸움으로 바뀌어 간다. 그러나 그 뒤로는 종(種) 전체가 아니라 각각의 인간만이 중요해진다. 왜냐하면, 인간은 양심을 가지고 있기 때문이다.

그리고 그는 자신이 미래 백성의 선구자이자 정신적으로 완벽한 인간의 선조라는 것을 증명하게 될 것이다. 이 싸움의 승리자가 되어 나타난 예수는 어떤 의미에서 조기 개화한 표본과도 같다. 인간을 절망으로부터 구원하기 위해, 그리고 인간의 노력은 결실을 보아야 하며 또한 반드시 그래야만 한다는 것을 입증하기 위해 우리 곁으로 찾아온 예수는 아마도 백만 년이나 진화를 앞서간 중간적이고 과도기적인 형태의 하나라고 생각할 수 있다. 사실 예수는 우리를 위해 죽었다. 그가 십자가에 못 박히지 않았다면 분명 인간은 확신을 얻지 못했을 것이다.

그러므로 양심의 자유를 위한 모든 제약은 진화의 위대한 법칙, 즉 하느님의 '의지'에 반하는 '악'을 의미하는 것이 된다.

특정 개인이 자유를 악용한다면 더 큰 대가가 돌아가는 것은 그 당사자이다. 그에게 있어서 하느님의 시험은 너무나도 혹독한 것이었다. 이런 사람들은 사물을 이해할 수 있을 만큼 진화하지 못했다고 할 수 있다. 그들에관한 한 시험은 실패로 끝나버렸다. 자연에서 한 마리의 물고기는 수십만개의 알을 낳지만, 그중 우연한 혜택을 받는 것은 불과 몇 개의 알에 지나지않는다.

그러나 하나하나의 알을 구분하는 것은 불가능하여서 어느 알이 살아남을지는 문제가 되지 않는다. 한편, 인류의 경우에는 개체의 구분이 확실히되기 때문에 개개인은 도덕적인 진화의 요소가 될 기회가 동등하게 주어져있다. 만약 이 기회를 잡지 못한 채 직관적으로나 이성적으로나 자신이 결심한 의미를 이해하지 못한다면 그는 자신의 역할을 다 하는 데 걸맞지 않은 인간이라 할 수 있다. 진취적인 진화를 보장하는 책임은 그 이외의 사람들이 맡게 될 것이다

따라서 우리는 인간을 가르치고 인도해야만 한다. 사회가 사람들을 빠르고 적확하게 인도해 줄 것이라는 구실 하에 사람들의 눈을 막아서는 안된다. 자신의 양심을 타인의 양심과 바꿔놓을 권리는 누구에게도 없다. 왜냐하면, 진보는 개인의 노력에 달려 있으며 이 노력을 억제하는 것은 죄이기 때문이다.

6
'자유'를 통해 부과된
하나의 시련

인간의 모든 의지는 이 싸움을 향하지 않으면 안 된다. 이 싸움 속에서 사람은 새롭게 획득한 인간적 존엄이라는 감각에 의지하며 동시에 그 감각으로부터 자신에게 필요한 힘과 고귀한 운명의 증표를 손에 넣어야 한다. 사람이 어느 단계까지 인간화되었는가 하는 참된 척도는 이 노력의 강도로 측정할 수 있으며 결코 그 노력의 형태와 결과로 측정할 수 있는 것이 아니다.

성서와 마찬가지로 종국적 궁극 목적론의 문맥에서도 자유는 하느님에 의해 인간에게 부여되었다고 말할 수 있다. 그것은 육체적인 면은 물론이고 도덕적인 면 등, 모든 영역에 해당하며 이것은 독재주의 논거와 같은 모든 교리의 잘못을 증명하고 있다. 자유는 단순한 특권이 아니라 하나의 시험이

기도 하다. 인간이 만들어 낸 모든 제도도 이 자유를 사람으로부터 빼앗을 권리가 없다.

여기서 바로 다음 결론이 도출된다. 개인이 모든 정보원에게 다가갈 수 있을 때, 그리고 아무런 장애도 없이 뜻대로 자신의 판단을 내릴 수 있게 되었을 때 비로소 양심의 자유는 건설적인 의미를 가지고 드러나게 된다. 이것은 동물의 새로운 종이 환경과의 싸움을 통해 적응력이 시험되는 것과 같다. 따라서 사람도 자신의 판단을 형성하는 데 필요하다고 여겨지는 모든 요소를 뜻대로 수집할 수 있어야 한다.

창세기의 엄밀한 측면에서 본다면 외부의 의지가 인간의 의지를 대신하고 그 인간에게 영향을 끼칠 수 있는 예비적인 선택을 하는 것은 용납되지 않는다. 사람이 건전하고 비뚤어지지 않은 판단을 내리기 위해서는 자기 뜻대로 추론하고 자유롭게 스스로 교화시킬 능력을 갖춰야만 한다. 외부의 인도가 필요한 사람들은 완전한 자유라고 할 수 없다. 그런 사람에게는 강제가 아니라 계몽이 필요하다.

창세기를 이렇게 해석해 보면 종국적 궁극 목적론과 같은 결론에 도달한다. 유일한 차이는 동기뿐이다. 교회의 가르침으로는 하느님이 허락한 원죄의 속죄가 노력을 위한 동기부여가 된다. 한편, 궁극 목적론의 가르침에 따르자면 인간에게는 선조의 기억이 남으며 인간만이 그 기억과 싸울 수 있으므로 노력이 필요하다고 한다. '원죄'란 욕구에 대한 동물적 복종과 인간적 존엄의 경시에 불과하며 이 두 가지 사고방식은 확실하게 닮았다.

진화의
첨단에 선
'인간'이 가야할 길

　　　　이렇듯 '인간'은 진화에 대한 일말의 책임이 있다. 인간의 자유
로운 선택은 지금까지 자연도태가 이루어진 것과 같은 작용을 할 것이다.
인간은 지금 개체로서의 자기 운명과 종의 운명을 진보 방향으로 돌리기 위
해 일종의 충격이 필요하다. 그렇다면 그 행위는 어떤 방식으로 드러날까?
어떻게 해서 사람은 진화에 공헌하고, 동시에 불과 얼마 전까지 자신이 알
고 있던 유일한 명령인 자연으로부터의 작용(성서를 인용하자면 유혹)에 저항
하면 좋을까? 사람은 진화를 위한 최적의 존재이기는 하지만 최강이라고는
할 수 없다. 가장 기민하지도 않고 가장 저항력이 탁월하지도 않다. 그런 인
간이 어떻게 하면 자신의 역할을 다 할 수 있겠는가?

　사람은 언어와 동시에 도입된 진화의 새로운 요인-즉 전통의 도움을 받
아 스스로 역할을 다하게 될 것이다.

우리는 무의식적으로
진화를 모방하고 있다

CHAPTER

9

창조하는 정신

1
인간은 어디까지
진화할 수 있을까?

　이렇게 해서 인간 앞에 진화의 새로운 도구인 전통이 나타나면서 진화해야 할 생물이 이 도구를 손에 넣게 되었다. 만약 진화의 목표가 순수하게 물질적인 것에 불과하고 다른 동물과 비교했을 때 인간의 상대적인 완성을 지향할 뿐이라면 적어도 이렇게까지 심각한 변화를 일으키면서 진화가 지속할 이유가 없다는 것은 분명하다. 인간은 동물과 비교해도 육체적인 균형과 자유의 혜택을 받은 상태에 도달해 있으며 지성의 도움을 받는다면 어떤 환경에서도 적응할 수 있게 되었다. 그러나 한편으로 생태학상의 이런 상대적인 완성이 육체적인 적응 이상의 높은 목표로 향하기 위한 단서에 불과하다면, 진화는 가장 의미 있는 단계로 발걸음을 내디뎠다고 할 수 있을 것이다.

사람이 뇌라는 특별한 선물을 손에 넣고 실로 놀라운 추상화 능력을 갖추게 됨으로써 지금까지 진화가 이용해 왔던 완만하고 때로는 불편한 메커니즘은 무용지물이 되고 말았다. 인간이 불과 3세대 사이에 하늘의 왕국을 정복하게 된 것은 모두 뇌 덕분이다. 그런데 동물은 진화 프로세스를 통해 같은 결과를 얻기 위해 수십만 년이라는 세월이 필요했다.

사람의 감각기관의 범위는 수백만 배로 퍼지며 도저히 상상조차 할 수 없을 정도까지 도달했지만, 그것도 모두 뇌 덕분이다. 우리는 달을 50km 이내의 거리까지 끌어당겼다. 우리에게는 무한히 작은 것도 무한히 먼 것도 볼 수 있게 되었다. 들리지 않는 소리도 들을 수 있게 되었다. 거리는 줄어들고 물리적인 시간은 소멸하였다. 우리는 우주의 힘을 완전히 이해하기 이전에 이미 그 힘을 자신의 것으로 만들었다.

'자연'이 최종적으로는 뇌라는 걸작을 만들어 낸 덕분에 그전까지 이 '자연'이 이용했던 따분하고 번거로운 시행착오 따위는 완전히 무용지물이 되었다. 그러나 인간에게 있어 적응의 중요성이 사라졌다고는 하지만 진화의 위대한 법칙은 여전히 작용하고 있다. 이제 우리는 진화의 과정에 책임을 짊어지고 있다.

승리의 의미와 목적을 오해하면 인간은 파멸할 수밖에 없다. 반대로 진화의 의미를 충분히 깨닫고 도덕적, 정신적인 발전을 위해 노력하지 않으면 진화는 달성할 수 없다는 것을 염두에 둔다면 인류는 원하는 대로 전진하고 진화를 지속시켜 하느님과 협력할 수도 있다.

우리는 스스로 자유라는 사실을 자랑스럽게 여겨야 하고 이 자유야말로 인간이 진화의 첨단에 서 있다는 증거이다. 반면에 자유를 어떻게 이용하는가에 따라 갑작스럽게 짊어지게 된 거대한 책임을 다할 각오의 여부가 확실하게 결정된다.

왜 인간만이
경이적인
진화를 하는가?

인간의 육체에는 작은 변화들이 속속 일어날 것이다. 미래의 인간은 머리카락도 맹장도, 그리고 어쩌면 이도 사라질지 모른다는 등의 한심한 반론을 서슴지 않고 제시하는 학자조차 있다. 설령 그럴 가능성이 있다 해도 그것은 여기서 아무래도 상관이 없는 문제다. 중요한 것은 인간이 이룬 진정한 공헌, 즉 인간에 의해 이 세상에 나타난 가늠할 수 없는 현실이 미래에 어떤 운명을 맞이할 것인가 하는 점이다. 추상적인 관념, 도덕적인 관념, 정신적인 관념, 그리고 그것들이 조화를 이룬 관념이 앞으로 어떤 운명을 맞이하게 될 것인가 하는 것이다.

인간의 지적, 정신적인 향상은 전통을 배제하고는 생각할 수 없으며 전통이야말로 이제 다른 메커니즘의 역할을 다 해야 한다. 개인의 기억과 경험, 진보는 앞으로 더욱 효과적으로, 더 급속하게 자손들에게 무한히 퍼져나갈지도 모른다. 유전적인 본능을 형성하는 데 수백 세기가 필요했지만, 종의 보존에 없어서는 안 될 특정 동작이 계승되어 온 것에 불과하다.

이런 동작의 발달은 일정 조건으로는 얼마나 물리적인 효과를 얻을 수 있는지가 한정되어 있다. 조건이 변하면 또 다른 본능을 고심하여 발달시킬 필요가 있었다. 생물학적 메커니즘에 한해 말하자면 이 프로세스는 매우 완만하다.

자동차가 발명되면서 수천 마리의 강아지와 고양이, 수만 마리의 새와 다른 동물들이 차에 치여 죽었다. 이런 사태는 앞으로도 오래 지속 될 것이다. 이 동물들이 언어와 전통이 없고 우연히 삶을 연장해 온 부모의 경험이 새끼들에게 전달되지 않았기 때문이다.

명료한 언어만이 적응에 필요한 시간을 확연하게 단축해 왔다. 유년기 교육은 가장 좋은 예이며 그것은 생물학적인 적응 프로세스를 대신할 수 있다. 그것은 동물이라면 실로 많은 세월을 거치며 무수한 죽음이라는 희생의 대가로 배운 성과를 1세대 안에서 더 잘 습득시켜 준다.

언어와 전통은 몇 년 동안의 조건반사를 만들어 내고 그를 통해 얻은 조건반사는 더는 유전적인 형질로 전환될 필요가 없다. 원래는 이 형질전환에 오랜 시간이 필요하지만, 언어의 도움으로 마치 경험을 통해 얻은 모든 것이 순식간에 유전적인 성격을 띠듯이 진행된다.

전통이 진화의 새로운 메커니즘을 만들어내고 있다고 감히 말할 수 있는 것은 바로 이 때문이다. 불과 3만 년 만에 인간이 지금의 단계에 올 수 있었던 것은 이 새로운 메커니즘 덕분이다. 그리고 그것을 위해 수천 년 동안 뇌에 각인된 종의 기억은 마음속 깊은 곳에 감춰진 채 환경의 변화에 곧바로 적응할 수 있도록 개개인의 직접적인 기억이 그것을 대신하고 있다.

뇌'가 만들어낸
문명의 의의

전통을 이렇게 파악했을 경우 진화가 다른 생물에 대한 흥미를 잃고 인간의 뇌 발생과 동시에 뇌를 통해 진행되었다는 견해는 당연히 받아들여질 것이다. '성공을 거둔' 종, 존속하고 진화한 종은 돌연변이와 적응, 자연도태 같은 요소의 작용 때문에 발생한 새로운 '발명'의 소산이다. 이것은 진화의 모든 역사가 증명해 주고 있다.

일반적으로 하나의 진보와 유리함을 보여주는 새로운 형질이 '발명'되면 그 형질을 받은 종과 생물군의 진화에 영향을 끼쳐 그 특별한 형질 자체에도 발달과 개량을 엿볼 수 있게 된다(예를 들어 눈, 귀, 항온성 등). 진화에 대한 인간의 공헌이 뇌의 복잡화라는 점에 있다는 것은 두말할 필요가 없다. 그리고 이 뇌야말로 언어활동과 지적, 미적, 도덕적, 정신적 모든 활동의 중심이다. 그러므로 인간의 진화가 뇌를 통해서만 가능하다는 것은 분명하다.

우리가 이런 가설을 세운 것은 큰 반론이 없는 과학적 성과를 바탕으로 진화와 생물의 정점에 있는 인간 출현에 대해 만족할 만한 설명을 하기 위함이었다. 동시에 명확한 의미를 가진 진화에 대해서는 무한한 연결성을 상정할 수 있다는 것, 또한 지성과 모든 정신적 관념의 발달과 인간의 존엄이 진화 속에서 응당한 위치를 차지하고 진화의 궁극적인 모습을 형성하고 있다는 것, 그리고 마지막으로 신화 대부분의 도덕적, 종교적 원리는 분명히 경험을 초월하는 절대적인 가치를 가지고 있지만, 여전히 이것들은 진화 전체와 밀접한 연관이 있다는 것을 증명하기 위함이었다.

우리의 가설은 형태의 진화뿐만 아니라 관념의 진화도 포함하고 있다. 인류가 관념에서 끌어내는 힘의 지배를 받고 있다는 사실은 누구도 부정하지 못한다. 일종의 추상적인 관념은 물질적인 환경(응용과학이나 기계에 의해)을 바꾸고 인간의 사적 생활과 사회적 생활을 형성해 왔지만, 인간에 대한 자극과 영감은 미신, 야심, 종교적 관념 등, '보조 관념'이라 부를 수 있는 것들 속에서 엿볼 수 있다.

이런 관념을 무시한 채 인류를 동물의 무리로 치부하고 물질적 행복만 고려하는 이론은 모두 다 불완전하고 부적절하다. 우리는 전통과 그 결과로 탄생한 문명을 진화의 새로운 요인이라 여긴다. 그럼으로써 자신을 둘러싼 환경과의 접촉은 유지된다. 그러나 그러기 위해서는 지금까지 습관적으로 문명을 이용해 왔던 것보다 넓은 정의가 필요할 것이다.

2
정신세계로의
첫 걸음

진정한 문명의 징조는 프랑스와 스페인 북부에서 번성한 크로마뇽인에서 엿볼 수 있다. 그들은 수만 년에 걸쳐 부싯돌과 손도끼, 화살촉을 만드는 방법을 배웠다. 이런 것들은 연대를 확정하기가 어렵다. 인간이 확실하게 기술을 습득한 흔적을 남긴 고대 문화, 구석기 시대의 문화는 지금으로부터 약 60만 년 전으로 거슬러 올라간다는 설이 있다. 반면에 고작해야 4, 5만 년 전의 일이라고 주장하는 학자도 있지만, 어느 것이 사실인지는 알 수 없다.

그 이전의 초기 구석기 시대의 지층에서는 매우 조잡한 부싯돌만 발견되었고 그것이 실제로 사람의 손에 의해 깎인 것인지는 주장이 엇갈리고 있다. 그보다 훨씬 이전인 약 백만 년 전에도 영국의 입스에서 아주 미숙한 문명이 발달했을 가능성이 있으며 일찍이 제3기(점신세와 중신세)에 인간은 존재하고 있었다는 주장도 있다. 이런 가설은 여전히 이견이 많아서 자세한 내용은 피하기로 하겠다.

그러나 고대 크로마뇽인을 대표하는 최초의 종족이 3만 년 전 구석기 시대 후기에 나타났다는 것에 대해서는 모두가 의견이 일치하는 것 같다. 그리고 진정한 의미에서의 최초 문명, 다시 말해 후기 크로마뇽인의 문명은 지금으로부터 약 2만 년 전의 일이다(이에 대한 의문의 여지는 남아 있지만).

이 후기 크로마뇽인은 키가 커서 평균적으로 198센티나 되었다. 지중해 지방에 살고 있던 크로마뇽인의 키는 198센티가 넘었다. 이마가 높고, 얼굴은 넓적하고, 콧날이 오똑하고, 턱은 튀어나왔으며 두개골의 용량은 현대인보다 컸다. 그들은 인류의 훌륭한 모형이다.

그러나 무엇보다도 크로마뇽인은 위대한 예술가였다. 동굴 벽면을 장식한 그림 중에는 감탄할 만한 것들이 많다. 뼈와 상아 조각은 매우 정교했으며 도구와 무기에도 훌륭한 장식이 돼 있었고 구슬 장식과 장신구는 놀랄 만큼 정교하고 아름답다. 이 크로마뇽인의 문화는 아마도 거의 1만2천 년 전 정점에 달했을 것이다.

문화라고 하는 무용(無用)한 것의 출현으로 인해 -여기서 말하는 무용이란 '생명을 유지하고 방어하는 데 절대적으로 필요하지 않다' 는 의미이다- 인류의 모든 역사를 통틀어 가장 중요한 전환기가 되었다. 문화의 탄생은 진화로의 방향, 동물에서 멀어지는 방향으로 나가는 인간 정신의 발자취를 증명하고 있다. 이 무용의 원시적 행위야말로 사실은 추상적인 관념과 정신적인 관념, 신에 대한 순수한 공포로부터 해방된 관념, 도덕, 철학, 그리고 과학의 태동을 가져다준 중요한 행위이다.

생명의 유지와 종족의 영속을 위해 필요했던 다른 행위들, 다시 말해 선조로부터 이어져 왔던 행위는 그 시점까지는 무엇보다 중요한 것으로 여겨졌지만, 이 시점부터는 이차적인 지위로 밀려나면서 가장 중요한 행위의 태동에 힘을 빌려주는 존재가 되었다. 인간과 동물과의 기본적이고 본질적인 차이를 증명하기 위해서는 무용한 행위가 상상이나 예측을 불허하는 형태로 탄생했다는 사실만 봐도 알 수 있다. 과거 수십억 년을 되돌아봐도 이런 행위에 필적할만한 것은 무엇 하나 나타나지 않았다. 그들의 피할 수 없는 관심사는 굶주림의 고통과 싸우고 적과 싸우는 것, 난자와 정자라는 종족보존 세포의 정기적인 배출, 그리고 죽음뿐이었다.

곤충의 경우에는 전문화가 급속도로 진행된 덕분에 개체의 역할이 여전히 제한적이고 각각의 개체는 집단이라는 몰개성적인 사회 속에 묻히고 말았다. 벌레 한 마리 한 마리는 모두 전체로부터 떼어진 하나의 기관에 불과하며 다른 벌레의 가차 없이 부여된 일과와 연관성이 필요한 하나의 임무를 맹목적으로 해 낼 뿐이다. 각 개체는 위와 난소와 턱과 독립된 육체와 같은 것으로 집단을 벗어나면 자력으로 살아남을 확률은 전혀 없다.

'미의식' 의 출현

생존에 직접 도움이 되는 행위는 언제 어디서나, 그리고 항상 그 모습이 바뀌더라도 종의 보존만을 목적으로 하고 있다. 설령 그 종이 진화를 지속할 수 없어 멸종되거나 혹은 겨우 목숨만 연명해야 하는 초라한 운명을 짊어진 실패작이라 하더라도 사정은 변하지 않는다.

그리고 갑자기 해방이 찾아온다. 새로운 생물, 다시 말해 '인간' 이 스스로 주인을 바꾸는 것이다. 인간은 물리, 화학적인 법칙과 생물학적인 법칙의 구속에서 벗어난다. 미적인 요구와 발상이 인간에게서 탄생하고 두 개의 손에 의해 도구화되어 간다. 인간은 더는 자신의 본능적 욕망을 충족시키는 것만으로는 만족하지 않는다. 이전처럼 자신의 세계에 대한 방관자가 아니라 그 세계를 응시하게 되었다.

그(인간)는 생각하고, 모방하고, 배운다. 미의 감각이 그의 속에서 태동한다. 몸을 치장하고 온갖 색을 찾아내 그것들을 결합해 나간다. 무기와 도구도 생활에 유용한 도구 이상의 것이 아니면 안 된다. 무엇보다도 그것들은 아름다워야 한다. 그는 그 도구에 모양을 새기고, 기술을 높여 조각을 새겨 넣는다. 이렇게 해서 평범한 일상의 도구들이 그의 이중적 존재 이유를 상징하게 된다. 그 하나는 종족의 존속이고 또 하나는 관념이라고 하는 인간적인 세계에서 스스로 진화에 공헌하는 일이다.

미적 감각이 생기고 그것이 순식간에 높은 수준에 도달한 것은 진화의 새로운 방향성을 제시해 주는 최초의 구체적인 증거이자 순수 사고의 진정한 원천이기도 하다. 미적 감각은 지성, 기호의 사용, 문자 표현 등, 미래 인간의 발전을 결정하는 모든 수단의 근원이다.

인간은 사냥한다. 야생동물에게 덫을 놓는다. 군중을 지배하고 충고하는 힘을 가진 주술사의 인도하에 사냥의 마술을, 비현실적인 공간 세계를 만들어 낸다. 이것은 프랑스의 동굴벽화를 보면 확실하게 알 수 있다. 그러나 앞에서 말했듯이 내세와 죽음을 초월한 삶의 발상을 찾고자 한다면 그보다 훨씬 이전, 아마도 인간에게 있어 최초의 무용 행위라 여겨지는 고대 무덤을 살펴보는 수밖에 없다.

죽은 자나 산자나 똑같은 요구와 바람을 갖고 있다. 산 사람은 죽은 이를 도와 죽은 이가 깨어났을 때 필요한 것을 주어야만 한다. 그 당시에조차 인간은 불후의 삶을 바랐다. 구석기시대의 원시적인, 죽은 이에 대한 숭배의식은 이승을 떠난 사람들에 대한 온갖 배려의 출발점이었다. 처음에는 단순하고 미신적인 것이었다 해도 이 의식은 훗날 종교적, 철학적인 형태를 갖춘 모든 개념의 기원인 것이다.

우리는 무의식적으로
진화를 모방하고 있다

크로마뇽인 시대에 주술사는 의사이기도 했다. 누군가 병에 걸리면 주술사를 불렀고 항상 환자 곁에서 중요한 역할을 했다. 그는 절대적인 권위를 가지고 있었다. 불사(不死)라는 사고방식과 사냥감이 풍부한 지방-행복한 사냥터- 이 있다면 얼마든지 사냥할 수 있다는 생각은 지금도 남아있다. 이런 발상은 아마도 네안데르탈인에게서 비롯되어 마들렌기(구석기시대 마지막 시기. 크로마뇽인의 공작기술이 최고조에 달했던 시대)의 동굴에서 발달하고 꽃피웠을 것이다.

이런 사고방식의 중요성은 후세의 곳곳에서 같은 관념이 진화를 더듬어 가며 자연 발생적으로 나타난다는 사실을 통해 입증되었다. 물론 이 사고방식이 실제로 그 모습 그대로, 혹은 몇 번이고 반복적으로 지속하면서 남겨진 인간집단도 있지만 반면에 수정하고 모습을 바꾸면서 복잡한 교리와 철학적 관념으로 발전시켜온 집단도 있다.

이렇게 해서 개체의 역할은 새로운 양상을 띠게 되었다. 동물의 진화에서조차 어떤 메커니즘의 결과로 나타난 새로운 형질은 그것을 몸에 익히고 있는 사람에게 우위성을 보장해 주는지 아닌지가 아니고, 별개의 집단이 아닌 한 개체 속에서 발달해 왔다.

돌연변이는 결코 동시에 폭넓게 일어나지 않는다. 만약 그렇다면 그것은 더는 돌연변이가 아니라 하나의 원인에 의한 전혀 다른 현상이 되기 때문이다. 그러나 돌연변이를 일으킨 몇몇 개체 혹은 단 하나의 개체에게는 전혀 책임이 없다. 그들은 지명을 받은 것이 아니라 이름조차 없는 도구, 우연한 도구이자 수동적인 역할을 하는 것에 불과하다.

역으로 뛰어난 지성과 재능을 겸비한 주술사와 예술가, 화가, 조각가는 자신의 자질을 연마하고 후세에 그것을 전수하게 되었다. 그들은 우수한 능력을 갖춘 사람 중에서 제자를 골라 자신도 모르는 사이 진화의 방법(도태)을 모방했다. 그래서 이런 사람들은 무의식적으로 진화의 발자취에 공헌한 것이 된다. 한편, 그 밖의 수많은 사람은 사냥과 놀이, 전쟁, 그리고 생식을 위해 시간을 보냈다. 그들의 단 한 가지 책임은 주술사와 예술가들이 미래에 공헌할 제자를 고를 수 있도록 해마다 출산을 반복하여 자손을 늘리는 일이었다.

이 점은 진화가 인류에게 있어 뇌의 능력 발휘를 통해, 또한 인간 자신의 능동적이고 의욕적인 협력 하에 이루어진다는 우리의 생각을 뒷받침해 주고 있다. 오늘날에도 사정은 똑같다. 또한, 그러지 않으면 안 된다. 그러나 때로는 당사자의 가치와 장점과 적성이 항상 이 선택의 유일한 기준이 되고 있는지 의심스러운 경우도 있다.

3
도덕 수준에는
변동이 없다

도덕적인 관념의 기원은 먼 옛날로 거슬러 올라가지만, 최초에는 그 수가 그다지 많지 않았을 것이다. 또한, 진정한 의미에서의 사회가 형성되지 않은 한 도덕적인 관념에 근거한 사회적 제재도 거의 무의미했다. 아마도 최초의 규범은 살인과 도둑질을 금하는 정도였을 것이다. 그러나 개인적이거나 가족적인 보복이 씨족을 포함한 사회적 제재를 대신하는 '복수'가 '형벌'로 변함과 동시에 진정한 사회가 형성되고 제재라는 사고방식이 생겨남과 동시에 도덕적 관념은 급속도로 발달한 것으로 보인다.

이런 관념은 이미 6천 년 전에, 지금까지도 거의 개량의 여지가 없을 정도로 세련된 수준에 도달했다. 다만 이것은 현재 우리가 알고 있는 한 세계의 특정 지역, 다시 말해 이집트에만 해당한다(어쩌면 중국의 경우도 그럴지 모르지만).

세계에서 가장 오래된 책이 그 유일한 물적 증거이다. 5천백 년 전 제5
왕조시대에 이집트의 군주들을 위해 쓰인 『프타호텝의 교훈』이라는 책이
다. 이 훌륭한 책의 내용을 일일이 분석할 생각은 없지만, 저자가 보여준 지
혜를 소개하기 위해 두 개의 문장을 인용해 보겠다. 처음 글은 가장인 남편
을 위한 것이다.

"당신이 현명하다면 자신의 가정에 신경을 쓰라. 아내를 사랑하고, 아내
에게 음식을 제공하고, 아내에게 옷을 입히고, 아내가 병에 걸리면 간호하
라. 아내의 마음을 평생 기쁘게 해주고 결코 힘들게 해서는 안 된다. 하인들
에게도 충분히 신경을 써 주라. 불행한 하인이 있는 집안에 평화와 행복은
있을 수 없으니."

다음 구절은 군주를 위한 글이다.

"만약 당신이 책임을 추궁하려 한다면 본인 스스로 완전한 인간이 되도
록 노력하라. 회의에 나서면 침묵이 요설보다 훌륭하다는 사실을 잊어서는
안 된다."

이 현인이 충고한 것은 지금으로부터 5천 년도 전의 일이다. 그러나 이
가르침이 모든 세상에서 실행되기까지 앞으로 과연 몇 년이나 더 걸릴까?

앞에서 열거한 두 개의 짧은 인용문은 현대인이 당시보다 그리 진보하
지 못했으며 이 가르침을 통해 엿볼 수 있는 도덕 문명의 수준이 현재와 큰
차이가 없다는 것을 여실히 보여주고 있다. 동시에 우리는 인류 최초의 도
덕법전이 그것보다 훨씬 이전에 존재했다는 사실을 인정하지 않을 수 없다.

이 법전은 수세기 동안 단순한 전통으로 전해져 왔고 그런 의미에서 볼 때 현재 거의 모든 문명국가에서 규범으로 여겨지고 있는 모세의 십계 또한 마찬가지라 할 수 있다.

절대적인
관념으로써의 '선'

선악이라는 추상적 관념은 지금까지 단 한 번도 절대적인 형태로 표현된 적이 없지만, 인간의 양심이 탄생한 이래 항상 존재해 왔다. 우리의 가설에 의하면 이 관념은 새롭게 획득한 자유의 결과였음에 틀림이 없다. 그리고 우리의 창세기 해석이 옳다면 이 관념은 성서의 내용과 전혀 모순되지 않는다. 종교는 선의 개념을 한 명, 혹은 몇 명의 선량한 신으로 표현하고 악의 개념 또한 하나나 몇몇 악령을 통해 상징해 왔다. 선은 보상과 미래의 행복한 생활을 초래하고 악은 최강의 징벌을 초래한다. 수많은 사람에게 있어 이런 보상과 형벌이라는 눈에 보이는 형태의 두 가지 만으로도 충분했다.

철학자들은 선과 악이라는 두 가지 개념을 구체적으로 검토하고 그것들이 완전히 상대적이라는 것을 어렵지 않게 '증명'하고 자기만족을 느껴 왔다. 어떤 나라에서 선이라 여기는 것이라도 다른 나라에서는 악으로 치부된다고 그들은 말한다. 이 때문에 절대적인 선은 전혀 의미가 없다고 주장한다.

그들은 매우 적은 예외를 제외하고 선악의 개념은 아마도 가장 원시적인 인간 속에서 저절로 생겨난 것이며 그러므로 이 개념들은 절대적인 가치를 가진 것으로서 연구할 가치가 있다는 사실을 결코 생각하지 못했다. 분명 그런 연구는 쉬운 일이 아니지만, 선악을 상대적인 것이라 여기는 사고방식이 대중들에게 침투하는 것은 매우 위험한 것이고 문제를 이런 견지에서 연구해 온 것이 종교적인 작가와 철학자에 국한되었다는 것은 너무도 아쉬운 일이다. 게다가 불행하게도 그들은 불가지론자를 설득시킬 만한 과학적, 합리적인 논거를 가지지 못했다.

　　바로 그 점에 위험이 잠재되어 있다. 지식인을 중심으로 하는 많은 사람은 습관적으로 인정된 도덕의 틀 안에서 행동한다. 그 이유는 사회 속에서 살아가는 한 그러지 않으면 안 된다고 여기고 있거나 어린 시절 철저하게 교육받은 조건반사를 몸에 익혔거나 둘 중의 하나다.

　　선악의 절대성이라는 사고방식을 믿지 않는다고 해도 개인적으로 말하자면 그들은 해가 없다. 그러나 그들은 훨씬 더 많은 인간이 모두 자신과 똑같은 자제심이 있는 것이 아니라는 사실과 훌륭한 기초 교육의 은혜를 받지 못했다는 것을 깨닫지 못하고 있다.

　　대부분의 사람에게는 감정적인 것이든 정신적인 것이든, 혹은 이성적인 것이든 간에 어떤 방호벽이 필요하다. 재판장에는 적절한 도덕 교육이 부족할 뿐 진정한 의미에서 죄를 짊어질 이유가 없는 젊은이와 어른들이 넘치고 있다. 이것은 옛날부터 문제였으며 지식인이 선악의 상대성을 확신하면 할수록 해결은 어려워진다. 왜냐하면, 세상의 교육자가 원하든 원지 않건 간에 철학자와 작가의 영향을 받고 있기 때문이다.

작가 중에는 교회의 도덕적인 규율과 현자의 낡은 가르침을 맹신하는 사람보다 자신이 더 훌륭하다고 착각하는 사람도 있다. 그들은 그런 규율과 가르침을 필요로 하지 않고 그것의 절대적인 가치도 믿지 않는다. 그런 인품과 작품은 악영향을 끼칠 수 있지만, 그들은 이것을 결코 깨닫지 못하고 있다.

그들은 때로 수박 겉핥기식으로 배운 대철학자의 작품과 눈길조차 주지 않은 대과학자의 작품을 바탕으로 상상을 만들어 낸다. 볼테르와 다윈이 무신론자라 불리게 된 것도 이 때문이지만 진실과는 거리가 멀다. 그 증거로 볼테르의 『철학사전』에 있는 '무신론'이라는 항목에서 몇몇 문장을 인용해 보겠다.

"이상, 모든 것을 통해 어떤 결론을 얻어낼 수 있을까? 무신론은 매우 해로운 괴물이며…."

"철학의 마음이 없는 수학자는 궁극원인을 인정하지 않지만 참된 철학자는 그것을 인정한다. 과거 한 유명한 저술가가 말했듯이 '전도사는 아이들에게 신에 관해 이야기하지만, 뉴턴은 현자들을 향해 신을 증명하고 있다.' …."

선악의 판단
−미래를 좌우하는 선택권

　　　　과학적, 철학적인 견지에서는 볼테르의 권위가 이제는 떨어지고 말았다는 반론도 가능할 것이다. 그러나 현존하는 미국 최고의 과학자들, 노벨상을 받은 두 명의 물리학자를 포함한 과학자들의 몇몇은 깊은 종교적 신념을 지키고 있고, 그런 점에서는 현대 프랑스의 최고 철학자 베르그송도 마찬가지이다.

　운 좋게 태어나 지적 혜택을 받아 높은 교육을 받을 권리가 주어진 지식인들은 큰 책임이 자신들의 양어깨에 걸려 있다는 것을 깨달아야 한다.

　하느님이 존재한다는 것, 인간의 최고 가치는 도덕적, 정신적인 것이라는 것을 도저히 확신할 수 없다면 천천히 문제를 생각하고 그런 부정적인 태도가 과학에서 유래한 것인지, 아니면 감정적인 것에 불과한지를 솔직하게 자문해 보길 바란다. 또한, 그 질문에 대한 대답이 무엇이든 간에 더 나아가 시간의 흐름을 통해 시험 되었던 예로부터의 인류의 기준 -종교- 대신에 본인은 과연 무엇을 제시하려 하는지를 자문해보기 바란다. 그리고 그 이상 아무것도 할 수 없는 우리로서는 그들의 지성에 이르는 길이 설령 닫혀 있다 해도 이 모든 실용적인 기도가 그들의 마음에 이르는 길을 찾을 수 있도록 바랄 뿐이다.

　지금까지 대략 살펴본 이론에 비추어 볼 때, 한 가지 시험으로 선과 악의 기준을 세울 수 있을 것 같다. 물론 이 기준은 그 토대가 되는 진화의 가설과 마찬가지로 절대적인 것은 아니지만 그렇다고 해서 그렇지 않다고 단언할 수도 없다. 또한, 우리의 해석이 받아들여진다면 '인간'에 관한 한 절대적인 기준이 될 것이다.

선은 또 다른 진화로의 걸음에 공헌하고 우리 인간을 동물성으로부터 멀어지게 하며 자유의 길로 인도해 준다. 악은 진화와 대립하여 인간을 선조의 속박, 다시 말해 야수의 상태로 역행시킴으로써 진화로부터 멀어지게 한다. 이것을 엄밀하게 인간적인 견지에서 바꿔 말하면 선은 인간의 개성을 존중하는 것이고 악은 이 개성을 무시하는 것이 된다.

실제로 인간 개성의 존중은 진화로 가는 일꾼으로서의 인간, 하느님의 협력자로서의 인간의 존엄을 인정함으로써 성립된다. 이 존엄은 양심과 함께 탄생한 새로운 메커니즘, 그리고 진화를 자유의지라는 정신적 방향으로 인도하는 메커니즘에 근거하고 있다. 책임을 배제하고 존엄을 생각하는 것은 불가능하며 인간에게 주어진 책임은 중대하다. 자기 자신의 운명뿐만 아니라 진화의 운명도 인간의 손에 달려 있다. 인간은 항상 진화 아니면 퇴화의 선택을 하고 있다. 이것은 이미 살펴본 것처럼 창세기 제2장이 의미하고 있다.

4
'심적'인 것의
실체에 대하여

다시 한 번 반복하자면 생명의 탄생, 혹은 자연의 진화에 대한 설명을 해주는 사실과 가설은 전혀 없다. 생명의 기원에 대해서는 이 책 제1부에서 대략 살펴보았다. 그러므로 우리는 싫든 좋든 간에 과학자라면 비 우연한 신이라고 부를 수 있는 초월적인 개입이라는 사고방식을 인정하거나, 아니면 얼마 안 되는 메커니즘 이외 이 문제에 대해 아무것도 아는 것이 없다는 것을 인정하는 수밖에 없다.

이것은 신앙이 아니라 반론의 여지가 없는 과학적인 인식이다. 소극적이기는 하지만 강한 신념을 과시하는 것은 우리가 아니라 확신에 찬 유물론자들 쪽이다. 그들은 아무런 근거도 없으면서 생명의 기원과 진화, 인간의 뇌, 도덕관념의 탄생과 같은 현상이 언젠가 과학적으로 설명될 것이라고 굳게 믿고 있다. 그러나 그러기 위해서는 현대 과학의 완전한 변화가 필요하다는 것을, 따라서 결과적으로 자신의 확신이 감정적 이유에 근거하고 있다는 것을 유물론자는 망각하고 있다.

하느님에 대한 신앙은 현재도 성 바오로와 성 야곱 시대와 마찬가지로 사소한 것들 속에 존재한다. 기독교 작가인 미겔 데 우나무노는 한 가지 위대한 정의를 내려 주었다. "하느님을 믿는 것은 하느님의 존재를 바라는 것이고 하느님이 존재하는 것처럼 행동하는 것이다."

지성과 선의의 은혜를 받은 사람 중에서도 마음속으로 하느님의 모습을 연상할 수 없으므로 하느님을 믿을 수 없다고 단정하는 사람이 많다. 그러나 솔직히 과학적인 호기심이 있는 사람이라면 물리학자가 전자의 모습을 마음속으로 연상할 필요가 없는 것과 마찬가지로 하느님의 모습을 상상할 필요는 없을 것이다.

마음속으로 어떤 모습을 연상하려고 할 때, 그것은 항상 황당한 허상이 된다. 전자를 물질로 생각하는 것이 무리라고 해도 전자 그 자체는 그 효과를 통해 단순한 나무토막 이상으로 섬세한 부분까지 잘 알려졌다. 반대로 설령 실제로 하느님의 모습을 할 수 있어도 그 상상은 인간적인 것에 지나지 않으며 머지않아 온갖 의혹이 들끓게 되면서 더는 하느님의 존재를 믿을 수 없게 될 것이다. 물론 이것은 자기 자신의 지적 메커니즘을 비판할 수 있고 직관의 실체와 가치를 인정함과 동시에 비합리적인 바람의 실체와 가치 또한 인정할 수 있는 인간에게만 해당한다.

이 비합리적인 바람은 인간의 발전 초기 단계에서 자연적으로 발생한 것이자 확실하게 존재하고 있다. 인간에게 행복을 가져다주는 것은 비합리적인 바람이며 인간을 행복하게 해주는 모든 것은 현실적으로 존재하는 것이다. 비합리적인 바람이야말로 우리의 최대 미덕과 모든 도덕관념, 미적 관념, 이상을 갈망하게 하는 원천이다. 따라서 비합리적인 바람이 만들어진 원인이 비록 상상했던 것에 미치지 못하더라도 그 원인 또한 현실적으로 존재한다는 것은 틀림없다.

과학의 진보와
제자리걸음에 있는
'정신'

하느님의 존재를 증명하는 것은 우리가 하느님에 대해 연상했던 이미지가 아니다. 그것은 하느님의 이미지를 만들어 내려 하는 우리의 노력이다.

마찬가지로 미덕이란 순수하게 주관적인 노력 속에 존재하는 것이지 그 결과 속에 존재하는 것이 아니다. 결과가 어떻든 간에 정신적인 노력이 중요한 것이며 그 노력이야말로 인간을 향상해 준다. 인간의 양심을 진화의 발전에 공헌시키고 하느님의 사업에 협력시키는 요소는 우리 자신에게서만 발견할 수 있다.

이 최후의 사고방식을 받아들일 것인지의 문제를 제외한다면 우리는 이성을 통해 기독교의 도덕관념과 같은 지점까지 도달했다는 것을 알 수 있다.

이렇듯 정신적인 영역에서 진화의 발전에는(지적 영역에서는 과거 6천 년 동안 이렇다 할 발전은 찾아볼 수 없지만) 개개인의 참가가 필요하고 그 결과 선택의 가능성 즉, 자유가 필요하다.

원죄 이야기는 여전히 원시적인 존재인 인간의 양심이 눈을 뜬 상징으로 해석할 수 있다. 인간이 잃어버린 '낙원', 무한한 고뇌라는 대가를 치르더라도 두 번 다시 찾을 수 없는 '낙원'의 이미지는 실로 강렬하다. 앞으로 수천 세기 동안 지속할 인간의 모든 드라마가 불과 이 몇 줄 안에 표현되어 있다. 그 어떤 철학자도 이렇게 간결한 결론에 도달한 적이 없다. 감히 이 이미지를 보강하려고 하다가는 오히려 그 인상을 흐리게 할 뿐이다.

지식인인 군주, 마왕(루시퍼)을 통해 상징되는 지성은 사실 항상 도덕적, 정신적인 발전을 적대시하며 참된 행복의 추구를 방해할 것이다.

과거 40년 동안 어떤 계기로 인해 이성의 만능을 의심하게 된 합리주의자는 젊었을 때 전혀 변하지 않을 것이라 여겼던 물리학상의 학설 붕괴를 태연하게 받아들이고 있다. 그는 원자가 활동하는 끝없는 공간(존재하는 전자 하나에 대하여 3차원, 전자 열 개에는 30차원)을 인정하고 있다. 전자가 '확률파(確率波)'라는 사실도 인정하고 있다. 또한, 순수한 수학적 대칭성을 구하기 위해 고안된 '중성자'와 '반중성자' 같은 미립자의 존재도 인정하고 있다. 시각화시켜 연상할 수 없는 역설적인 존재가 있다는 것과 그 실체를 아무런 거부감 없이 인정하고 있다.

그런데도 그는 초자연적인 창조력이 있다는 가능성을 -그것이 없다면 과학의 최대 문제는 이해할 수 없지만- 완고하게 인정하지 않는다. 본인이 감각중추가 만들어 내는 경험의 한계를 잘 알고 있으면서도 오감의 경험을 통해 얻을 수 있는 본보기로 초자연적 창조력의 존재를 시각적으로 볼 수 없다는 이유 때문이다.

그는 자신이 품고 있는 우주 상이 아무런 흔적도 남기지 않은 채 그의 의식 속을 통과하는 진동의 극히 일부(1천조 분의 일, 즉 0.00000000000001% 이하)에 의해 제약된 반응을 좌우한다는 것을 알고 있으면서도 그 사실을 음미하려 하지 않는다. 이성을 이용하여 합리적인 논쟁만 하려는 인간만큼 무분별한 사람도 없다.

전통은 뇌의 진화 프로세스를 추진시켜 최근 수천 년 동안 놀랄만한 성과를 올렸지만 그럼에도 불구하고 실제로 진보를 느낄 수 있게 되는 것은 또 다시 오랜 세기가 필요하게 될 것이다. 오늘날까지 인간은 세계를 지배하는 것에만 관심을 쏟아왔다. 그러나 앞으로는 인간 스스로 지배하는 것을 배워야 할 것이다. 그러기 위해서는 자신의 열등한 본능뿐만 아니라 기계기술의 급속한 발전 때문에 탄생한 온갖 습관 또한 극복할 필요가 있다.

이 습관은 '실용적'이고 노동을 단축함으로써 모든 노력을 더욱더 곤란하게 만든다. 그뿐만 아니라 이 습관은 매우 쾌적한 경우가 많다. 사람은 자신도 모르는 사이 이 습관의 노예가 되어 그것을 목적이라 여기게 된다.

대다수 인간이 문명의 탄생 이래 줄곧 견뎌왔던 고난을 떠올린다면 이것은 그리 놀랄 일이 아니다. 결국, 대다수 인간과 발명가, 화학자, 물리학자, 기계학자 등, 소수의 전문가에 의해 개발된 인공적인 모든 조건과의 사이에서 진정한 의미의 균형을 유지하기 위해서는 아마도 오랜 시간이 걸릴 것이다. 그리고 설령 이 균형이 확립된다고 해도 인간이 자신에게 주어진 또 하나의 역할을 이해하기 위해서는 또다시 오랜 시간이 필요할지도 모른다. 그리고 이 역할이야말로 외부세계로부터 전해진 것이 아니라 자기 내부에서 만들어지는 보다 숭고하고 끝없이 완전한 희열을 인간에게 안겨 줄 것이다.

5

'자기'를 끝없이
향상시키기 위한 싸움

인간의 진화가 계속되는 것은 물론 뇌와 전통 덕분이다. 그러나 대뇌의 기능은 다양하고 진정한 진화와는 다른 방향으로 빠지는 경우도 있다. 도덕적인 기반으로부터 떼어진 순수한 지성은 때로는 파괴적인 비판 정신과 쓸데없는 논쟁, 혹은 중세 스콜라 철학의 난해한 언어의 유희에서나 볼 수 있는 복잡하고 자질구레한 유치함에 빠져들고 만다.

지성이란 그 자체가 목적이라 여기는 순간 가치를 잃게 된다. 미적 감각 또한 추악한 기형, 부조리, 반역적인 퇴폐를 초래하기도 한다. 어떤 행동을 하더라도 인간은 더욱 숭고한 자신의 운명을 결코 망각해서는 안 된다. 이런 인식을 통해 얻은 정당한 자부심이야말로 평생 그 인간을 자기 자신과 타인으로부터 지켜낼 수 있다.

인간의 노력은 자기 향상을 목적으로 하는 것이 아니면 안 된다. 인간은 이제 지금까지처럼 동물로부터 물려받은 본능은 물론이고 인간 자신의 마음의 병으로 인한 결과로써, 또한 전통 자체의 결과로써 스스로 만들어낸 습관에 도전해 나갈 것이다.

인간의 싸움은 그 전선이 축소되기보다는 인간 지성의 발달과 그로 인해 창조된 것에 의해 더욱더 복잡해져 왔다. 인간의 발명품은 생활조건을 송두리째 바꿔놓아 아직 그 발명의 은혜를 입지 않은 사람들에게까지 그릇된 문명의 상징이 되고, 야심의 대상, 현대 이교도의 우상이 돼 버렸다. 오늘날까지 이 오염에서 벗어날 수 있었던 얼마 안 되는 사람들은 회교도와 힌두교도와 같이 신앙심 깊고 때로는 광신적이라고 할 수 있는 사람들뿐이다.

진화에 대한 대략적인 검토를 통해 우리는 외적 조건의 변화로 생물 조직에는 새로운 조건에 대한 적응이 필요하다는 것, 실제로 그런 적응이 이루어지고 있다는 것을 살펴보았다. 심리학적인 면에서도 거의 비슷한 현상이 일어나고 있다. 우리는 동물에서도 그런 적응이 진화의 견지에서 볼 때 반드시 진보를 의미하지 않는다는 것을 명확하게 했다. 이것이야말로 우리가 매일 눈으로 목격하는 현실이다.

문명의 막다른길에서
'도덕심'이 해야 할 역할

사람은 다음의 것을 이해해야만 한다. 인간은 기계에 의한 변화를 환경 속에 접목해 스스로 그것에 적응시켜왔지만, 그 변화가 진보를 의미할지 파멸을 의미할지는 인간의 도덕적 태도와 환경에 동반되는 개선이 있는지 없는지에 달려 있다.

그러므로 인간의 임무는 문명의 이 그릇된 상징을 근절시키고 그것을 진정한 상징, 다시 말해 인간적 존엄의 발전으로 바꿔야 한다. 그것은 기계의 발전과 싸움으로써 달성되는 것이 아니다. 그것은 현실적으로 불가능하고 순수과학과 의학 분야에서는 아직 많은 진보의 여지가 남아 있는 이상 그런 행위는 비참한 결과만을 초래할 뿐이다.

인류를 교육하고 그 도덕적인 수준을 높일 필요가 있다. 학교에서 고대 기독교의 원칙에 따라 폭넓은 종교적 가르침과 연계한다면 아마도 놀랄만한 성과를 얻을 수 있을 것이다. 그러나 현재로써 이런 방법은 고등교육에 전념하는 얼마 안 되는 학교에서만 볼 수 있을 정도다.

지성은 과거 1만 년 동안 급속도로 심화하지 않은 것 같다. 과거 우리의 조상들이 무의 상태에서 출발하여 활을 발명하는 데까지는 근대 과학자들이 이미 발명된 모든 것들의 도움을 빌려 기관총을 고안한 것과 같은 정도의 지성이 필요했다. 공자와 노자, 부처, 데모크리토스, 피타고라스, 아르키메데스, 플라톤 등은 베이컨, 데카르트, 파스칼, 뉴턴, 케플러, 베르그송, 아인슈타인과 마찬가지로 지성이 넘쳤을 것이다. 그런데 어떻게 지성이 성장한다고 단정할 수 있겠는가?

과거의 지성이란 정말로 놀랄 만한 것이었다. 그것은 지금도 변함이 없다. 그러나 지성은 아직 그 최종 단계에서 멀리 떨어져 있다. 새의 날개와 눈이 더는 완성도가 필요 없는 것과 마찬가지로 지성 또한 더 이상 커질 이유를 찾을 수 없다.

이것은 절대적으로 개인적인 견해이다. 책과 입을 통해 전해진 전통을 계승한 사실의 축적 덕분에 지성은 언젠가 기적을 일으키고 문명생활을 위기에 빠뜨리게 될지도 모른다. 이것이 지성의 또 다른 가치이며 이런 측면이야말로 인간의 도덕적 자질의 개입이 필요한 것이다. 성서의 상징적인 말을 인용하자면 싸움은 하느님과 악마 사이에서 계속되고 있다.

인간성의 최고 목적지
'도덕의 보급'을 향해

도덕적인 규율은 두세 가지 사소한 점을 제외하면 시대가 바뀌더라도 변하지 않는다. 그것을 최종적으로 완성하는 것은 불가능하다. 존재하거나, 하지 않거나, 둘 중 하나다. 도덕적인 규율은 서로 다른 시대에 세계 곳곳에서 마치 기적처럼 출현한 소수의 규칙으로 환원되어 간다. 이 사실을 통해 경험과 인간의 지성을 초월하는 보편적인 성격을 끌어낼 수 있다.

이 규칙들은 불변의 것이어야만 하고 진보란 쉽게 말해 이 규칙이 보급

되어 간다는 것을 의미한다. 이런 규칙들이 서서히 퍼져나가 차츰 지상을 뒤덮게 된다는 사실은 의심의 여지가 없다.

이 진보는 완만한 것이어야만 한다. 왜냐하면, 대다수의 사람에게 있어서 이 진보야말로 동물과의 싸움에 인간의 승리를 의미하는 것이기 때문이다. 물론 그러기 위해서는 커다란 비약이 여전히 필요하다. 수세기에 걸쳐 종교는 이 진보의 실현을 꾀했지만 모두 성공을 거두지는 못했다. 창시자의 숭고한 이상에도 불구하고 종교는 때로 잘못을 범하거나 투쟁만 일삼는 무리의 인도를 받아왔기 때문이다. 모든 민족의 행복 중 일부는 종교적 사상의 통일에 달려 있다. 평화가 존재할 수 있다는 것을 모든 교회가 증명하지 않는 한 전 인류는 평화를 믿으려 하지 않을 것이다.

예수가 몸소 보여준 정신적 사상이 깊이 침투되었다고 여겨지지 않고 널리 퍼진 것 같지도 않아 보인다. 그러나 그것은 예견된 일이었다. 왜냐하면, 예수의 사상은 이미 높은 도덕적 완성을 이룬 인간만이 발휘할 수 있기 때문이다. 우리는 아직 이런 단계에 도달하지 못한 것은 물론이고 오히려 그보다 훨씬 먼 곳에 머물러 있다는 것은 확실하다. 그러나 그 단계야말로 인간성의 최고 목적지이다.

특정의 몇몇 개인 중에는 아주 먼 과거에 실로 높은 수준의 지성에 도달했지만, 그 이후 이 지성이 한층 높아졌다고는 할 수 없다. 그런 의미에서 인간의 진화는 아직 지성의 발달이 아니라 그 지성이 가져다준 성과에 좌우되고 있다. 그중에서도 도덕의 진보, 대다수의 사람에 대한 도덕적 보급이 인간 진화의 열쇠가 되고 있다. 왜냐하면, 기본적인 도덕관념은 절대적인 것이며 더 이상의 완성은 볼 수 없기 때문이다.

현재의 인류에게 있어 이 도덕관념을 확장하고 그것을 인간의 마음에 새겨 본능과 똑같은 강력한 힘을 갖게 하는 것이 필요하다. 단 본능처럼 자동으로 작용하는 것이 아니라 몸에 익혀 나가는 것이 중요하다. 이것은 미래에 도덕관념을 갖춘 세대를 형성할 수 있을까, 하는 문제이다.

인류가 이를 위한 노력을 아끼지 않는다면 훌륭한 양심의 도래에 공헌하는 것이고 더 나가 그것이 언젠가 순수한 정신적 종족을 등장할 수 있게 해 주는 기반이 될 것이다.

우리는 지금까지 진화를 통해 정신이 할 수 있는 역할, 그리고 해야 할 역할에 대해 대략 살펴보았다. 다음 장에서는 문명에 대한 정의를 살펴보고 문명이 왜 진화의 요인이라 여겨지는지, 또한 문명이 인간의 운명에 어떠한 영향을 끼쳤는지에 대해 설명하기로 하겠다.

'자기 개선' 의
수단으로써의
문명에 대하여

1

우주적 시야로
'인간의 문명'을 생각하자

앞에서 말했던 것처럼 진화의 새로운 요인이라 여겨지는 전통에 의해 인간 고유의 특성, 창조적이고 추상적인 지성과 도덕은 애초 급속한 발전을 이루었다. 이 특성이 퍼지기 위해서는 그 이전에 생존했던 동물들보다 생리적으로 훨씬 뛰어난 생물이 필요했다. 뇌 또한 완전한 구조를 가져야 했고 심리학적 측면에서도 진보가 가능한 상태에 도달할 필요가 있었다.

진화의 도중에는 온갖 시험을 겪어야 했다. 그중에는 실패로 끝난 시험도 있었다. 불행한 종족이 완전히 멸종된 경우도 있으며 완전한 적응이 이루어지기 위해 일정 단계에서 진화가 멈춘 채 이후 수세기가 지나는 동안 특별한 개량이 이루어지지 않은 경우도 있다. 마찬가지로 뇌의 발달 속도도 인종에 따라 서로 다르다. 어떤 집단, 특히 오스트레일리아 원주민과 푸에고 섬 사람들, 부시맨, 피그미족은 진보가 멈춘 상태로 거의 구석기시대 전기의 상태에서 벗어나지 못하고 있다.

지금도 여전히 구석기시대 후기의 인간과 마찬가지 행동을 하는 종족은 더 있다. 처음부터 진화의 선두에 섰고 문명 덕분에 줄곧 앞장을 서 왔던 것은 백색인종과 황색인종이었다. 그러나 이 두 인종조차도 도덕의 발달이 반드시 지성의 발달과 실질적인 성과와 발맞추어 함께 진보한 것은 아니다. 여기에는 반론의 여지가 없을 것이다. 인간의 정신적 발달이라는 궁극적 단계가 민족의 도덕적 기반 위에 세워졌다면 인간의 문명이 항상 옳은 방향으로만 진행했는가 하는 문제가 발생한다. 그것을 해명하기 위해서라도 문명이라는 단어의 새로운 정의가 필요하다.

여기에서 정의가 오늘날까지 내려진 온갖 정의보다 훌륭하다고 주장할 생각은 없다. 단, 이 정의는 이 책의 뼈대가 되는 가설과 일치하지 않으면 안 되고, 그런 의미에서 종래의 정의와는 차이가 있다. 또한, 당연히 이 정의는 더 폭넓은 것이 된다. 왜냐하면, 그것은 순수하게 객관적인 기준이나 인간적인 주관적 기준이 아니라 말하자면 우주적인 개념을 바탕으로 하고 있기 때문이다. 단, 이 '우주적인'이라고 하는 말의 의미는 지구 역사에만 국한한다.

'특수한' 진화에 대해 전해져온 말은 모든 면에서 그대로 문명에도 해당된다. 특수한 진화란 우연이 만들어낸 일종의 대피선에 의해 일반적인 진화에서 벗어나 완전한 멸종과 고정된 형태, 그리고 때로는 퇴행상태로까지 이르게 된 진화를 말한다.

모든 생물은 아주 오래전 같은 유기체로부터 발생했다. 그러나 곧바로 차이가 생기고 세월이 흐르는 동안 그 차이는 소멸하지 않고 점점 더 명확해졌다. 어떤 시대에는 번식력은 있지만 이미 진화가 멈춘 계통에 속하는 동물이 육지와 바다를 가득 채웠다.

일반적인 진화는 최종적으로 인간에 도달한 단 하나의 계통에 의해 대표되는데, 이 흐름은 '특수한' 진화를 따르는 대집단 앞에서 완전히 압도되었다. 때로는 수적으로 열세를 이겨내지 못한 채 멸종 직전까지 몰리는 경우도 있었다. 표면적인 견해를 가진 관찰자라면 그것이 여전히 존속하고 있다고 단언할 수 있을 정도였다.

그러나 이 선택받은 종족은 번식력은 있지만, 미래가 없는 진화의 가지가 지구상에 퍼져나가는 것을 곁눈질하면서 오로지 견디며 살아남았다. 어떤 시기에는 이 계통을 대표하는 개체의 수가 격감했고 항상 생명의 위험에 놓여 있었다. 그러나 이렇게 불안정한 존재였음에도 불구하고 진화는 계속되었다. 오늘날 인간의 육체적 특징이 된 만물의 왕이라는 지위를 약속해주는 우위성이 힘겹게 지켜지면서 세대에서 세대로 이어져 온 것이다.

그러나 지금은 탁월한 도덕적 발달이라는 단계까지 도달한 인간의 진화적 요소가 미래에 이와 똑같은 위험에 놓이지 않을 것이라고는 장담할 수 없다. 이번에는 이 위험이 아직 진화되지 않은 인간 집단에게 닥칠 가능성도 있다. 정신적인 진보의 첨단에 선 사람들이 언젠가, 어쩌면 우리가 생각했던 것보다 빨리 사막에 몸을 감춰야만 하는 날이 올 수 있다는 것도 결코 상상할 수 없는 이야기가 아니다.

시험적인 종이 번성했다가 사라지듯이 문명도 탄생했다 다시 사라진다. 그러나 문명은 죽음을 맞이하면서도 완전히 사라지지는 않았다. 그 문명의 몇몇은 지금도 예술품과 미술품이라는 형태로 기억되고 있지만, 이것들이 모든 시대에 항상 존경을 받았던 것은 아니다. 문명이 이룩한 가장 귀중한 공헌은 비물질적인 것, 다시 말해 미적, 추상적, 도덕적, 정신적인 관념과 같은 불멸의 유산이라고 생각한다.

이런 일시적인 모든 문명을 통해 때로는 그것들이 흥망을 반복해 왔음에도 불구하고 문명은 더 발전된 길을 걸어왔다. 문명은 점점 풍요롭게 세련돼졌다. 앞으로도 그것은 순화작용을 반복하겠지만, 한편으로는 스스로를 멸망의 위험에 빠뜨릴 수도 있는 물질적인 형태의 진보와 싸워야 할 필요성도 발생하게 된다. 그것은 당연한 이야기이며 싸워야만 가능하다. 숭고하고 순수한 이념의 발전을 위해서는 반드시 이 싸움이 필요한 것이다.

전쟁이 없다면 진보는 멈춘다. 전쟁이 없다는 것은 하나의 균형 상태에 도달했다는 것을 말해주며 그 단계에 도달한 인간은 더 자신을 완성할 필요성을 잃게 된다. 진화의 현 단계에서는 도덕성과 정신성에 대한 싸움이 생존을 위한 싸움을 대신하고 있다. 형태학적, 생리학적인 진화의 전체상을 그리기 위해 우리는 수백만 세기라는 세월을 눈앞에 연상시키지 않으면 안 된다. 마찬가지로 그 연장선에 있는 정신적인 진화를 전망하기 위해서는 인간의 역사를 높은 곳에서 바라보며 오랜 시간을 고려하지 않으면 안 된다.

아쉽게도 우리는 일반적으로 자신이 관여하는 사실에 지배를 당하기 쉽다. 그런 사실들이 가까이 있다는 것, 우리가 그 드라마에서 역할을 담당하

고 있다는 사실이, 우리의 견해를 왜곡시켜 현상 전체를 파악하거나 각각의
사실에 상대적인 가치를 부여하는 것을 방해한다. 이렇게 되면 더는 올바른
판단을 내릴 수 없게 된다. 그것은 마치 들판의 두더지 무덤 뒤에 누워 있으
면 경치를 감상할 수 없는 것과 마찬가지다.

'물리적 진보'는
진정한 진보가 아니다

'문명'이라는 말에는 두 가지 의미가 있다. 그것은 정적인 의미
와 동적인 의미이다. 정적인 견지에서 말하자면 문명이란 어떤 일정한 시기
에 한정된 상태를 말한다. 예를 들어 페리클레스 시대의 그리스 문명이 그
렇다. 동적, 혹은 운동적인 견지에서 말하자면 문명이란 어떤 형태에 도달
하고 다시 진화를 계속하게 하는 요인의 발전과 역사를 말한다.

정적인 문명이라는 사고방식은 자의적인 것으로 생물학자가 현미경으
로 보는 매우 얇은 조직의 단편과 비교할 수 있다. 세포는 죽어 있고 그 사체
에 대한 거의 정확한 개념을 파악하기 위해서는 같은 부분을 몇 번이고 조
사해야 한다. 이와 반대로 동적인 문명이라는 사고방식은 살아 있는 세포와
조직, 기관에 대한 동영상적인 연구방법이라 할 수 있다. 따라서 이 둘을 통
해 얻은 정의가 필요하다.

먼저 정적인 정의부터 알아보자. 문명은 사회에서의 통상적인 인간생활
에 있어 도덕적, 미적, 물질적인 조건 중 뇌에 의한 모든 변화를 기술한 목록

이라는 것이다. 다음으로 동적인 정의에 대해 말하자면, 문명은 인간 속에 존속하는 과거의 진화 기록과 그것을 망각시키고자 하는 도덕적, 정신적 관념과의 싸움의 종합적인 결과이다. 그러니까 문명이란 우리 속에 남겨진 동물성과 진정으로 인간적인 개성을 창출하는 향상심과 싸운 결과이다.

독자 중에는 이 두 번째 정의가 정적인 정의와 다른 물질적인 진보에 대해서는 전혀 말하지 않는다고 반론하는 사람이 있을지도 모른다. 그러나 이두 가지 정의에는 매우 큰 차이가 있다.

정적인 정의에서는 어떤 순간에서의 모든 상황이 묘사되어야만 한다. 그것은 가능한 자세하고 완벽하게 촬영된 사진과 같은 것이다. 한편 동적인 정의는 인류를 현재 단계까지 인도하고 먼 미래로 이어지는 현실적인 원천, 그 깊은 동기를 파헤치는 것이어야 한다. 따라서 정적인 정의와는 달리 특정 시대의 특징은 될 수 있어도 다음 시대에는 낡은 것이 될 기계의 개량 등은 고려에 들어갈 수 없다.

욕실과 라디오와 비행기는 현대 문명에서 특정 위치를 차지하고 있지만, 이 물건들이 이집트 문화는 물론이고 19세기 문화에조차 어떤 역할을 했다고는 하기 어렵다. 그것들이 인간의 노력에 방향성과 영감을 주지는 않았다. 이런 물건들은 결과적인 것이지 기본적인 원동력은 아니다. 지적 활동의 산물이기는 하지만 진보의 원인은 아니다.

참된 진화는
인간 자신 속에 있다

진화와 이어져 진화를 지속시켜나갈 수 있는 진정한 인간적 진보란 인간 자신의 완성과 개선에 있다. 인간이 사용하는 도구의 개량과 물질적 행복의 증대 속에 있는 것이 아니다. 물질주의적인 태도는 인간에 대한 모독이다. 왜냐하면, 인간에게 걸맞은 행복, 그리고 음식을 되새김질하는 소를 능가하는 행복을 약속해 줄 유일한, 게다가 가장 숭고한 인간적 자질을 고의로 뭉개고 있기 때문이다.

인간은 선조인 동물들보다 고귀한 행복을 추구할 수 있다. 그 반대의 관점을 믿고 있는 사람, 혹은 믿는 척하는 사람들이 평범한 사람이라면 한탄할 일이지만 지도자라면 두려운 존재이다. 그들의 행위는 진화에 반하고 신의에 반하고 있다. 요컨대 그들은 악을 행하고 있다.

양심의 출현 이전 시대에는 진화의 한 과정에 불과했던 동물은 물론이고 인류 최초의 단계를 보여주는 생물조차 생리학적인 욕구의 충족밖에 추구하지 않았다. 인간의 '의무'는 정상적인 내분비작용 때문에 규정되었고 다른 길은 전혀 없었다. 동물은 악과 죄의 의미를 모르기 때문에 악을 행하거나 '죄를 저지르는' 일도 불가능하다. 그들은 벌거벗었으나 부끄러운 줄 몰랐다. 동물에게는 양심이 없으며 선조로부터 물려받은 물질적 우연성에 여전히 속박당하고 있기에 선택을 할 필요조차 없다. 인간으로 가기 위한 헌신을 통해 스스로가 감정적으로 자신의 신, 다시 말해 자신의 주인 수준까지 오르는 드문 예(개의 경우)를 제외한다면 동물의 의지는 욕망에 좌우된다. 그러나 양심의 출현과 함께 인간은 무언가 행동을 하려고 할 때마다 왠지 모를 불안감을 느끼고 덕분에 자기 행동의 가치를 생각하지 않을 수 없게 된다.

그는 선택을 강요당하고 있다. 그 선택은 가능하며 게다가 그는 곧바로 자신과 같은 선택을 하지 않은 사람들에 대한 판단을 내리게 된다. 정신적 관념의 예고인 도덕관이 생겨난 것이다.

"이렇게 해서 그들은 자신이 벌거벗었다는 것을 알게 되었다."라고 하는 창세기의 짧은 문구에 바로 이 점이 훌륭하게 응축되었고 신비롭게 요약되어 있다.

진화에 대한 비판적인 검토라는 원칙의 방법 없이 출발한 우리는 결국 자유라는 기준을 인정할 수밖에 없게 되었다. 또한, 더 높은 자유의 개념, 다시 말해 양심과 인간의 존엄성을 포함한 선택의 자유라는 개념에까지 도달했다.

하느님의 관념은 이런 논리적인 관계와 연관성에서 점차 절대적인 필연성에 의해 후천적으로 발생했다. 그런데 성서는 역으로 전능한 인격신이 존재한다는 전제하에 우리의 도덕률과 같은 것을 도출해 냈다. 정반대인 이 두 가지 방법이 같은 점에서 결말이 나는 모습은 매우 흥미롭다. 중요한 것은 성서가 쓰인 시대에는 아직 깨닫지 못했던 진화의 개념을 거기에 도입하는 것이다. '인간'을 정점으로 하는 이 대서사시는 우리가 하느님을 믿을 때 논리적 기반이 돼야 할 것이고 동시에 인간의 행동에 대한 다양하고 폭넓은 해석과도 일치해야 하는 것이었다.

문명은 인간의
'내면'으로부터
만들어져야 한다

　　분명 여기까지 읽고 도저히 이해하기 어렵다고 하는 현대인도 있을 것이다. 그런 사람들은 마음속 깊은 곳에 복잡하게 얽혀 있는 무언의 비난, 혹은 격려의 목소리를 들은 적이 없는 것이다. 또한, 깊은 인간적 존엄에서 비롯되는 자부심, 쾌락보다 희생을 통한 가치 있는 자부심을 지금까지 단 한 번도 경험한 적이 없기 때문이다. 이런 사람들은 지금도 여전히 현 상태에 만족하며 생존하는 모든 동물과 마찬가지로 그들만을 제외하고 진행된 진화의 방관자에 불과하다. 개중에는 자신의 호르몬에 의해 행동의 규제를 받는 동물 상태로 퇴화해 버린 사람도 있다.

　　형벌이 두려운 나머지 인간답게 행동하는 사람의 수는 훨씬 더 많다. 이것은 진화의 모든 역사 과정을 통해 엿볼 수 있는 퇴행적, 정체적인 패턴이다. 그러나 그들을 비난할 수는 없다. 책임을 져야 하는 쪽은 악인 줄 알면서도 그 길을 '선택'하는 인간이기 때문이다. 한편 스스로는 선택을 하지 않고 자신의 본능에 따라 사는 사람도 있는데 그들은 위험을 초래하기에 십상이다. 게다가 자신도 정확한 이유를 알지 못한 채 당연하다는 듯이 근엄한 태도로 행동하는 사람도 있다. 그들은 그 이유를 밝히려 하지 않고 게으르게 그것을 모든 실리적인 동기 탓으로 돌리고 있다. 이런 사람들은 분명 진화는 했지만, 진화의 발전에는 공헌하지 않았다. 책임감이 부족하기 때문이다. 그들은 인간다운 행동으로 얻을 수 있는 이익은 받아들이면서 그에 동반되는 의무는 회피하고 있다.

문명의 역할은 이상의 세 가지 모습의 인간집단의 숫자를 줄여나가는 데 있다. 이 역할을 해내기 위해서는 문명이 구사할 수 있는 지적, 감정적, 정신적인 수단을 총동원해야 한다.

지적인 수단은 소수의 사람에게만 효과가 있으며 설득 또한 어렵다. 왜냐하면, 그들은 심원한 진리의 존재를 합리적인 논거에 따라 확신할 수 있기를 바라지만 그 진리는 다른 목적을 위해 세워진 인간적 논리로는 모두 파악할 수 없기 때문이다.

이런 사람들은 자신들의 뇌 능력을 자랑하며 자신이 이해할 수 있는 것, 한정된 경험을 바탕으로 한 기계적인 인형으로 번역할 수 있는 것만 믿는다. 그래서 그들의 사고방식은 경주견과 닮았다. 초원에서 살아 있는 토끼를 쫓다가 갑자기 멈춰 서서 이렇게 중얼거린다. "나는 정말 바보야. 이건 살아 있는 토끼가 아니야. 바퀴가 달려 있지 않아!"

감정적인 수단은 훨씬 더 많은 사람의 마음을 사로잡지만, 그 영향은 간접적이다. 직접적인 영향을 끼치는 것은 정신적인 수단뿐으로 이것은 육체와 도덕, 감정의 면에서 일련의 큰 시련을 빠져나올 지하가 없으면 선택된 매우 적은 사람들에게만 효과를 발휘한다. 그러나 애석하게도 과도한 고뇌도 마찬가지이다.

어쨌거나 문명의 진정한 목적은 진귀한 기계를 고안해 내는 것이 아니라 온갖 방법으로 인간의 자기개선을 돕는 것이어야 한다. 그래야만 문명은 진화의 메커니즘이 되고 지속할 것이다. 왜냐하면, 문명의 견고함은 모든 인간의 힘이 합쳐졌는가에 달렸기 때문이다.

문명이란 외부가 아니라 내부로부터 만들어져야만 한다. 기계의 발달과 기술적인 해결에만 의존하는 문명은 그것이 무엇이든 반드시 실패로 이어질 것이다.

2
신체와 정신의
최고 밸런스

인간이 최종적으로 현재와 같은 모습을 갖추기 위해서는 무수한 시련이 필요했다. 마찬가지로 문명 또한 최고 양심의 도래라는 까마득한 목적에 도달하기 위해 앞으로도 계속 모색해야 할 것이다.

이 마지막 기간은 매우 길어질 것이다. 왜냐하면, 인간 사회는 인간 본성과 깊고 막연하기만 한 바람을 결코 이해할 수 없을 것 같다. 그리고 그로 인해 현실의 진보를 느리게 할 위험한 계획에 몸을 던질 수 있기 때문이다. 오랜 세월 축적된 유산으로부터 인간을 해방하기 위해서는 연체동물이 골격을 갖추는 데 걸렸던 것과 마찬가지로 긴 시간이 필요하다. 왜냐하면, 인간 자신의 행동이 있어야 비로소 진보는 달성되기 때문이다.

앞으로 '인간'은 인간과 싸우고 정신은 육체의 극복을 위해 노력해야만 할 것이다. 이 싸움의 준비가 되어 있는 사람은 극히 일부이다. 그것은 모든 형질변환의 계기가 되는 돌연변이처럼 매우 드문 일이다.

우리는 육체의 극복과 동물적 본능의 지배에 대해 알아봤지만 이런 본능을 만족하게 해 주는 모든 것이 나쁘거나 금지돼야 한다고 주장할 생각은 전혀 없다. 나쁜 것은 이런 본능에 그대로 몸을 맡기는 것이다. 그렇게 되면 자유가 제한되고 말기 때문이다.

인간은 자신을 스스로 속박으로부터 해방하지 않으면 안 된다. 이 속박은 동물에게는 당연하기 때문에 더더욱 인간에게는 좋지 않다. 인간이 스스로 목적을 달성하기 위해서는 육체의 완전한 지배가 필요하다. 그 목적은 그 어떤 형태의 예속도 용납하지 않는다. 그러나 만약 이런 본능(동물과의 심리학적인 혈연관계에서 유래한 본능)을 극복하게 되면 그것은 더는 두려운 존재가 아니다.

연애, 음식, 오락은 절제를 지키는 한 그 자체는 전혀 비난받을 행위가 아니다. 이 '절제'라는 단어는 양심, 다시 말해 인간적 존엄 의식이라는 조절 도구를 의미한다. 무절제란 바로 이 조절 도구가 망가져 야수성이 승리를 거둔 것이라 할 수 있다.

술꾼을 색안경을 끼고 바라보는 것은 술을 마셨기 때문이 아니라 자제심을 잃었기 때문이다. 만취한 인간은 더는 인간이라고 할 수 없다. 그것은 자제심을 버리고 자신을 제어할 수 없는 무절제함에 몸을 맡겼기 때문이다. 그런 상대를 어떻게 신뢰할 수 있겠는가? 그의 약점은 본인을 마비시키고 서서히 죽음으로 몰아간다.

종국적 궁극 목적론에서 말하는 도덕성이란 인생에서 만족감과 건전한 즐거움을 빼앗는 것이 아니라 참된 인간으로 행동하거나 욕망과 본능으로부터의 예속에서 벗어남으로써 더 큰 만족을 주고 인생을 풍요롭게 해 준다. 이 자유 감정은 스스로 진화의 발전에 공헌하고 있다는 확신으로 이어져 인간에게 반드시 무한한 기쁨의 원천이 되어 줄 것이다. 이 기쁨은 인간의 생리학적인 성향과 건강 상태와는 무관하여서 다른 기쁨보다 깊고 오래 갈 것이다.

반대 의미에서의 지나침, 다시 말해 금욕주의와 고행 또한 마찬가지로 유해하다. 왜냐하면, 그것은 신체를 괴롭혀 뇌세포가 정상적인 작용을 하지 못해 결과적으로 사고에 영향을 끼치는 것은 물론이고 위험할 정도로 오만하게 만들기 십상이기 때문이다. 신체와 정신은 전체적으로 조화를 유지해야 한다. 이것이 가능해야 비로소 모두에게 필요한 관용과 인내와 자비의 정신이 자라게 된다.

그릇된 독선적
'지성'에 대한
'도덕'의 방파제

문명에는 두 가지 소임이 있다. 그것은 내용을 깊이 있게 만듦과 동시에 가능한 많은 사람에게 널리 퍼뜨려 개개인에게 인간성을 심화시킬 기회를 넓혀 주어야 한다.

특정 계통이 진화를 계속할 수 있었던 것은 개체를 통해서였고 거기에 어떤 메커니즘이 필요했든, 혹은 순수하게 우연만이 작용했든 그것은 그리 중요한 문제가 아니다. 실제로 하나의 종을 구성하는 수십만, 때로는 수백만이라는 개체 모두에게 똑같은 우연이 똑같은 형태로 일어난 것은 아니다. 만약 그렇다면 그것은 더 이상 우연이라 할 수 없다. 개체를 통해야만 돌연변이는 새로운 유전형질로 바뀌어 간다. 그것은 동물 이후의 진화에도 들어맞는다.

진화에 대해 개인적으로 관여해야 한다는 우리의 의무는 이런 노력 속에 있다. 이 노력이 없다면 우리의 진보는 프랑스 대철학자 에르네스트 르낭의 말처럼 불사(不死)를 약속해 주는 하느님의 과업에 공헌하지 못한 것이 될 것이다.

만약 자식이 있다면 작지만, 통계학적으로 조금은 진보에 협력했다고 할 수 있다. 그러나 자신의 개성을 발달시키지 않는다면 진정한 인간적 진화에는 무엇 하나 흔적을 남기지 않은 것이 된다. 그렇게 되면 미래를 인도할 이정표가 될 능력을 갖추고 있으면서도 실제로는 도로에 깔린 포석의 역할밖에 하지 않는 것과 같아 양심의 도래를 위해 노력했다고는 결코 말할 수 없다.

인간적 진보는(그 이외의 진보는 있을 수 없지만) 지금까지 말했던 것처럼 진화의 도구이자 결과이기도 한 개인의 노력 여하에 달려 있다. 개인의 노력이 진화의 도구라고 하는 것은 무기물을 지배하는 열역학, 진화를 무시하고 퇴화를 초래하는 열역학에 대해 뇌가 도전하기 때문이다. 또한, 진화의 결과라는 의미는 인간의 진보를 믿고 그에 공헌하기를 바라는 것 자체가 진보 그 자체이기 때문이다. 이것이 인간과 동물을 구별하는 아주 작은 차이이다. 베르그송은 "지적존재는 자기를 초월하는 수단을 자신의 내면에 가지고 있다."고 말했다. 인간은 이 점을 직시하고 그것을 실현하는 것이 중요하다.

도덕적인 가치에 대한 직관적, 합리적인 인식을 따르지 않는 독선적 지성은 위험하다. 그것은 물질주의를 초래하는 것은 물론이고 인간을 온갖 잔학무도한 길로 내모는 것이 된다. 우리는 위와 같은 의미의 문장을 원자폭탄을 알기 이미 오래전에 써 왔지만 이제야 그 원자폭탄이 우리가 말하고자 하는 것을 여실하게 증명해 주고 있다. 대중은 갑작스러운 과학의 위대한 승리가 전 인류의 안전에 잔혹한 위협이 되었다는 사실을 깨닫게 되었다. 그리고 흔히 말하는 문명국은 도덕적인 단결만이 이 위협의 방파제가 될 수 있다는 것을 곧 이해하게 되었다.

물론 현실적으로는 시간이 절박하기도 해서 성문화된 협정이 유일한 방파제라고 여겼다. 그러나 잘 알다시피 문서에 의한 협정이 유효하고 신뢰할 가치가 있는지는 거기에 서명한 사람에 달려 있지만 그 사람이 전혀 성실하지 않거나 혹은 본인을 대표자로 세운 국민이 그 서명을 지키려 하지 않을 때에는 아무런 의미도 없다. 순수한 지성과 도덕적 가치와의 싸움은 인류 역사상 처음으로 생사의 문제가 되었다. 우리는 인류가 이 교훈이 큰 도움이 되기만을 기도할 수밖에 없다. 그러나 아쉽게도 그렇게 될 수 있을 것이라는 확신은 없다.

지성과 마찬가지로 양심의 발달 또한 사람에 따라 제각각이다. 그러나 지성이 부족한 사람이라도 성실하게 노력한다면 뛰어난 두뇌를 가진 사람보다 빛을 발할 수 있다. 마음이 가난한 사람들에게 '하늘의 왕국'을 약속했을 때 예수가 염두에 두었던 것은 나약한 사람이나 어리석은 사람이 아니라 직관이 지성을 지배하고 인간의 존엄과 그 운명에 마음속으로 신뢰를 품고 있는 사람들이었다.

하느님의 과업에 진정으로 참가하기 위해서는 가능한 자신의 이상을 높게, 필요하다면 손이 닿지 않는 곳에 두어야 한다. 별이 항해사를 인도하듯이 삶의 지침이 될 범접하기 어려운 이상이야말로 평범한 목표보다 훨씬 더 바람직하다. 왜냐하면, 평범한 목표라면 일단 달성하고 난 후 다시 새로운 목표를 찾아야만 하기 때문이다.

궁극의 목표는 우리의 손이 닿지 않는 곳에 있다. 중요한 것은 부분적이고 일시적인 성공이 아니라 노력을 지속하는 데 있다. 만약 절망을 맛보게 되었을 때는 빛이 우리 내면에 존재한다는 것, 그리고 그 빛을 외부에서 찾으려고 하는 노력은 공허하다는 것을 떠올려야 한다.

추상적 개념
—인간의 뇌에서 탄생한 소우주

인간의 지성이
'본능'을 극복할 때

1

왜 인간의 지성은 동물의 본능과
지성의 연장이 아닌 것일까?

현대 사상의 가장 기묘한 특징의 하나, 그리고 인간의 통상적인 자부심과 대조적이기에 더더욱 기묘하게 여겨지는 특징 중에 하나는 인간의 지성이 동물의 본능과 지성의 연장에 불과하다는 것을 증명하기 위해 혈안이 되어 있다는 점이다.

철학자 중에서는 인간과 동물의 현저한 차이를 강조하지 않고 오히려 의도적으로 그 차이를 최소로 국한해 고등동물의 뇌가 인간의 뇌와 본질에서는 같은 작용을 한다는 것을 증명하기 위해 두꺼운 책을 몇 권이나 쓴 사람도 있다. 사람의 뇌가 틀림없이 수백만 세기라는 오랜 세월을 걸쳐 이뤄낸 진화의 산물이라는 점을 생각한다면 여기에 이의를 제기하는 것은 크게 잘못된 것이라 할 수 있을 것이다. 이 때문에 이 철학자들은 모두가 알고 있는 사실을 새롭게 증명하기 위해 꽤 고생을 한 것 같다.

그러나 인간과 동물 뇌의 메커니즘을 동일시하는 것은 문제를 점점 더 복잡하게 할 뿐이다. 왜냐하면, 이런 철학자는 내분비선은 물론이고 고등동물의 그 어떤 유사 기능과도 결부되지 않는 관념의 탄생이라는 현상에 대해 전혀 설명을 하지 못했기 때문이다. 이와 같은 철학자들의 가설을 훌륭하다고 여기는 사람도 있는가 하면 쓸데없는 논쟁이라고 여기는 사람도 있을 것이다. 어쨌거나 하느님을 부정하는 과학적인 근거로 이용하는 것이 아니라면 이 가설들은 무해할 것이다. 또한, 인간 자신의 사회적인 문제를 해결하기 위해 '곤충의 사회'의 예에서 힌트를 얻어야 한다는 주장을 하는 것이 아니라면 전혀 문제가 되지 않을 것이다.

분명 이들 철학자는 '곤충의 사회'와 인간의 사회와의 차이에 대해 깨닫지 못하고 있다. 인간 사회는 그 사회 밖에서도 생활할 수 있는 자유롭고 자율적인 사람들의 자발적인 공동생활에 그 기반을 두고 있다. 그러나 곤충 세계에서는 정반대의 상황이 벌어지고 있다. 곤충의 경우에는 개체로서 자율 능력이 매우 낮고 개중에는 스스로 살아갈 능력이 없어 특수한 능력을 갖춘 다른 개체에 식량을 의존하는 경우도 있다.

곤충 사회라는 것은 사람의 육체가 세포로 이루어진 '사회'인 것과 같은 의미에서의 사회적 집단이라는 의미의 사회가 아니라는 점을 들 수 있다. 인간의 육체는 뇌세포가 사고하고, 창조하고, 진화할 수 있는 조직으로 돼 있지만, 개미집에서의 활동은 진화의 점에서는 무의미하며 고정화되어 있다. 이 차이는 현대의 계산기와 문제를 풀기 위해 그 기계를 만든 인간의 차이와 비슷하다.

아무리 완전하고 복잡한 기계라도 결코 스스로 생각을 하지 못하고 오로지 인간이 제출한 문제에 답을 줄 뿐이다. 동물의 집단과 곤충 사회에서 무언가 힌트를 얻고자 하는 발상은 어리석은 짓이다. 물론 그중에는 성실한 생각으로 이런 해결법을 제안한 학자도 있을 것이다. 하지만 그러므로 오히려 그들의 태도는 동정심을 자극한다. 왜냐하면, 그것은 인간적인 문제에 대해 전혀 이해하지 못하고 있다는 것을 증명하는 것이고 인간의 존엄과 진화에서의 역할에 대한 감각이 너무나도 부족하기 때문이다.

이런 태도를 보이게 된 것은 인간을 동물 수준으로 폄하시켜 정신적인 모든 진보를 금지하게 된다. 고귀해지고자 하는 노력과 향상심을 모두 부정하고 인간을 종마의 역할로 후퇴시킴으로써 인간의 근본적인 존재 이유를 부정하게 된다. 그리고 이미 진화를 이룬 인간에게 불행한 퇴행을 초래하게 한다.

이 학자들은 인간 중에 누가 생식능력이 왕성한 '여왕'의 역할을 맡고, 누가 저주받은 수컷 역할을 할 것인지, 혹은 성(性)이 나뉘지 않은 일꾼이 과연 우리 인간의 생리적 구조나 야심과 모순되지 않은 이상을 보여주고 있는지, 자문해 본 적도 없다. 또한, 개미집과 벌집에는 지도자가 존재하지 않기 때문에 무의식인 노예 집단은 기름을 듬뿍 바른 기계처럼 완벽하게 제 기능을 다하고 있다는 사실을 생각해 보지도 않았다. 그들은 인간이 톱니바퀴의 하나가 아니라 자유로운 존재라는 사실을 망각하고 있다.

곤충 세계에서
볼 수 있는 '사회성'

　　　'사회적' 인 곤충의 본능은 기묘한 형질전환을 이뤄냈다. 그 본능은 다른 강(綱)에서 볼 수 있는 개체의 보호경향을 가진 기억의 집단체가 아니라 각 집단의 형태학적이고 생리학적인 구조에서 비롯된 또 다른 충동으로 바뀌고 말았다.

　같은 종 중에서 아직 해명되지 않은 영향으로 만들어진 온갖 형태를 볼 수 있다. 특정 개체가 다른 개체에서 분리되어 홀로 남겨지게 되면 더는 본능은 그 개체를 지키려 하지 않는다. '개체' 의 본능은 그 개체를 잊어버린 듯이 '집단' 의 본능으로 바뀌어 아무런 알력과 분쟁도 없는 채로 각각 집단 (일꾼, 전사, 여왕, 수컷)의 이해관계를 다른 집단의 이해관계와 결부시킨다. 그것은 마치 독자적인 본능을 가진 새로운 개성(개미집, 흰개미집)의 창조를 목적에 두고 있는 것처럼 보인다.

　그리고 이 새로운 개성은 개체 본능의 종합에서 비롯된 것이면서도 그것을 능가하고 개체의 이익은 공동체 이익의 희생양으로 소멸하여 간다. 이 사실은 본능에 대한 우리의 생각과 정의에 모순된 것처럼 보인다. 그러나 이런 생물학적 공동체는 영혼도 미래도 없는 통계학적인 귀결이자 구성원에게 있어 유일한 존재 이유기도 하다.

　이 공동체를 벗어나면 구성원은 죽는다. 다시 말해 그들은 훌륭한 메커니즘의 활동에서 비롯된 맹목적인 적응의 희생양인 것이다. 그러나 앞에서 말한 학자들은 이런 점에는 전혀 관심이 없는 것 같다.

인간의 육체도 각각의 생체, 다시 말해 완전히 서로 다른 특성을 가진 세포로 이루어져 있다. 섬유아세포라고 하는 열등하고 다산을 하는 평민이 있는가 하면 간장과 골수처럼 독립독행(獨立獨行)하는 화학자도 있다. 뇌와 신경계통에서 전달된 명령을 따르는 화학자도 있다. 그들은 근육을 수축시키는 아세틸콜린을 신경의 말단부에서 곧바로 만드는 방법을 알고 있다.

또한, 뇌의 추체(錐體)세포는 귀족적인 세포로 고귀한 불모 성향을 띠고 살며 결코 재생하지 않는다. 그리고 명령과 반응을 전달하는 신경세포와 방어하는 세포, 보호하는 세포, 치료하는 세포가 있다. 이 모든 세포의 협력 하에 인간의 자립성과 개성이 탄생하는 것이다.

그러나 세포의 물리, 화학적인 특징이 본능을 대신하는 개미집과 벌집에서는 이런 종류의 것은 전혀 없다. 곤충의 '사회'는 조잡한 그림, 일종의 우스꽝스러운 그림으로 아무런 정당한 이유 없이 회전하는 오합지졸의 톱니바퀴에 불과하다. 인간집단에서도 이와 같은 방법, 다시 말해 분업의 흔적은 찾아볼 수 있다. 그러나 인간의 경우에는 이 분업이 개미집에서 볼 수 있는 현실적, 활동적, 창조적인 개성으로 장식되어 있다.

이런 이유에서 지성과 본능 사이에는 양적인 차이 이상의 것을 엿볼 수 있고 동물 중에서도 특히 곤충의 사회조직과 인간의 사회조직 사이에는 그 이상의 차이를 엿볼 수 있다. 인간이 가진 지성의 가장 놀라운 특징, 다시 말해 인간의 지성을 고등동물의 지성과 명확하게 구분 짓는 특징은 추상적인 관념의 창조에 있다.

철학적인 표현에 익숙하지 않은 사람에게는 이 추상적인 관념이라는 사고방식이 쉽게 이해되지 않을 수도 있다. 따라서 이 사고방식에 대해 정의를 내려 보기로 하겠다.

추상적 개념
─인간의 뇌에서
탄생한 소우주

예를 들어 아이들이 가지고 노는 둥근 공을 살펴보자. 일반적으로 포유동물은 우리 인간과 똑같이 공을 본다. 공을 가지고 노는 강아지는 어린아이와 마찬가지로 쉽게 그 특성을 기억한다. 공이 굴러가고 튕기는 모습, 그것이 흥미를 자극하는 데 충분한 개성과 움직임이 있으며 전혀 위험하지 않다는 것을 알고 있다. 동물은 공에 대해 자기 나름대로 내린 '정의'에 충분히 만족한다. 이 정의는 그 동물이 공에서 기대하는 것과 일치하며 아마도 어린아이와 원시인이 내리는 정의와 그리 다르지 않을 것이다.

그런데 지성을 가진 인간은 공의 특성을 아무리 말로 표현해도 그 정의에 만족하지 않는다. 동물과 인간 두 종류의 지성 사이에서 근본적인 차이가 발생하는 것이 바로 이 점이다.

사람은 현실의 공을 바라보며 기하학적인 특성을 갖춘 이상적인 공, 단 그 특성이 한계까지 추구한 절대적으로 완전한 공을 상상하는 것, 다시 말해 그런 공을 창조하는 것에서 비롯된다. 사람은 그 이상적인 공에 형태와 관련된 특성만을 부여하고 공의 실체, 다시 말해 색과 강도, 무게, 탄력성 등에 관한 특성은 배제한다. 왜냐하면, 이런 특성은 다른 모습을 한 물체들에서도 볼 수 있기 때문이다.

그리고 사람은 더는 물질적 특성의 관념을 불러일으키지 않는 다른 명칭, 즉 '구체'라는 명칭을 고안해 낸다. 마지막으로 이 새로운 대상을 완전히 '이해'하기 위해 크기와 질량이 없고 눈에도 보이지 않는 요소를 고안해 낸다. 이 요소는 지금까지 단 한 번도 존재하지 않았고 지금도, 그리고 앞으로도 현실적으로 존재하지 않지만, 구체를 정의하는 데 절대로 빠져서는 안 되는 요소이자 이것이 없이는 구체를 연상하는 것은 불가능하다. 이 기묘한 요소가 바로 '중심'이다. 그리고 이 '중심'이라는 인간의 독자적 사고방식이 추상적인 관념일 뿐이다.

이것이야말로 동물의 지성에서 인간의 지성으로 발전적인 이행을 어렵게 만드는 깊은 골을 또렷하게 엿볼 수 있게 한다. 인간은 이제 환경과 경험으로부터가 아닌 자기 자신의 내면에서 온갖 요소를 끌어내고 그것을 통해 비현실적인 세계를 '창조'할 수 있다. 그것은 공리적인 적응의 문제가 아니라 전혀 새로운 지적 건축이라는 문제이고 여기서 물질적인 현실은 단순한 구실에 불과하다.

사람은 스스로 감각으로 인지할 수 있는 사실의 배후, 스스로 인식할 수 있는 우주의 배후에 사고와 경험을 통한 해석, 더 나아가 '근본 원리의 지배'를 위해 불가결한 또 하나의 개념적 세계를 고안해 낸다. 마치 불과 번개와 소나기 뒤에서 생명을 가진 무서운 실체를 만들어 낸 듯이, 그리고 사냥의 '마술'을 만들어 낸 듯이 사람은 관념의 마술을 창조하고 자신의 뇌에서 탄생한 이 우주에 대해 조상인 동물들이 그 속에서 진화를 이뤄 온 우주보다 더 큰 실제성을 부여하기에 이르렀다. 이 우주만이 인간적인 영역이자 순수 관념, 도덕, 정신적 관념, 미적 관념 등의 영역인 것이다.

진화의 발전 속에서 책임 일부를 짊어진 대신 하느님의 뜻을 받들고 양심과 자유라는 선물을 받은 인간은 비물질적인 세계의 창조를 통해 능력 범위 내에서이기는 하지만 자신의 '창조주'를 모방할 수 있게 되었다. 이 비물질적 세계는 동물에게는 금지되어 있다. 향후 인간의 이해(利害)와 노력은 바로 이 세계를 향하지 않으면 안 된다. 선조가 가진 특성에 예속되어 자기 운명의 고귀함과 훌륭함을 이해하지 못하고, 또 그것을 이해하려 하지 않는 사람들은 정말로 불행한 존재이다.

2
진화의 최첨단에 선
'선택된 개인'

　물론 원시적인 종족에 대해서는 어떻게 될 것인가 하는 반론도 있을 것이다. 남아프리카의 부시맨, 피그미족, 오스트레일리아의 원주민, 푸에고 섬 사람 등, 미개와 반미개한 생활을 하는 인간도 많다. 그들은 추상적인 관념을 거의 이용하지 않지만, 인간임에는 틀림이 없다. 이렇게까지 극단적인 예를 들지 않더라도 인류의 90% 이상이 추상적 관념을 거의 이용하지 않고도 여전히 잘 살아가고 있다고 할 수 있을지 모른다.

　이것은 틀림없는 사실이다. 그러나 지적인 발달을 이루지 못한 인간의 경우 대부분은 우리의 가장 오래된 선조와 마찬가지로 하느님을 창조하고 원시적인 의식을 고안해 냈다. 게다가 문명의 진보에 관해 이야기할 때, 우리가 과연 푸에고 섬 사람들에 대해 생각하겠는가? 진화에 대해 말할 때, 이미 진화한 종족 속에서 진화가 정체된 종족이 차지하는 위치를 명확히 하기 위한 경우를 제외한다면, 일부러 정체된 형태에 대해 연구하려 하겠는가? 특정 국가의 예술적, 문화적 자산에 관해 이야기할 때, 혹은 그 나라가 세계 속에서 맡아왔던 역할을 상기할 때, 불필요하고 비생산적인 대중에 대해 고집을 하겠는가? 대답은 No다.

세계의 진보를 위해 무언가 공헌한 수백만 국민 중에서 우리가 선택하는 것은 남들보다 뛰어난 천부적 재능을 가지고 인류의 앞장을 서고 문명의 최첨단에 서 있는 몇 안 되는 개인이다. 우리가 흥미를 느끼는 것은 이 소수 집단뿐이다. 인류는 그들을 따르고 그들로부터 자극을 받고 있다. 그러나 이런 것들도 그들에게서 열심히 배우려고 노력할 때뿐이라는 점을 주목해야 한다. 우리는 인류를 변화 과정에 있는 살아 있는 대중이라 여기고 연구한다. 그러나 동시에 우리는 이런 대중의 변화가 단 한 명이라고는 단정할 수 없겠지만, 일반적으로 매우 드문 한정된 개인을 통해서만 시작된다는 것을 알고 있다. 또 그다지 재능을 타고나지 않은 동시대 사람은 결국 돌연변이의 또 다른 개인의 소재라는 것, 혹은 더 진화된 극소수의 두뇌에서 창출된 진보를 전통을 통해 긁어모으거나 전달하는 소재에 불과하다는 것을 우리는 알고 있다.

이런 예외적인 두뇌는 쉽게 말해 빛의 원천(광원) 물속에 돌을 던졌을 때와 마찬가지로 파문은 주위로 퍼져간다. 이런 두뇌를 가진 사람은 미국, 아시아, 유럽을 막론하고 세계 곳곳에, 그리고 모든 계급에서 볼 수 있다. 그들은 중국인도, 미국인도, 영국인도, 프랑스인도, 인도인도 아니다. 그들은 인간이다.

　우리에게는 특정 국가의 소수 민족에 의해 이룩된 영광을 그 나라 전체의 영광으로 퍼뜨리고자 하는 습성이 있다. 왜냐하면, 오늘날에는 여전히 '정치적 실체(국가)'가 그 인위적인 성질에도 불구하고 인간의 사고를 형성하는 현실적인 존재가 되어 있기 때문이다. 어떤 운동선수의 우승으로 그가 소속되어 있는 대학 전체가 영광을 누리는 것도 똑같은 이야기다. 국가도 대학도 평범한 사람은 도저히 이룰 수 없는 위업을 통해 자부심을 지니게 되며 이 자부심이 이런 집단의 관습적 동질성의 원천 중 하나이다.

　다시 한 번 반복하지만, 진보가 극히 드문 소수의 개인에 의해 좌우된다는 것은 진실이다. 또한 '인간'을 통한 진화의 상승적인 발자취는 국경을 초월하고 있다. 그것은 나무뿌리가 그 끝에서 활발하게 활동하는 소수의 세포에 의해 땅속으로 파고들어 가는 것과 비슷하다. 그 끝은 섬세하고 여리며 실처럼 가늘지만, 그것과 이어진 뿌리는 급속도로 성장하여 손가락과 손목과 팔뚝처럼 굵어진다. 그리고 연하고 흰 모근을 통해 대지로부터 빨아들인 수액으로 성장하는 것이다.

　한 명의 천재, 혹은 비범한 인간적 지성이 등장하고 발전할 기회는 고도의 문명국에 많다. 왜냐하면, 두뇌는 대도시와 대학도시에 퍼져 있는 일종의 지적 발효와는 인연이 없는 후진국보다 발효를 더더욱 촉진해 줄 수 있는 환경에서 발달할 수 있기 때문이다. 이런 환경에서는 전통이 더욱 풍요로우며 정보와 발상의 원천도 그 숫자가 늘어나기 때문이다.

　그러나 오늘날 가장 총명하고 깊은 지성을 가졌다고 여겨지는 사람들이 진화의 견지에서 볼 때 미래영겁에 그 발자취를 남길 수 있다고 단정하기는 어렵다. 왜냐하면, 우리는 천재와 위인의 가치를 문명과 문화의 현상을 통해 정해진 기준에 따라 판단하기 때문이다.

그러므로 절대적인 판단을 내리는 것은 불가능하다. 현재를 살아가는 인간, 혹은 어제를 살았던 인간 중에는 1, 2천 년이 지나더라도 금세기 최대의 인물이라 칭할 인물이 있을지도 모른다. 우리는 그런 인물을 거리에서 스쳐 지나갔거나 알고 있는 사람일지도 모른다. 반대로 그는 전혀 이름없는 사람일지도 모른다. 그런 인물을 분별할 방법은 없지만, 그것은 우리가 너무 지성적이거나 그다지 지성적이지 않기 때문이거나 둘 중의 하나이다.

아르키메데스나 데카르트와 같은 인물을 만들어 낸 과도한 지성은 뇌의 정말로 미묘한, 꼭 이성적이라고는 할 수 없는 자질을 마비시켜 버리고 이성은 사실의 직관적인 인식이 없더라도 기능을 다할 만큼 강력하지 않다. 이성보다 훨씬 광범위한 분야를 담당하는 것은 직관이고 순수하게 직관적인 종교적 신앙이야말로 과학과 철학보다 훨씬 효과적으로 인간을 움직이게 하는 도구이다. 행동은 확신에 따르는 것이지 지식을 따르는 것이 아니다.

사상의 역사를 살펴보면 우리가 인간의 참된 가치와 그 행위의 미래 영향에 대해 얼마나 무지한지를 보여주는 예가 많다. 그러나 이런 예는 세상을 뒤흔들 만한 일시적인 비극에 의해 자주 감춰졌다. 현대에서 위인이라 여겨지고 있는 사람들이 남긴 발자취가 향후 얼마나 그 빛을 발하고 지속적인 것이 될 수 있는지는 아무도 예상할 수 없다.

어느 무명의 젊은 유대인이 먼 식민지 행정관의 손에 의해 재판장에 서게 되었지만, 이 행정관은 사태의 분규를 피하고자 본의 아니게 이 유대인 젊은이를 대중들에게 넘겨 버렸다. 이 청년이 시저보다 훨씬 위대한 역할을 담당하고 서구 역사를 지배해 이윽고 전 인류의 가장 순수한 상징이 되었다. 그러나 서기 33년 시점에 그런 예언이 있었다 해도 당시 로마의 귀족과 철학자, 지식인들은 그저 배를 잡고 비웃었음이 틀림없다.

비뚤어진 '마음'의 발전

CHAPTER

12

미신의 공과 허물

– ' 동물' 에서 ' 인간' 으로의 비약

1
미신의 탄생

미신은 종교의 길을 가는 인간의 어색한 최초의 모색이라 생각할 수 있고 이것은 어느 정도 고려할 만한 일이다. 그러나 이것은 종교가 미신에 바탕을 두고 있다는 의미가 아니라 단순히 진화의 견지에서 봤을 때 미신의 탄생이 동물적인 지성에 깊은 변화를 가져다주었다는 의미에서이다. 유대류가 진정한 포유류로 가는 준비단계가 되었고 매우 원시적인 동물의 빛에 민감한 시각 반점이 이윽고 안구가 된 것처럼 미신 또한 하나의 준비단계였다.

그럼 이제 인간의 모습은 하고 있지만, 역사도 전통도 없이 가장 사나운 야수와 함께 동굴에서 살았던 생물에 대해 떠올려 보자. 그의 삶의 방식은 야수의 삶의 방식과 매우 흡사하다. 둘 다 같은 문제에 직면해야만 했다. 제일 먼저 먹을 것, 다시 말해 사냥을 해야만 했다.

이 새로운 영장류는 상대적인 나약함과 상상력이 싹트기 시작함으로써 막대기 등의 조잡한 무기를 고안해 냈고 이 무기들은 점차 완전한 것으로 변했다. 또한, 그들은 몸도 지켜야 했기 때문에 종일 경계태세를 갖추고 있어야만 했다. 그들은 머리를 쓰기 시작하면서 다른 생물과는 대조적으로 발명이라는 능력을 익히게 되었고 무기의 성능은 더욱더 향상했다. 육체적인 약점을 보완하기 위해 끊임없이 무기를 개량한 것이다.

그는 모든 것을 자연에 맡기지 않고 초보적인 지성을 구사하여 적응이라는 완만한 자연의 프로세스 대신에 자신의 뇌로 고안해 냈고 자신의 손으로 조작하는 외적 산물을 만들어 냈다. 그는 자연이라는 무기의 특징도 조합했다. 원시적인 곤봉은 더욱 가볍고 더욱 단단하고 더욱 효과가 큰 돌도끼로 변했다. 잡은 동물의 가죽을 잘라 끈을 만들고 예리한 돌을 봉 끝에 단단하게 고정했고 화살과 창이 만들어졌다. 보다 실용적이고 살상력이 뛰어난 무기를 손에 넣은 인간의 생활은 빠르게 자유로워졌고 맹수의 위협으로부터도 벗어났다. 아직 여가를 즐기거나 무기를 장식할 생각은 못했지만 그 방향으로 착착 진행해 갔다. 화살을 이용한 무기가 서서히 개량된 사실만 보더라도 확실하다.

그러나 그는 또 다른 위험의 위협을 받고 있었다. 그는 어떻게 싸워야 하는지 모르는 채 마음속은 공포로 가득했다. 그것은 바로 운석, 벼락과 소나기, 화산 폭발, 용암의 분출 등이었다.

인간이 최초로 불을 길들이게 된 것이 언제였는지에 대해서는 아직도 논란의 대상이다. 왜냐하면, 두 개의 나무토막을 비비는 방법은 아무리 봐도 최초로 불을 이용했던 시기보다 훨씬 뒤의 일이라고 여겨지기 때문이다.

인간이 용암류에 대해 무기로 맞서 싸우고자 곤봉과 도끼로 이 무시무시하게 타오르는 뱀을 두들겼을 때 나무로 된 도낏자루에 불이 붙었을 것이라고 상상할 수도 있다. 혹은 벼락에 맞아 불이 붙은 나뭇가지를 잘랐을지도 모른다. 그리고 이 위험한 요소를 자신의 동굴에 보존하고 적의 습격에 대비해야겠다고 자연스럽게 생각했을지도 모른다.

야수는 모두 불을 무서워한다. 이렇게 해서 그는 자신의 적 그 자체가 아니라 장작불을 지피면 활활 타오르고 내버려두면 꺼져 버린다는 새롭고도 놀라운 하나의 '원리' 불꽃을 지배하게 되었다. 인간이 불꽃에 일종의 경외심을 품게 된 것은 당연하다.

지성이 본능을
초월할 때

공포가 그 심리학적인 반응을 막는 벽이 되지 못했다는 점에서 원시인은 동물과 결정적으로 달랐다. 그만이 그 벽을 뛰어넘고 앞으로 나아갈 수 있는 뇌를 가지고 있었다. 불의 지배에 성공한 뒤 그는 경험이라는 한계를 초월한 초자연적이라고 할 수밖에 없는 기원을 생각해 냈고 그 기원에서 현실적인 인격을 배웠다. 다시 말해 인공적인 것이기는 하지만 강력하고 새로운 존재를 창조해 분노와 증오, 질투 등, 모든 인간적인 감정이 더해진 것이다.

어쩌면 이것이 최초의 하느님이었을지도 모른다. 스스로 단숨에 '창조주'로 이끈 무의식적인 노력으로 그리고 뛰어난 지적 재능, 다시 말해 훗날 만물의 '창조주'와 손을 잡고 진화의 길을 걸어갈 수 있게 한 지성의 불꽃 덕분에 '인간'은 현실이 아닌 놀랄 만한 하나의 허구를 만들어 냈다. 당시 곰과 마스토돈과 호랑이의 생활과 인간의 생활 사이에 이렇다 할 차이를 발견할 수 없었다는 것을 생각해 보면 그 이후 나날이 깊어진 눈에 보이지 않는 골의 존재에 마음이 강하게 흔들리지 않을 수 없다. 지성을 단순히 동물 본능의 연장이라고 보던 시험은 현시점에서도 허투루 간과할 수 없을 만큼 뛰어넘기 힘든 장벽에 부딪혀 있는 것이다.

이렇게 말해도 오해를 살 걱정은 없을 것이다. 왜냐하면, 독자 여러분은 지금까지 중간적인 단계가 의심의 여지 없이 존재하고 그런 과정 없이는 진화를 생각할 수조차 없다는 것을 알고 있기 때문이다.

생물의 형태가 서서히 구축되고 차츰 복잡한 성격을 띠게 된 것에 대해서는 지금까지 수많은 예를 제시했다. 그러나 동시에 우리의 지식은 채우기 어려운 골이 있고 그 덕분에 수많은 현상의 인과관계가 풀기 어려운 문제로 남아 있다는 점을 지적해 두고 싶다.

해부학적인 구조와 생리학적인 기능, 그리고 심리학적인 행동이 서로 연관이 있는지에 대한 지식이 부족한 이상 새로운 생물학적 형질과 기능의 출현을 과학적으로 설명할 수 없는 경우도 있다. 본능과 동물의 지성이 초보적인 단계로 존재하고 최종적으로는 그것이 인간의 지성으로 발전되었다는 주장은 하나의 가설로서 인정할 수 있을 것이다. 그러나 동물의 지성,

예를 들어 포유류의 지성은 본능에서 직접 파생된 것이라든가, 인간 정신의 추상적이고 창조적인 힘이 본능과 동물적인 지성의 어느 하나, 혹은 둘의 결합에 의한 필연적 결과라고 주장할 수는 없다. 본능과 동물적 지성과는 서로 연관이 있든 없든 간에 각각 독립된 시험의 산물이었을지도 모른다(곤충 본능의 놀랄 만큼 특수한 발달이 이 가설을 뒷받침해 줄 것이다).

어쨌거나 본능과 동물적 지성이 인간 뇌의 모든 심리적 활동 속에서 비교적 단순한 형태였다는 증거는 하나도 없다. 어떤 생물의 경우라도 그 직계 자손을 파헤쳐 보다 보면 큰 혼란이 발생한다는 것을 결코 망각해서는 안 된다.

오스트레일리아 원주민과 피그미족은 인간이다. 그러나 그들의 지성은 진보하지 못했다. 그들의 기원은 알려지지 않았으며 백인 또한 마찬가지다. 백인은 네안데르탈인의 직계 자손이 아니다. 더군다나 크로마뇽인의 직계 자손도 아니다.

뇌에 대해서도 마찬가지이다. 이미 말했던 것처럼 진화 도중에는 고생물학적인 견지에서 볼 때 전혀 연관성이 없는 형질이 갑자기 나타나기도 한다. 단 한 가지 확실한 것은 통계학적으로 봤을 때 진보는 계속되고 있다는 것이다. 장대한 수의 종이 멸종한 탓에 인간의 계통을 상세하게 재구성하는 것은 거의 불가능하고 인간의 정신에 고유한 특성의 기원을 그 이전의 종까지 거슬러 올라가 탐색하고자 하는 시험은 모두 의심스러운 가설의 영역을 벗어나지 못한다.

본능은 그것이 아무리 훌륭한 것이라 해도 기계적, 공리주의적인 인상을 주기 때문에 지성에 대한 우리의 관념과는 상반되는 것이라 여겨진다. 본능은 구속하고 지성은 해방해 준다. 물론 환경에 조금도 어긋나지 않고 적응한 완전한 본능이라는 것을 상상할 수는 있다. 그러나 그렇게 완전한 본능에는 지속해서 발전할 이유가 사라질 것이다. 환경과 균형을 유지하는 생체조직이 진화를 계속할 이유가 없는 것과 마찬가지이다. 한편 관념의 발달에서 한계는 결코 생각할 수 없다. 한계를 생각할 수 있다 해도 그것은 분명 현실의 인간 정신상태의 산물에 불과하다.

2
미신에서 종교로,
관념세계에 있어서의 진화

    자신의 우주를 파악하고 이해하려 하는 인간의 최초 노력이 이윽고 우상숭배와 주물숭배로 변하는 것은 필연적인 흐름이었다. 인간은 완전히 무지하고 힘으로 극복할 수 있는 위험은 물론이고 도저히 해결할 수 없을 것처럼 여겨지는 위험에 놓인 채 사방으로부터 위협을 당하고 있다.

    광기를 자극해 마음을 마비시키는 단순한 공포에서 벗어나 그 위험을 만들어 낸 상상 속의 존재를 떠올리려면, 그리고 결과에서 원인으로 거슬러 올라가 그 원인을 의인화시켜 나가기 위해서는, 풍부한 상상력과 추상적인 관념을 만들어 낼 재치가 필요하다. 아무리 진화한 동물이라도 이런 상상력을 보여 준 존재는 본 적이 없다. 이 견해는 당시부터 그 이후에 이르는 온갖 사자(死者)숭배와 의례 행위, 예술창조를 통해 입증되었다.

우상숭배의식의 기원은 인류의 새벽까지 거슬러 올라간다. 자연의 모든 힘과 유성의 무리에 맞서 싸울 수 없고 거기서 신비롭고 두려운 지배자의 모습을 연상하게 된 인간은 그 지배자를 어떻게 해서든 달래보려 했다.

종교는 수천 년 동안 피비린내 나는 산 재물로 상징되었고 이런 의식을 유지해 왔다. 꽤 최근까지 여러 나라에서 그런 희생이 여전히 존재하고 있었다. 태곳적부터 이어진 이 끔찍한 습관에 대해 조직화한 싸움은 거의 천 년 전, 기독교의 온화한 교리의 도래와 함께 개시되었다. 그러나 지금도 여전히 완전한 승리를 거둔 것은 아니다.

이렇듯 미신에는 두 가지 측면이 있다. 하나는 그 출발점이 건설적이고 원래의 원시적인 형태이다. 이것은 인간 정신의 새로운 경향을 꽃피우고자 하는 작지만 새로운 시험이었고 훗날 종교라는 형태로 결실을 보게 된다. 또 하나는 퇴화적인 측면으로 이것은 특정 종족의 진화가 늦어진 부분에 작용하여 낡고 불쾌한 습관을 유지하려 한다. 게다가 이 측면은 이미 문명이 그런 습관에서 벗어나 공포를 바탕으로 한 낡은 본능적 충동을 정화해 버린 시대에 나타났다. 미신의 탄생은 중요한 진보의 발단이기는 하지만 이후 시대에 뒤처진 형태로 등장할 경우에는 위협으로 바뀌게 된다.

심리학의 영역에서 이런 현상은 생물학적인 진화 속에서 빈번하게 볼 수 있는 현상과 유사하며 그런 점에서 우리의 논점을 보강해 준다. 적응과 진화가 대립하는 경우가 있다는 것을 떠올려 주기 바란다. 적응하기는 했지만, 진화의 가지를 구성하지 못한 종과 진화의 가지를 대표하고 있지만 일시적으로 적응하지 못하는 종 사이에서의 싸움은 모든 조건이 첫 번째 종에게 유리한 수십만 년 동안 이어졌지만 결국 그 종은 격변하는 환경을 이기지 못하고 두 번째 종에게 자리를 양보하게 된다.

제2기의 위대한 파충류와 최초의 포유류와의 싸움에 대해서는 앞에서 말했던 것처럼 그 전형적인 예라고 생각해도 거의 틀림이 없다. 둘 다 아직 알려지지 않은 공통 조상으로부터 태어났지만 서로 다른 진화의 길을 걸어왔다. 처음에는 공룡이 우세했다. 그것은 이 생물의 엄청난 번식력으로 입증되었다. 그러나 제2기의 끝 무렵, 1억5천만 년 정도가 지나 사계절이 생기면서 그때까지 파충류를 돕던 생물학적인 형질은 효력을 잃고 해로운 것이 되었다. 그들을 대신해 포유류라는 진화의 가지가 우세해지면서 '시대에 뒤처진' 괴물과의 싸움에서 승리를 거머쥐게 된다.

공룡은 전멸했다. 메마른 여름과 추운 겨울에 당했고 모피의 보호를 받던 작은 짐승들, 파충류의 거대하지만, 껍질이 얇은 알을 먹는 이 작은 짐승들의 대군과 싸우기 위해서는 너무나 쇠약했다. 이 불공평한 싸움은 오랫동안 지속되었으나 결국 진화를 보증해 줄 뛰어난 형질을 몸에 지닌 포유류가 파충류를 압도한 것이다.

비뚤어진
'마음'의 발전

미신은 가장 먼저 정신적 반응이라는 형태로 나타나며 그것은 출발점으로서 매우 중요하다. 그리고 초원에 불길이 번지듯 퍼져간다. 단,

표면으로 퍼져갈수록 점점 왜곡되어 인간의 진화가 느릴수록 기괴한 방향으로 발전한다.

유사 이래 인간의 대다수는 매우 조잡한 심리상태를 가지고 있었음에 틀림이 없다. 그러나 '돌연변이'를 한 소수의 개인은 무리에서 벗어나 분리 경향이 강해지면서 순수한 종교적 사고의 길로 진화해 갔다. 시간이 흘러 진화된 집단과 거의 진화하지 않은 채 남겨진 집단 사이에 대립이 일어났다. 그리고 진화된 집단은 이름 없는 대중의 '수'에 의해, 수세기 동안 추락하여 위험한 존재가 된 야만적인 미신의 위협을 받게 된다.

기원은 서로 같지만, 이 두 집단의 관념은 전혀 일치되지 않는다. 대중에게서 엿볼 수 있는 미신은 동물적 본능의 지배를 받고 있었고 이 미신과 동물적 본능과의 결합으로 인해 피비린내 나는 주물숭배의 끔찍한 잔혹성이 탄생한다. 한편, 선택된 사람들(진화의 가지)에서 엿볼 수 있는 미신은 종교적인 감성이 싹트게 되었지만, 이 감정을 표현한 말의 뜻을 대중들은 이해하지 못했다. 지적, 정신적인 무기는 광신에 대해 너무나 무기력하다.

수세기 동안 종교는 항상 미신과 싸워야만 했다. 미신은 인간의 마음과 불가분의 관계라고 여겼기 때문에 더더욱 강적이었다. 오늘날에도 온갖 종류의 미신이 진리와 합리적인 교리보다 훨씬 많이 퍼져 있다. 그것은 진화하지 못한 정신을 가진 사람들이 아직 대다수를 점유하고 있기 때문이다.

합리적인 사고방식이 광범위하게 보급돼 있다는 환상은 그런 사고방식이 미신으로 변형되었다는 사실 때문에 발생하는 경우가 많다. 사람들의 마음속에 심어진 과학에 대한 위신 또한 일종의 미신에 불과하다는 것은 의심의 여지가 없다.

종교는 지식인과 대중을 모두 자기편으로 삼으려한다. 종교의 주된 관심사는 더 많은 신자를 획득하는 것이기 때문에 결과적으로 미신이 강한 사람들과 접촉하게 되었다. 미신이라는 적의 힘은 너무도 강했기 때문에 대부분 교회는 시인은 하지 않으나 온당한 미신에 대해서는 용납을 하고 받아들이고 변화를 시키면서 조상 대대로 이어온 습관을 위험이 적은 방향으로 인도할 수밖에 없었다.

상상력이 풍성한 지중해 연안 지방에서 탄생한 가톨릭이 특정한 습관을 받아들인 것은 달리 방법이 없었기 때문이다. 경건한 신자들의 입맞춤으로 인해 닳은 서대 석상의 발가락과 봉헌물 등은 모두 다가가기 어려운 전능한 존재보다는 인간의 모습을 한 하느님, 마음속으로 떠올릴 수 있는 하느님을 숭배하고 싶어 하는 강한 열망의 좋은 증거이다.

진화를 위한 미신도
이윽고 '장해물'이 되어
가로막는다

초기 기독교 시대를 되돌아보는 것은 모든 교회가 당면해야 했던 온갖 곤란을 충분히 이해하는 데 도움이 될 것이다. 당시 지중해 연안은 평균적으로 문화 수준이 높아 이미 몇몇 위대한 문명이 꽃피우고 다시 자취를 감추었다. 그러나 이 문명들은 완전히 사라진 것은 아니었다. 예를 들어 경제력과 군사력은 사라졌어도 전성기에는 항상 영화를 누리던 위대한 예술가나 건축가, 철학자, 기술자들이 왕조와 정부와 함께 그 운명을 같이했다. 신앙과 숭배를 추구하는 기본적인 인간의 욕구, 다시 말해 종교적인 감정은 대중 속에 침투하여 뿌리를 깊게 내리고 있었다. 흔히 미신과 우상숭배를 통해 나타나던 민중의 '종교적 관념 복합체'가 그 기원이 어떻든 간에 모두 다 옛 전설을 빌리고, 미화시키고, 복잡화시켜 대중의 욕구와 관습에 맞춰 하나의 확고한 전체상을 만들어 낸 것이다. 제국이 붕괴한 뒤에도 이 전체상이 남게 된 것은 그것이 대중 속에 널리 퍼져 있었기 때문이다.

예술, 사상, 문화, 산업 등, 우리가 볼 때 문명의 영광을 만들어 낸다고 여겨지는 모든 것에 지대한 공헌을 하는 사람들은 한 나라 전체 인구의 몇 안 되는 부분(1%도 채 되지 않는 부분)에 속하는 사람들이다. 현대보다 기독교 이전의 시대가 훨씬 더 그렇다. 이런 인간적 진보의 외적 달성을 모두 지워버리는 것은 매우 짧은 시간으로 충분하다. 왜냐하면, 그것들은 적성과 개인의 자질과 일시적인 모든 조건의 달성으로 인간의 유전을 포함한 심원한 통계학적 경향의 산물이 아니기 때문이다.

아이들은 누구나 태어나면서부터 미신이라는 싹을 가지고 있지만, 창조적인 재능과 뛰어난 지성을 갖춘 사람은 매우 희박하다. 앞에서 말한 것처럼 미신의 원시적인 형태에서 엿볼 수 있는 가장 넓은 의미에서의 종교적 감정의 기원은 양심과 거의 비슷하게 오래되었다. 그것은 널리 세계 곳곳으로 퍼져 깊은 뿌리를 내렸다.

인간적, 혹은 물질적인 원인에서 비롯되는 모든 변동도 이런 종교적 감정을 흔들 수 없고 반대로 그것을 더욱 증폭시키는 경향이 있다. 갑작스러운 사고나 비극, 서서히 진행되는 쇠퇴는 화려한 문명에 책임을 지는 소수의 사람에게도 영향을 끼쳐 그 문명의 종지부를 찍게 한다. 그러나 그것들은 한 나라를 구성하는 수백만 사람들의 조상으로부터 물려받은 경향과 그들의 생리학적 욕구에는 아무런 영향도 끼치지 않는다.

진화를 위해 인간적인 도구라 할 수 있는 전통에 의해 전해져온 미신이 진화의 장해물이 되어 가로막고 있다는 사실은 이렇게 설명할 수 있다. 그리고 우리는 다시 기묘한 현상과 마주하게 된다. 그것은 진화의 요인이 시간의 흐름에 따라 장해로 변하고 그것이 또 다른 새로운 요인과 충돌할 수밖에 없다는 현상이다. 언제 어디서나 분쟁을 일으킬 것 같은 이 법칙은 영원히 계속되는 것이다.

3
종교에 의한
이상세계의 추구

기독교의 교리가 탄생한 당시에는 종교가 인간에게 많은 것을 요구하지 않았다. 무신론자를 포함해서 누구 하나 야고보가 전한 간결하고 훌륭한 정의에 반론을 제기하는 사람은 없을 것이다. "아버지 하느님 앞에 떳떳하고 순수한 신앙생활을 하는 사람은 어려움을 당하는 고아들과 과부들을 돌보아 주며 자기 자신을 지켜 세속에 물들지 않게 하는 사람이다." (야고보의 편지, 제1장 27절)

그러나 아쉽게도 세상은 아직도 이런 가르침을 받아들일 수 있을 만큼 성장하지 못했고 모든 교회도 그것을 알고 있다. 보기 드문 전통의 옹호자이자 스스로 책임을 자각하는 모든 교회의 가장 큰 임무는 참고 견디는 것이었다.

예수의 탄생이 너무 이른 것은 아니었다. 왜냐하면, 인간으로서의 궁극적인 완성과 완전한 희생을 실제로 보여주는 것 외에 인간에 대한 자기개선의 욕구와 언젠가 예수를 닮고자 하는 희망을 심어주는 것은 불가능했기 때문이다. 예수라는 불꽃은 불로써 정화될 수 없는 거대한 장작의 아주 작은 일부의 불씨에서 비롯된 것에 지나지 않는다. 이 장작은 활활 타올랐을 때 세상을 비추게 될 것이다.

애초 예수의 제자들은 나무가 마르기만을 기다리면서 희미한 불꽃을 보존하고 지켜야만 했다. 예수의 가르침은 세상에 감명을 주기에 너무도 간결하고 심원했기 때문에 2천 년의 세월이 흐른 지금까지도 찬란한 그림이 필요로 하다. 인류는 결국 유년 시대, 그림책을 읽을 단계에서 거의 벗어나지 못한 것이다. 때로는 교회가 다른 이야기를 통해 온갖 이미지를 인용하여 스스로 세상 속에 그것을 받아들였다고 해도 누가 비난할 수 있겠는가?

모든 종교적 전설은 미덕과 약점이 함께 증폭되면서 상징화된 비현실적 세계를 지향하는 인간의 공통된 열망에서 비롯된다. 이런 전설은 환경과 풍토, 그리고 현존하는 모든 조건이 상상력에 불과한 특정에서 온갖 형태를 빌리고 있다. 수천 년 동안 이런 전설들은 변형되고, 미화되어 매력을 잃어갔다.

모든 전설을 만들어 낸 독특한 착상의 흔적은 다종다양한 모든 종교에서 쉽게 찾아볼 수 있다. 이 독특한 착상이야말로 사상가들의 정신적 혈연관계가 존재하고 있다. 이 관계는 때론 매우 소원한 것이기도 하다. 그러나 종교는 수세기의 시대를 걸쳐 질식할 것만 같은 본래의 주체성을 해방함으로써 이 관계를 온전히 확인하는 방향으로 나가야 한다. 종교의 통일은 인간에게 잠재된 신성한 것, 보편적인 것 속에서 추구해야 하는 것으로 교리에 있는 인간적인 것 속에서 추구해서는 안 된다.

CHAPTER
13

종교

−자기를 고양시키는

노력의 가치를 확신하기 위해

1

내면적
'인간으로서의 부름'에 이끌려

잭 런던의 위대한 소설에 등장하는 개처럼 인간은 '야성의 부름'과 '인간의 부름' 사이에서 갈등하고 있다. 야성의 부름을 따를 때 개는 감정적인 노예 상태를 버리고 조상으로부터 물려받은 본능이라는 가장 강력한 목소리를 따르고 있는 것에 지나지 않는다. 그렇다고 이 개가 타락했거나 배신을 한 것도 아니다. 왜냐하면, 개는 더는 진화를 포기했기 때문이다. 이 개의 운명은 개가 되는 것, 즉 인간을 열렬히 사모하며 개에게는 신적인 존재인 인간에게 애정과 충성의 최고 증표를 보여주는 동물이 되는 것이다.

인간은 자신의 '육체적 목소리'가 명확하고 단순하며 자연스러운 것이라고 여겨질 때는 갈등을 겪게 된다. 그러나 그 순간 그는 이 목소리의 특징을 갖추고 있는 행위는 무엇 하나 나쁘지 않다고 간단하게 자신을 설득하고 만다. 이런 초보적인 반론은 결국 서서히 자신을 해방하고자 노력하는 인간을 또다시 원래의 노예 상태로 되돌리게 되지만, 개중에는 이 점을 깨닫지 못한 채 이 반론을 지지하는 유물론의 교리도 있다.

이와 반대로 '인간의 부름'을 따르는 길은 필요 이상으로 가혹하다고 여겨지는 경우가 많다. 이 길은 인간에게 너무나도 인간적일 뿐이지만 사람들은 그것을 비인간적이라고 착각하게 된다. 인간은 어째서 자신이 '자연'의 쾌락을 거부해야 하는지를 이해하지 못하고 이해를 하더라도 그것이 종교 이외의 것이라면 명확하고 단순한 형태라 해도 자연스러운 모습으로 보이지 않는다. 그러므로 신앙과 인간의 존엄에 대한 선천적인 감정이 없는 경우 오랫동안 주저하지는 않는다. 그는 선택조차 하지 않은 채 굴복하고 본능에 맹종하고 추락하여 진화의 길에서 벗어난다. 가령 선악의 감각이 있으면서도 고의로 악을 선택한다면 그것은 배신이 된다.

분명 현 단계의 진화에서 우리는 아무리 엄격해도 심하게 엄격할 수는 없다. 우리는 미래의 언젠가 뛰어난 종족이 되기 위한 변화의 입구에 서 있으며 앞으로 수백 세기에 걸쳐 영속적인 노력이 필요하게 될 것이다.

완전한 인간의 존재가 신화가 아니라는 것을 다시 한 번 생각해 주기 바란다. 그런 인간은 예수라는 개인 속에 존재했다. 또한, 몇몇 예언자와 순교자들처럼 완전한 성에 도달하기까지 한 걸음만 남은 사람들도 있지만, 그 수는 인류 전체와 비교했을 때 극히 일부다. 개선이 필요한 것은 바로 인류이다.

이미 이런 사람들을 극히 드문 '과도기의 형태'로 비유했다는 것, 그리고 이 형태가 결국에는 지구를 뒤덮게 될 안정된 종(種)의 발생을 수백만 년 전에 예고했다는 것을 떠올려 주기 바란다. 동시에 전통 덕분에 진화 프로세스가 크게 단축되었다고는 하지만 여전히 이 프로세스는 오랜 시간이 필요하고 그 시간을 단축하게 할 수 있는 것은 동포들의 개선을 위해 노력하는 개인적인 헌신 외에는 결코 없다는 사실을 기억해 주기 바란다. 누구나 자기 자신을 전도자라고 간주한다면 진화의 길에 있어 이 최후의 변화는 더 급속한 것이 될 것이다. 그렇게 된다면 목적은 달성된 것이나 마찬가지라고 해도 과언이 아니다.

최근 수세기의 노력을 통해 인간은 스스로 순수함으로 인간적인 능력에서 비롯되는 숭고한 희열을 서서히 음미할 수 있게 될 것이다. 그리고 이 희열은 인간이 다른 생물에게 추방될 먼 그날까지 지속할 것이다.

진정한 예언자와
거짓 예언자

우리의 감각적 쾌락에 대한 집착은 인간의 최초 기원을 떠올리게 해 주는 것으로 인간으로서의 진화가 여전히 초기 단계에 있다는 것을 증명할 뿐이다. 그리고 특정 사람들이 이런 생리적 예속상태에 반기를 들어 왔다는 사실은 무언가 다른 것이 인간 내면에 존재한다는 증거이다.

최고로 자유로운 것이 인간의 특징이며 그래야만 인간 스스로 정신적 운명을 지배할 수 있다. 그러나 이런 자유가 확립된 것은 누가 뭐래도 자신을 얽매고 있는 사슬을 끊고자 하는 의지 덕분이다. 그전까지는 그 어떤 생물도 이 사슬을 의식하지 않았다. 이것이야말로 인간 운명의 존재와 그 현실성의 증명이다. 인간은 더 이상 엄격한 물리적, 화학적 결정론에 복종하는 존재가 아니다. 그런 결정론은 인간을 개미나 미생물만큼 개체로서의 중요성이 없고 무책임하며 사물의 식별조차 할 수 없는 하나의 입자 수준까지 추락시키고 만다.

만약 인간이 자신에게 주어진 특권을 이용하지 않고 그 역할의 위해함을 이해하지 못한다면 인간은 인류 이전의 열등했던 형제처럼 맹목적으로 종을 연명시키는 데 그치고 말 것이다. 그리고 그와 그의 열등한 형제들과의 차이는 형태적인 특성만 되어 자신의 임무를 절반밖에 해 낼 수 없게 된다. 사람은 여전히 진정한 '인간' 이라 불릴 수 있을 만큼의 권리를 획득하지 못한 채 통계학적으로 존재하는 것에 불과하다. 자기 노력의 가치를 확신하지 않는 한 인간은 진보적인 존재라 할 수 없다.

이 노력의 가치라는 사고는 결코 새로운 것이 아니다. 그것은 기독교에서도 찾아볼 수 있다. 종교적인 정신은 우리의 내면에 있으며 종교에 선행하고 있다. 종교의 임무는 예언자나 비법을 통달한 사람들과 마찬가지로 종교적 정신을 해방하고, 인도하고, 발전시키는 것에 있다. 이 신비로운 동경은 인간의 본질적인 특징이다. 그것은 우리의 영혼 깊숙한 곳에 머물며 마치 산소처럼 자신을 진정한 신비주의로, 신앙으로 바꾸어 줄 사건이나 인물을 기다리고 있다. 거짓 예언자와 거짓 교리가 진정한 예언자나 교리와 마찬가지로 대중의 마음을 사로잡고 수많은 헌신과 영웅 숭배와 희생정신을 불러일으키는 것도 그 때문이다.

그렇다면 대체 어떻게 진정한 예언자와 거짓 예언자를 구별할 수 있을까? 그러기 위해서는 지금까지 제안한 기준을 이용하면 된다. 거짓 예언자는 진화에 반하는 교리와 진화를 고려하지 않은 교리, 다시 말해 인간의 존엄과 자유의 가치를 염두에 두지 않는 교리를 가르친다.

이미 앞에서 말했던 것처럼 개인에게 있어 노력이란 원인을 막론하고 중요하다. 우리는 마음속에 있는 것을 통해서만 자신을 고양할 수 있다. 너무 특이하여 가장 많은 비판을 받아 마땅한 종교, 또는 주물숭배조차도 순교자가 있다. 이 순교자들은 모두 인간에게 공통적이다. 종교를 위해 죽음을 선택한 것이고 그 열정이 진정한 예언자에 의해 이용되고 인도되었다 해도 그것은 그들의 잘못이 아니다. 이 사람들은 모두 자신들의 마음속 깊이 뿌리박힌 이상, 다시 말해 그들의 것이자 우리의 것인 유일한 하느님을 위해 죽은 것이다. 따라서 그 어떤 종교적 의식이라도 그것이 아무리 기괴하게 여겨지더라도 경의를 표하지 않으면 안 된다.

우리가 숭배하는 것은 의식이 아니라 그것을 기원하는 사람들의 성의이다. 의식이란 인간의 내부에 그런 보편적인 능력을, 때로는 아직 애매하고 혼란스러운 부분이 있기는 하지만 인간을 동물에서 떼어내 '조물주'에게로 다가가게 하는 능력을 발전시켜 나가기 위한 구실에 불과하다. 이 세상에는 항상 온갖 의식이나 교회와는 상관없이 종교적인 정신이 존재해 왔다. 따라서 믿고, 무제한으로 숭배하고, 전면적인 숭배 속에서 자신을 낮추고,

상상할 수는 있지만, 손에 닿지 않는 이상을 향해 접근함으로써 자신을 고취해 나가고자 하는 욕구가 존재하게 된 것이다.

이런 욕구는 신성한 기원을 가지고 있다. 왜냐하면, 그것은 보편적이자 누구에게나 같은 것이기 때문이다. 이와 달리 온갖 다양한, 그리고 흔히 불관용적인 종교와 교리와 독단은 인간의 결과물이며 그 특징은 확연하다.

2
최선의 길이라고 확신하며 오르는
'유일한 정상'

위대한 철학자이며 캔터베리 대주교인 윌리엄 템플박사는 대담하게 이런 글을 남겼다.

"하느님이 오로지 종교에만 관여하고 있다는 착각은 물론이고 주로 종교에 관여하고 있다는 생각조차 대단히 큰 착각이다."

모든 종교는 그 형식과 예배의 구체적인 양식, 상징에 대한 인간적 해석의 측면에 있어 서로 대립하고 있다. 그러나 하느님의 존재, 미덕, 도덕에 대해서는 모두 다 일치한다. 순결한 선, 아름다움, 신앙은 곳곳에서 존경을 받고 있으며 이런 것이야말로 모든 것을 지배해야 마땅하다. 따라서 물질적인 우연성에서 해방되어 높은 이상을 지향하는 사심없는 노력의 필요성을 인정하는 교리에 대해 비난할 수는 없다. 사람은 자기 내면에 있는 것을 발달시키고 자신 스스로를 정화하고 개선하여 예수라고 하는 완전한 이상에 다가가는 것이 중요하다는 것을 이해해야만 한다. 그 외의 것들은 모두 이차적인 것이다.

어떤 종교를 믿든 간에 우리는 계곡 바닥에 있으면서 다른 산봉우리를 압도하며 우뚝 솟은 눈 덮인 정상을 오르고자 하는 사람과도 같다. 모두가 똑같은 목표를 지향하며 오르고자 하는 정상이 한 곳밖에 없다는 것은 일치하고 있다. 그러나 서로 가는 길이 다를 뿐이다.

누군가가 안내역할을 하고 나서면 우리는 그 뒤를 따른다. 어떤 안내자는 이 길을 선택하고, 또 다른 안내자는 다른 길을 선택한다. 누구나 자신이 선택한 길이야말로 최선의 길이라 확신하며 모두 다 진지하다. 안내인의 뒤를 따르는 우리는 단 하나의 목표를 향하고 있지만 서로 다른 지점에서 출발한 집단이 도중에 만나더라도 서로 힘을 합치지 않고 최선의 길을 선택한 것이 자신들이라는 것을 상대에게 알리기 위해 때로는 모욕적인 언사나 돌을 던지기도 한다. 그러나 쉬지 않고 계속 오르다 보면 언젠가 모두 다 정상에서 합류할 것이고 그렇게 되면 정상으로 오르는 길이 서로 다른 것은 큰 문제가 되지 않는다는 것을 서로 잘 알게 될 것이다.

종교는 형식이 서로 다르고 외적 조건의 제약을 받으며 지역에 따라서도 차이가 발생한다. 풍습과 민족과 전통에 맞춰 적응하게 되지만 이 모든 것은 하나의 보편적인 법칙 하에 이루어지고 있다. 초자연적인 것으로부터 발생하는 이 법칙이 각 종교의 존재 이유가 되는 것이다.

불관용은 불이해의 증거이다. 선택된 지적인 사람들은 종교에 합리적인 기반을 추구하지만, 대중은 감정적인 것만으로 만족하고 자신들을 지도해 줄 것이라고 여겨지는 사람에게 본능적으로 얼굴을 돌린다. 그것은 마치 양들이 양치기의 제시에 맹목적으로 따르는 것과 비슷하다. 만약 잘못된 방향이나 위험한 방향으로 가게 되면 재난을 겪어야 하는 것은 바로 그 무리이다.

그러므로 중요한 것은 무조건 따르는 것이 아니라 개개인의 노력이 필요하다는 것을 어떻게든 대중들에게 알려야 한다. 또한, 지도자는 이런 개개인의 노력을 끌어내는 것이 그들의 임무라는 것을 이해할 필요가 있다.

고독한 '자아'와
'상식'이라는 족쇄

신앙심을 기르거나 삶의 방향을 정하는 데 있어 필요한 요소를 자신의 내면으로부터 발견한 사람은 행복하다. 이 책은 그런 사람들에게는 필요하지 않고 그들을 위해서 쓴 책도 아니다. 그러나 그와 달리 합리적인 자아와 감정적, 종교적 자아와의 조화가 이루어지지 않은 사람들도 많다. 그런 사람들은 불행하며 이 책은 그런 사람들을 위한 책이다.

지적인 사람들 대부분은 자신이 버려진 인간이라 여기고 있다. 그들의 마음은 불안정하고 해결하지 못한 문제들로 산적해 있다. 그들은 더 이상 설명을 요구할 기력조차 없어 때로는 완전히 지쳐 자격조차 없는데도 불구하고 도덕적 성격과 단순히 직업적 성실함 때문에 신뢰를 받는 사람에게 상담한다. 그러나 상담을 해 주는 쪽도 안타깝지만, 자문자답만 하는 사람이며 모두가 다 그런 것은 아니더라도 대부분이 고뇌에 찬 삶을 살아가고 있다. 그것은 마치 밤에 숲에서 길을 잃고 도움을 청하기 위해 본능적으로 손을 뻗는 아이와 같다.

　과학의 후광을 입어 자각이 없고 허영심으로 가득한 사람들은 과거에 인류를 인도했던 정신적 광명은 비현실적인 것이라고 거짓 주장을 하면서 애매한 상징으로 둘러싸인 불투명한 장막을 치고 그 '광명'을 감춰 버렸다. 중요한 것은 그 빛이 인간으로서 나아가야 할 방향을 비춰 주었다는 사실이며 아무리 그 광명 자체가 자신들의 능력 밖의 것이라 해도 이 현실을 부정할 수 없다는 사실을 그들은 이해하지 못했다.

　절대적인 결정론과 인과론은 이후 지식의 발전으로 많은 제약을 받았지만, 그 방향의 대가들은 논쟁의 여지가 없는 성과를 거둔 하나의 '원인'을 아무런 근거도 없으면서 부정해 버렸다. 단편적인 지식에 취한 이런 소수의 과학자 무리는 오만하게도 합리적이지 않은 것은 모두 사라질 것이라고 여기며 그런 것이 없더라도 인류는 살아남을 수 있다고 판단했다. 그들은 자신들이 신봉하는 과학이 머지않아 송두리째 뒤집힐 것이라는 사실을 꿈에서조차 상상하지 못했다.

　이런 과학자들을 만족하게 하는 공식과 방정식은 대중에게는 아무런 의미도 없다. 수학의 신비는 설령 그것이 반론의 여지가 없는 것이라 할지라도 결코 대중의 마음을 사로잡을 수는 없다. 마치 회화의 화학적 분석이 그 그림에서 느낄 수 있는 미적 인상을 전해 주지 못하는 것과 같다. 실의 세계와 양의 세계 사이에는 과학이 가교 역할을 할 수 없는 심연이 존재하는 것이다.

성실하고 정직한 사람들이 높고 숭고한 목표라는 관념에 대해 거부반응을 보인다는 것은 인정하지만 그 밖에도 직시해야 할 실제적인 측면이 있다. 그것은 이성적이라기보다는 감정적인 반응을 보여주는 사람들의 행복과 마음의 평온, 그리고 육체적인 괴로움을 맛본 사람들의 희망과 포기라는 측면이다. 이런 사람들이 대다수를 차지하는 이상 그들을 무시할 수는 없다. 동시에 합리적인 사고방식을 도입함으로써 정신적인 관념을 건설적인 이론체계로 바꾸어놓을 수 없는 한, 그리고 유물론적 태도가 취향의 문제로 머무르는 한 인간은 이 문제들에게서 등을 돌릴 권리가 없다.

화학적인 태도는 소수자의 권리이며 그것은 어느 시대에서나 몇몇 위대한 정신을 가진 사람에게 하느님의 필요성을 인정하게 했다. 종교와 정신적 사고는 인간의 가장 깊은 갈망에 뿌리를 내리고 있다. 그러나 이 두 가지 외에는 평범하고 그릇된 태도, 서글플 정도로 미와는 거리가 먼 태도만 남게 된다. 흔히 말하는 상식이 바로 그것이다.

아쉽게도 상식은 인간이 관여하는 정신적 진화의 촉매로 작용하거나 그 진화를 촉진하기에는 충분하다고 할 수 없다. 게다가 상식이 진화의 도구가 된 적은 단 한 번도 없다. 상식이란 실리적, 이기적인 사고방식으로 인간의 진보에서는 전혀 가치가 없다.

지금까지 살펴본 것처럼 그것은 과학적인 허울 하에 우리를 자주 혼란스럽게 할 뿐만 아니라 경험상의 사실과 피상적인 인간적 논리에 근거하는 경우가 많아서 그 바탕을 이루고 있는 요소와 마찬가지로 약점이 있다. 경험의 틀 밖에서 자력으로 발전할 수가 없다.

그러나 이것은 오히려 다행스러운 일이다. 왜냐하면, 가령 상식이 보편적인 것이라면 그것은 인간의 정신적 발전의 종말, 다시 말해 진화의 종말을 의미하기 때문이다. 그렇게 되면 우리의 향상심과 이상을 지향하는 노력, 눈앞의 이익을 무시하는 행동이 막히고, 조건 없는 도전조차 금지되고 만다. 상식은 결코 영웅적인 행위라 할 수 없다.

만약 상식이 최고로 발달한다면 미덕이 그 빛을 발할 기회는 거의 없을 것이다. 하느님은 마치 이런 안타까운 상태에 대비하기 위해 상식을 꺼렸던 것처럼 느껴진다. 물론 음식에 소금이 필요하듯 어느 정도의 상식은 필요하다. 그러나 지나친 것보다는 차라리 없는 것이 훨씬 더 얻는 것이 많다.

3
인간의 지적 발전에 있어서
'지도자'의 역할

인간을 개별적으로 지도하거나 돕는 것이 불가능한 이상, 우리는 어떻게 해서든 지도자를 양성하지 않으면 안 된다. 또한, 지적인 자질은 모두에게 평등하게 분배되어 있지 않기 때문에 양심에 접촉하기 위해서는 두 가지 서로 다른 방법을 준비해야만 한다.

첫 번째 방법은, 과학적 사실에 대한 가장 타당한 해석과 달성해야 할 목표에 대한 정확한 지식에 근거하고 있다. 두 번째 방법은, 인간의 심리에 관한 지식과 정서적인 관념의 중시에 근거하고 있다. 전자는 미래 세대에게 방향을 제시해 주어야 할 책임이 있는 교사의 육성을 위해 이용해야 할 것이다. 후자는 지적이라기보다는 오히려 감정적인 방법으로 지도자가 대중의 마음을 깨닫게 하는 데 도움을 줄 것이다.

아주 오래전부터 온갖 종교가 이 둘을 구별하기 위해 노력했다. 그리고 대중들에게는 제자들을 위한 비밀 교리와는 달리 통속적인 교리를 만들어 냈다. 그러나 우주에 대한 그 지식은 너무나 엉성하고 관념 대부분에 착오가 있었다. 반면 그 종교가 그려내는 신화 대부분이 공상적이었기 때문에 균일한 교리를 전혀 만들어 내지 못한 채 속임수에 의존할 수밖에 없었다.

그러나 이제는 사정이 바뀌었다. 우리는 조화를 이룬 우주를 연상할 수 있으며 그 법칙은 우주와 모순되지 않고 우리의 직관적, 종교적인 동경을 더욱 강하게 해 주고 있다. 따라서 우리는 우리의 가르침을 마음의 준비가 된 대중에게 적용시킬 수 있다.

진실은 유일하지만, 지능은 사람에 따라 다르다. 어떤 사람에게는 자명한 일이라도 다른 사람에게는 명료하지 않거나 받아들이기 어려운 경우도 있다. 과학의 거대하고 급속한 발전과 끝없이 증폭되는 위선에 의해 창출된 곤란을 종교가 언제나 극복할 수 있었던 것은 아니다.

절대적인 교리와 비타협적인 해석을 방패 삼아 지키고자 했던 종교도 있었다. 이런 종교는 진보를 거부한 채 불안한 상태에 머물렀지만 이런 상태는 결코 오래가지 못했다. 또 한편에서는 뛰어난 지도자가 없는 탓에 인류와의 접촉이 필요하다는 구실로 도덕의 영역에서는 불가결한 절대론과 타협하는 잘못을 범한 종교도 있다. 종교가 진화해야 하는 것은 이런 방향이 아니다. 그러나 사람들은 속지 않았기 때문에 특정 종교의 권위가 큰 상처를 입기도 했다.

종교와 과학의 공존
─상호 이해를 통해 약점을 극복

        종교와 과학 사이에 대립이 없다는 것을 확신할 수 있다면, 또한, 지적이고 합리적인 자아가 감성적이고 직관적인 자아와 항상 충돌하지 않는다면, 사람은 아무리 가혹한 규율이라도 받아들일 것이다. 무엇이든 이해하는 것이 중요하다는 그릇된 사고방식이 교육을 통해 인간에게 강요되기 전까지는 이성과 감정의 중개를 할 필요가 없었다. 그러나 대다수 사람이 자신이 이해할 수 없는 진리를 거부하는 지금 이 사실은 고려해야 할 문제이다.

    정신적으로 신성한 진리는 이성의 손길을 벗어나는 것이며 더 직관적인 형태로 인식돼야 한다는 설명은 수많은 사람을 도저히 이해시킬 수 없다. 나라에 따라서는 5살부터 15살이라는 정해진 시기에 학교에서 직관을 키울 수 있는 소지가 너무나 심각하게 손상된 경우도 있다. 비판적인 감각을 갖추고 선천적인 신앙심이 부족한 인간에게는 합리적인 설명, 즉, '받아들일 수 있는 교리문답'을 줘야 하고 과학적 사실과 종교 사이에는 아무런 모순도 없다는 것을 이해하는 것이 가장 중요하다. 물론 그러기 위해서는 교육자와 과학자의 긴밀한 협력이 필요하다.

    도덕에 관심을 쏟고 있는 불가지론자 중에 중요한 것은 도덕적인 법칙을 존중하게 하는 것이기 때문에 현실적으로 이것만 잘 된다면 특별히 종교 때문에 걱정할 이유가 없다고 주장하는 사람도 있다. 이런 태도는 심리학적인 관점의 결함을 드러내고 있다. 왜냐하면, 인간은 도덕적인 법칙의 기원을 알지 못하면 그 법칙의 유효성에 대해 끝없이 의문을 품기 때문이다. 또 이런 태도는 정작 중요한 문제에 대해 완전히 오해하고 있다는 증거이기도 하다. 도덕적인 법칙의 목적은 인간을 내부로부터 개선하여 도덕적인 생각을 품게 하는 것이지 인간에게 도덕적인 행동을 하게 만드는 것이 목적이 아니기 때문이다.

개인의 행동이 깊은 내면적 개선의 증명이 아닌 한 그것은 인위적, 관습적, 일시적인 구속에 불과하며 어떤 힘이 작용하기만 하면 당장 사라지고 말 것이다. 일방적으로 강요당한 도덕적 법칙은 아무리 그 가치가 훌륭하다고 해도 인간이 과거로부터 물려받은 동물적 충동에 승리할 수 없다.

4
다가올 뛰어난
종족의 선구자

작지만 안정된 지위에 만족하는 현명한 교양인 중에는 모든 면에서 자신들보다 운이 좋은 다른 사람에 대해서는 종교의 필요성을 인정하지 않는 사람도 있다. 그 태도는 180센티가 채 되지 않는 허들을 쉽게 뛰어넘는다는 이유로 그런 허들을 주로에 설치하는 것을 용납하려 하지 않는 운동선수와 비슷하다.

이렇게 행복하고 덕망이 높은 사람은 자신이 세계 챔피언과 마찬가지로 예외적인 존재라는 것과 만사가 순조롭게 진행되는 것이 도덕적 측면에서의 안정 상태와 건강, 근심이 없는 생활 덕분이라는 사실을 잘 모르고 있다. 그는 자신이 현대 사회에서는 거의 변종과도 마찬가지라는 사실을 깨닫지 못하고 있다. 이런 사람은 종교적 의무와 마찬가지로 해야 할 임무가 있으며 그 도움이 없으면 인류가 순식간에 추락해 버린다는 사실도 모르고 있다.

인간은 형태학적인 면에서 진화가 멈췄다고 여긴다. 그런 관점에서 본다면 인간이 자신에게 부여한 역할을 다하는 길은 한 가지밖에 없다. 그것은 바로 자기 자신을 하나의 규범으로 확립하고 그것을 통해 도덕적인 이상을 확산하고 가능하다면 그것을 개선, 정화해 나가는 것이다. 이것이 가능한 것은 그런 사람과 그를 닮은 사람들뿐이다. 아이들을 교육해 젊은 지력과 고차원적 감정을 형성한다는 훌륭한 역할을 정부로부터 임명받은 사람들에게 이 책임을 전면적으로 전가할 권리는 없다. 교사에게 맡겨진 임무는 자신들이 배웠던 전통을 그대로 전하는 것이다.

몇몇 훌륭한 예외를 제외하면 교사들은 경제생활과 사회생활의 현실적 패턴을 구성하는 표준적인 요소를 완전하게 자신의 것으로 소화하지 않은 채 그대로 복사하듯이 가르치고 있을 뿐이다. 불행하게도 이런 패턴은 문화와 과학의 시대에 뒤처진 발전 상황을 반영하는 경우가 많다. 교사의 무기력함 탓에 확실하게 잘못이라고 증명된 것들이 수세대에 걸쳐 악영향을 끼치고 있는 나라까지 있다. 현실적으로 과학의 진보는 실질적인 응용으로 가능할 수 있고 거기서 발생하는 철학적 사고의 진화로 가능할 수 있는 것이 아니다. 그럼에도 불구하고 철학적 사고는 과학의 응용보다 중요하다. 철학적 사고는 과학의 진정한 목적이며 또한, 당연히 그래야 한다.

이렇듯 눈에 보이지 않는 왜곡을 바로잡아 미래에 그것을 피하는 방법을 모색하는 것은 직업과 상관없이 교육을 받은 도덕적으로 진화된 사람의 사명이다. 이것을 게을리한다면 인류의 진화에 공헌하기는커녕 아마도 금방 기억에서 사라질 일밖에 할 수 없을 것이다.

그렇다면 그에게는 무엇이 필요할까? 그에게 요구하는 것은 사실 아주 작다. 그에게 능력이 있다면 생각하거나 믿고 있는 것을 말하고 써야 한다. 부정과 만났을 때는 그것과 맞서야 한다. 양심의 진화에 없어서는 안 될 개인의 자유는 옹호하고 위선적이고 사악한 것이라 여겨지는 행동을 하는 인간의 가면을 벗겨내야 한다. 만약 글재주가 없다면 충분히 사색하고 자신의 생명의 양식인 도덕적 자질을 다른 사람들에게도 심어 줄 방법을 찾아야 한다. 인간적 존엄 관념과 그것이 책임지고 있는 의무 관념을 주변에 퍼뜨려야 한다.

만약 하느님을 믿는다면 그것을 공언하고 그 이유를 설명하면 된다. 만약 신앙심이 없다면 과연 무엇이 종교를 대신할 수 있을지에 대해 솔직하게 자문하면 된다.

꼭 그 사람이어야 한다는 그런 사람은 없다. 또한, 전혀 도움이 되지 않는 사람도 결코 없다. 그 사람이 얼마나 유익할지는 본인의 의지에 달려 있다.

완전한 악인이 되는 것은 쉬운 일이지만 완전한 선인이 되는 것은 매우 어려운 일이다. 그러나 중요한 것은 성실한 노력뿐이라는 사실을 잊지 말아야 한다. 육체를 통과하는 동안 그 영혼이 완성된 사람들, 자기 자신이라는 전쟁터에서 펼쳐진 육체와 정신의 싸움을 충분히 이해하는 사람들, 물질과 싸워 이겨 승리를 거둔 사람들, 그런 사람들만이 진화하는 인간집단의 대표자이자 다가올 위대한 종족의 선구자이기도 하다.

자연도태의
새로운 기준

CHAPTER

14

하느님과
인간의 사이에서

-인간이 '원래' 품었던
'꿈의 실현'

1

시각화할 수 없는
'하느님' 이란 존재

하느님의 모습을 떠올리고자 하는 모든 시험은 다 유치한 이야기다. 우리가 하느님을 상상할 수 없는 것은 전자를 상상할 수 없는 것과 마찬가지다. 그러나 단순히 하느님의 모습을 떠올릴 수 없다는 이유만으로 하느님을 믿지 않는 사람이 많다. 하느님을 연상할 수 없다고 해서 하느님이 존재하지 않는다는 증거가 될 수 없다는 것을 망각하고 있다.

그것은 그들이 전자의 존재를 확신하는 것을 생각해 본다면 알 수 있다. 오늘날 우리는 그 결과를 통해서만 인식할 수 있는 실체를 교묘하게 이용하는 습관이 있다. 입자와 전자, 양자, 중성자 등이 그렇다. 이것들은 개체로서는 결코 상상조차 할 수 없고 이 분야를 전문으로 하는 물리학자는 이 개체들의 모습을 연상하고자 하는 모든 시도를 '금지' 하고 있다.

그렇다고 해서 곤란을 겪는 사람은 아무도 없고 그 존재가 일순간이라도 의심을 받은 적도 없다. 왜냐하면, 과거의 성직자들과 필적할 만큼 자신만만한 오늘날의 물리학자는 이런 입자가 없다면 우리의 물질적 대상, 우리가 이용하는 모든 힘 -즉 무기적인 우주 전체- 은 일관성을 잃고 이해할 수 없는 것이 되어 버린다고 단언하고 있기 때문이다.

이런 입자가 우리의 세계와는 다른 시간적, 공간적 가치를 가진 세계에서 운동하고 있다는 점을 잊어서는 안 된다. 앞에서 살펴본 것처럼 하나의 전자는 3차원의 공간(우리와 같은 세계)에서 움직이고 있지만 10개의 전자는 3차원의 공간(전자 하나마다 3차원이니)이 필요하다. 이것은 결코 상상할 수 없는 이야기다. 그러나 막연하고 기묘하더라도 이런 요소들이 실존하고 있다는 것은 이제 널리 알려져 있어 아무도 의심하지 않는다.

하느님의 존재를 가정하지 않는다면 살아 있는 유기적 우주의 전체상은 이해할 수 없지만, 불가지론자나 무신론자는 이런 사실에도 전혀 흔들리지 않는 것처럼 보인다. 그들은 자신들이 거의 알지 못하는 어떤 물리적 요소를 믿고 있으며 그것이야말로 비합리적인 신앙의 특징임에도 불구하고 정작 본인들은 그것을 전혀 깨닫지 못하고 있다.

개중에는 여전히 우직한 언어 표현의 노예가 되어 있는 사람도 있다. 나는 그 증거로 책을 출판한 뒤 한 통의 편지를 받은 적이 있다. 그는 내게 '반우연(反偶然)'이라는 말을 '하느님'이라는 말로 바꿔놓았다면서 심한 비난을 퍼부었다. 그의 말에 따르면 반우연이라는 말은 충분히 만족할 수 있지만 '하느님'이라는 말은 "사전에서 지워 버리고 사용을 금지해야 한다."고 주장했다.

그러나 과학적인 정신을 가진 교양인에게 있어 '반우연'이라는 말은 충분히 만족스러운 말이 아니다. 이 말은 단순히 우리가 과학이라고 칭하는 지적인 모든 도식(圖式)은 근본적으로 잘못돼 있으며 그로 인해 몇몇 상황을 우연히 예견할 수 있을 정도의 일련의 인위적 규칙에 불과하다는 것을 의미하고 있을 뿐이다.

자신이 주장한 이론이 송두리째 파괴해야 할 발상에 직면했을 때 그것을 겸허히 받아들일 수 있다면 초인일 것이다. 실제로 앞에서 살펴본 것처럼 현대 과학은 최종적으로는 통계학적 개념과 확률계산에 바탕을 두고 있다. 그리고 이 법칙들은 우리의 우주를 구성하는 요소가 완전히 무질서하게 분포되어 있다는 전제조건 하에 있다. 만약 이 우주(사상으로 이르는 생명 세계) 어딘가 필연적 존재의 가능성을 인정한다면 '생명'이 다른 법칙을 따른다는 것을 인정해야만 한다. 그렇지 않다면 우주의 모든 구성은 무너지고 말 것이다. 결국, 생명을 가지고 진화하는 모든 현상의 결정적 요인으로서 우리의 물리적인 우주와는 무관한 비합리적인 작용을 용인해야 한다.

이 작용을 무어라 부르든 간에 크게 문제 될 것은 없다. 그것이 사실이라는 것에는 변함이 없으니까. 과학자들의 관념이 거의 균일한 하나의 전체상으로 모이기 이전, 즉 '거짓'의 가능성이 이론상 상상의 결과에 지나지 않고 그 자체가 하나의 필연으로써 강요되지 않았던 시대에 이 작용은 저 유명한 물리학자의 수학적 업적을 기념하여 '맥스웰의 마법'이라 불렸다. 그것을 훗날 에딩턴이 '반우연'이라 명명했다.

우리는 현재 생명과 진화의 연구 덕분에 이 반우연의 활동이 논리적 필연이라는 것을, 그리고 그것이 결국에는 인간의 사상과 양심에 이르는 '금지된' 상승방향 속에서 항상 또렷하게 드러난다는 사실을 인정하지 않을 수 없다. 그러므로 우리의 지적 유희와 관념에 혼란을 일으키는 이 요인에 대해 인간의 지성으로 필요하지만, 설명이 불가능한, 인간의 손아귀에서 벗어난 모든 요인에 태곳적부터 부르던 이름, 다시 말해 '하느님'이라는 이름을 붙인다고 해서 결코 문제 될 것이 없다.

앞에서 말했던 편지의 반론은 중세의 불관용이 부분적으로는 변했지만, 완전히 사라지지 않았다는 것을 증명해 주고 있다. 그가 이성이라는 명목으로 자신의 유치한 확신을 남들에게 강요할 수 있을 정도의 권위가 없었다는 사실에 감사해야 할 것이다. 또한, 이 편지에서는 특정 '자유사상가'가 생각하는 자유의 관념이 독재자의 사고방식과 이상하리만큼 닮았다는 것을 확실하게 알 수 있었다.

하느님이라는 관념에 대해 구체적으로 설명하는 것은 불가능하다. 그러나 하느님이 행하는 업적에 하나의 관념을 품는 것이나 하느님을 연상하고자 하는 노력 속에 하느님이 실존한다는 증거를 도출해 내는 것은 가능하다. 왜냐하면, 이런 노력은 주관적인 것으로 물질적인 요인을 전혀 포함하지 않기 때문이다. 그러나 이런 노력의 물질적 결과 속에 하느님이 실존한다는 증거를 도출하는 것은 불가능하다. 왜냐하면, 이런 노력의 결과는 인간이 만들어낸 것으로 감각에서 비롯되어 약간의 왜곡된 형태의 기억을 이용하는 것에 불과하기 때문이다. 이 마지막 문장에 대해 증명해 보기로 하자.

심리적 활동에는
두 가지 형태가 있다

　　　심리적 활동은 서로 다른 두 가지 형태로 나타난다. 하나는 물려받은 형질과 환경에서 비롯된 인상의 결과로 발생하는 주관적인 반응이고, 또 하나는 직접적이든 간접적이든 그 기원을 객관적인 원인에서 찾을 수 없는 심리적인 사실이다. 첫 번째 범주에는 본능, 지능(단, 추상적인 지성은 제외), 그리고 감정이 포함된다. 추상적 관념, 도덕적 관념(의무와 선악의 관념), 정신적 관념(하느님의 관념, 고귀한 이상에 대한 동경)은 두 번째 범주에 속한다.

　첫 번째 범주에는 인간을 물질의 세계와 연결함과 동시에 인간을 모든 생물 세계의 구성단위의 하나로 만드는 모든 관계가 포함된다. 유기적인 존재와 무기물의 관계 대부분은 거의 알려지지 않거나 혹은 완전히 무시되고 있다.

　언젠가 위대한 지성에 의해 그 관계가 해방될 가능성은 있다. 그러나 이 관계가 인간의 우주 도식(圖式)에 영향을 주고 있는 모든 모순이 때로는 우리의 무지와 미숙한 두뇌의 산물에 불과할 수도 있다. 아마도 그 모순은 무기물의 법칙과 유기물의 법칙의 일시적이고 순이론(純理論)적인 대립일 것이다. 이 점에 대해서는 책 서두에서 알아보았다(열역학의 제2 법칙, 그리고 생물에서의 비대칭성의 증가). 이 대립은 우리 개념의 동질성에는 영향을 끼치지만,

사상(事象) 그 자체의 과정에는 아무런 작용도 하지 않는다.

이와 달리 두 번째 범주에는 심적 현상의 모든 요소가 포함된다. 이 요소들은 우리가 '무용의 의사표시'라 부르는 것 속에서 나타나 인간을 감각적인 세계로 직접 연결하지 않고 그것을 초월하여 그 안에 하나의 기반, 다시 말해 영감이 걸작을 지배하는 것과 마찬가지로 감각적인 세계를 지배하는 상상 속의 우주를 추구하는 것이라 여겨진다. 여기에는 추상적 관념, 수학, 기하학의 세계는 물론이고 미적, 도덕적, 정신적 관념의 세계가 포함된다.

추상적 관념은 첫 번째 범주에서 말했던 순이론적 대립의 원천이지만 도덕적 관념은 인간의 자아와 그 물질적 지주인 인간의 육체 사이에 진정한 모순을 불러일으킨다. 서서히 수축하면서 결국은 인간의 계통까지 도달한 생명진화의 거대한 흐름에 우리가 합류할 수 있었던 것은 육체 덕분이다. 그러나 우리는 도덕적, 정신적인 관념에 의해 진화가 당초에 지향했던 완전한 존재와도 이어져 있다.

우리는 인간 이전의 모든 생물과 이어져 있으며 이 유전이라는 무거운 짐을 다방면으로 짊어져야 하지만 또 한편으로는 현재의 인간보다 훨씬 우수한 종족, 마치 병아리가 껍데기를 깨고 석회질의 감옥에서 자유를 갈망하듯 자기 자신을 지금의 인간으로부터 해방하고자 하는 종족의 선조이기도 하다. 과거의 노예 상태임과 동시에 미래를 약속하는 존재이기도 한 것이다. 왜냐하면, 그 심적 활동은 과거의 노예로서의 심적 활동의 경우처럼 우리 개념의 동질성에 영향을 끼치는 것은 물론이고 미래를 형성하기 위한 도구 그 자체이기 때문이다. 이 심적 활동은 우리의 행동을 지배할 뿐만 아니라 진화의 방향을 제시하고 먼 미래 자손들의 삶의 방향까지 결정하는 형질을 준비하는 것이다.

2
하느님의
'계시'에 대하여

인간의 모든 경험과 감각적 인상을 포함한 첫 번째 그룹은 객관적인 것으로부터 비롯되었기 때문에 인간의 표상(表象) 활동을 가능하게 해 주는 유일한 것이다. 표상이라는 것은 감각적인 반응에 근거한 기억, 특히 시각적인 기억이라는 매체를 통해 이루어진다. 후각과 촉각, 청각은 대체로 그것들을 이어주는, 혹은 유추 때문에 환기된 시각적 표현을 동반한다. 따라서 모든 표현은 우리의 환경, 정확하게 말하자면 환경이 만들어 내는 감각적인 기억에서 비롯된다. 단, 감각으로 전달되는 정보는 불완전하고 상대적이며 현실적 우주의 아주 적은 부분만을 망라하는 데 불과하다.

두 번째 그룹은 사실과 인상이 아니라 사실 상호 관계, 다시 말해 추상적인 개념과 도덕관념으로 성립되어 '시각적 표현'에 직접 연관되지는 않는다. 단, 때로 첫 번째 그룹의 소재(감각적인 기억)와 결합하여 간접적으로 그렇게 되는 경우도 있다.

하느님에 대한 모든 표현은 필연적으로 첫 번째 그룹, 인간과 자연의 접촉으로 비롯되는 생리학적인 반응으로 이루어진다.

한편, 하느님에 대한 '관념'은 힘과 에너지의 관념과 마찬가지로 순수한 관념으로 시각적 표현이 필요하지 않고 그런 것이 가능하지도 않다. 이 관념이 형언할 수 없는 비합리적인 직관을 통해 자연 발생적으로 발달할 경우에는 계시라 부른다.

또한, 이 관념은 과학이 제시하는 균질적이지만 가설적인 도식과 이론 체계를 구성할 수 있게 하는 객관적인 표현과의 모순으로 인해 합리적으로 발생하는 경우도 있다. 이 모순에 대해서는 지금까지의 장에서 꾸준히 강조해 왔다.

이런 모순은 특정 시점에서 우리가 깨닫지 못한 사이에 자연과의 일치를 멈춘 과학 자체에서 비롯되는 경우도 있다(이 경우, 나쁜 것은 과학으로 그 균질성은 더는 존재하지 않고 신뢰성을 잃게 된다). 혹은 '자연'이 인간의 균질적인 지성의 유형으로는 더 이상 설명할 수 없는 불균질을 보여주었을 때 발생하는 경우도 있다. 이런 사태가 발생하면 당연히 그것은 과학과 자연과의 불일치를 일으키게 된다.

실제로 우주의 모든 현상은 카르노와 클라우디우스의 원칙을 따라야 한다는 과학의 주장에도 불구하고 그 법칙을 따르고 있다고 여길 수 없는 현상이 발생하고 있다. 이것은 그 과학 자체가 모든 현상을 파악하지 않았다는 것, 그리고 여기에 과학의 보편성의 한계가 있다는 증거이다.

예를 들어 자연 진화의 경우가 그렇다. 자연 진화는 과학에 의해 금지된 방향, 더욱더 확률이 낮은 상태를 향해 전개된다. 과학이 아직 보편적인 것이 아니며 무생물밖에 지배할 수 없다는 결론은 여기서 비롯된다. 만약 과학에 대한 우리의 신뢰가 무기물의 분야에만 국한된다면(그래서는 안 된다는 이유는 전혀 없지만) 과학의 실패에 대한 설명은 단 한 가지밖에 없다. 그것은 자연 그 자체가 일반적으로 믿어왔던 균질이 아니라 무기물과 생명 사이에 과학으로는 설명할 수 없는 한 단절이 있다는 뜻이다. 그러므로 과학 전체를 비난할 수는 없다. 인간과의 관계에서만 말하자면 모든 무생물에 대한 과학은 그 가치가 전혀 손상되지 않는다. 그러나 거기에 생명이 있는 것이 끼어들게 되면 우리가 확립하려 했던 보편적인 과학의 도식과 맞지 않게 된다.

만약 우리가 인간의 이성과 지성에 맹목적인 신뢰를 보낸다면 이런 모순을 인간의 일시적인 무지 탓으로 돌리고 다음과 같이 말할 수도 있다. "늦든 빠르든 간에 새로운 사실과 해석이 나와 현실에 대한 인간의 불완전한 지식으로 비롯된 애매함에도 조명이 비칠 것이다. 과학은 유일한 것이며 과학에서 벗어날 수 있는 영역은 어디에도 없다."

그러나 이렇게 말해 버리면 우리의 합리적, 과학적인 사고를 정지하고 과학에 대한 감정적 신뢰에서 비롯된 희망을 표현하는 것에 불과하다. 또한, 우리는 다음과 같은 사실을 간과하고 있다. 그것은 이미 예를 들어 살펴본 것처럼 이런 모순이 과학의 하찮은 부분들이 아니라 그 바탕이 되는 일련의 기본적 개념과 연관된 이상 지금까지 '신앙'을 비난했던 것과 마찬가지로 과학의 이름으로 인간이 당장에 과학의 모든 구조물을 뒤흔들게 되었다는 사실이다. 또한, 설명할 수 없는 추상적 지성을 대하는 것과 같은 정도로 불합리한 신앙에 의해 과학의 실패를 증명해야 하는 곳까지 내몰리고 말았다는 사실이다.

인간의 '본능'과의
새로운 싸움

교회에서 말하는 하느님의 은혜를 받지 못한 사람들에게는 하느님의 관념은 위와 같은 논리적인 대립뿐만 아니라 다음과 같은 모순에서도 비롯되는데 그것은 당연하고 논리적인 이야기다. 그 모순은 10억 년 이상에 걸쳐 종(種)을 지켜내고자 했던 무수히 많은 사실의 존재가 확인되었음에도 지금 우리는 갑자기 전혀 다른 방향으로 나가려 하는 온갖 상황에 직면하고 있다는 점이다.

"지금까지 너는 생명을 연명하며 자식을 낳을 뿐이었다. 너는 살해하고 음식과 여자를 강탈하여 더 많은 자손을 확보하기 위해 본인의 잠재된 본능을 따르다가 평온한 죽음을 맞이할 수 있었다. 이제부터 너는 이 본능과 싸워야만 한다. 죽이는 것도, 훔치는 것도, 탐욕도 용납되지 않는다. 너 자신을 지배할 수 있을 때 비로소 평온한 죽음을 맞이할 수 있다. 자신 스스로 선택한 이상이 유일한 진실이라는 것을 믿으라는 명령을 받았다면 너는 자청하여 고난을 받아들이고 어제까지는 그 어떤 희생을 치르더라도 지켜야만 했던 네 생명까지 스스로 바쳐야 한다. 사는 것, 먹는 것, 싸우는 것, 자손 번식은 더는 너의 목표가 아니다. 높은 이상을 위한 고통스러운 죽음, 아사, 복종, 정절은 더 고귀한 목표이다. 그리고 너는 고귀해야만 한다. 그것이야말로 네 내면에서 비롯된 새로운 존재의 의지이며 설령 그것이 네 욕망의 재갈이 된다 하더라도 너 자신의 주인으로서 받아들이지 않으면 안 된다."

아쉽게도 이 새로운 존재는 아직 모두의 마음속에 깃들지 않았다. 설령 그렇다고 해도 그 목소리는 아직 매우 미약하다. 이 존재는 인간이 그것을 확실히 인식하고 모두가 자유롭게 그것을 갈망하지 않으면 성장할 수 없다. 노력 없이 피는 꽃은 없다.

3
인간을 역행하는
그릇된 신앙

    종국적 궁극 목적론자의 가설에 따르면 인간은 정신성을 향해 진화를 계속해야만 한다. 인간은 동물적인 반응의 지배는 물론이고 직계 조상으로부터 물려받은 조잡한 관념, 다시 말해 원시적 양심과 그것을 적대시하는 자연과의 최초 싸움의 영향으로부터도 자유로워져야 한다. 모든 본능과 기상조건 속에서 불리한 싸움에 도전하거나 지금까지 없었던 경향과 동경과 욕구가 막 등장한 새로운 세계에 적응하기 위해 흉측한 시험을 했던 과도기의 완고한 기억은 인간의 내면을 여전히 무겁게 짓누르고 있다.

    이 싸움을 위해 인간은 모든 노력을 기울여야만 하고 그로 인해 새롭게 획득한 인간적 존엄의 감옥을 통해 필요한 힘과 고귀한 운명의 증표를 동시에 발견해야만 한다.

하느님의 전능함에 대한 관념을 오해하면 위험하다. 진화에 대한 우리의 지식과 상반된 허무한 숙명론에 빠지기에 십상이다.

이슬람교의 사고방식에 따르면 사람은 벌레와 다를 것이 없는 비인격적인 살아 있는 기계가 된다. 이슬람교도는 사상에 대한 매우 큰 불신감을 품고 있다. 강제된 엄격한 수행을 통해 생각할 능력을 거의 포기한 상태다. 이런 태도는 '전능한 하느님'에 대한 봉사를 가장한 채 실제로는 그에 대한 굴욕적일만큼의 무지함을 보여주고 있다. 여기서는 공포에 질리고 무지로 인한 암흑과도 같은 시대, 다시 말해 미신으로 가득한 과도기의 기억이 상기되고 만다.

당시는 가장 순수한 의도, 가장 잔혹한 본능이 한데 엉켜 있었다. 사람은 자기 자신과 이제 막 모습을 드러내기 시작한 정신의 왕국을 앞에 두고 유사 이전의 조상이 물질 세계의 예견할 수 없는 현상에 직면했을 때와 마찬가지로 주저하는 태도, 깊은 의심으로 불안한 마음을 품고 있었다.

그의 신앙은 피비린내 나는 산제물의 기억으로부터, 하느님의 분노에 대한 끝없는 공포로부터 아직 해방되지 못했다. 사랑과 자비의 가르침은 낡은 감옥 철창에 부딪혀 날개가 꺾이고 말았다. 이 감옥 안에서는 적대시했던 자연의 무수한 신비에 의해 이성적인 시험이 가로막히고 무력적인 것으로 치부되었다. 또한, 당시는 서투른 모색의 시대이기도 했다. 인간은 어둠 속에서 마지막 사슬로부터 자유로워지고자 노력하며 문어발처럼 끈질기게 달라붙어 결국 그 노력을 말살하려는 낡은 굴레와 충돌했다.

자연도태의
새로운 기준

앞 장에서 살펴본 것처럼 하느님은 인간에게 선택의 자유를 주면서 스스로 전능함의 일부를 인간에게 주었다. 인간은 창세기 제2장과 우리의 가설에 의하면 하느님이 바라던 인류라는 종의 도태 도구가 된 진정한 독립을 손에 넣었다. 살아남기 위해서는 더 강하고, 더 활발하고, 더는 육체적으로 잘 적응한 생물이 아니라 도덕적으로 최선이며 최고의 진화를 이룬 생물이다.

이 새로운 초월성은 인간이 자신의 길을 자유롭게 선택했을 때 비로소 드러난다. 따라서 이것은 분명 '창조주'의 전능을 제한하는 것이며 하느님도 선택된 종에 자유를 부여함으로써 최후의 시련을 부과하기 위해 이 제약에 동의한 것이다. 양심을 주고 독립을 손에 넣은 인간은 야수로 되돌아가려는 고통을 인내하며 자신이 그 독립에 걸맞은 존재라는 것을 보여주어야만 한다.

바다에 사는 벌레가 조상인 인간은 이제 미래에 더 뛰어난 생물의 존재를 상상할 수 있게 되었고 그 조상이 되기를 바라는 모습을 보고 하느님의 전능함은 밝혀졌다. 예수는 이 바람이 실현 불가능한 꿈이 아니라 범접할 수 있는 이상이라는 증거를 우리에게 주었다. 그 이상을 달성하기 위한 수단은 본능과 양심과의 오랜 대립, 인간의 존엄성이 걸려 있는 이 일전(一戰)을 통해 드러난다. 이 인간이 가장 바라는 것이 무엇인지는 아직 확실하지 않다. 그러나 진화의 모든 역사는 그것을 생각할 수 있는 가장 위대한 모험과 훌륭하게 결부함으로써 이 바람에 깊은 의의와 가치를 두고 있다.

어쩌면 이런 소박한 반론이 있을지도 모른다. "하느님이 전능하다면 어째서 단숨에 완전한 생물을 창조하지 않았는가? 어째서 이런 시련을 모색하며 길게 시간을 끌 필요가 있는가?" 그러나 이미 제4장에서 모든 것을 인간에 비유하고자 하는 논리, 다시 말해 '미생물적인 견지'에 집착하거나 우주의 모든 사건을 인간 자신의 관찰기준으로 격하해 생각하려는 경향으로 흐르지 않게 독자 여러분에게 경고해 두고 싶고, 이 점에 근거한다면 앞에서 말한 반론에 대해 쉽게 대답할 수 있다.

또한, 관찰기준의 의미에 대해서는 제1장에서 자세하게 설명해 두었다. 그리고 과학적으로 본다면 관찰기준이 현상을 만들어낸다고 장담할 수 있다는 것도 이미 밝혀 두었다.

시간적 개념
― '순간적'이고 '느린' 진화의 속도

그런데 자연 현상은 급속한 것이나 완만한 것을 막론하고 모두 다 복잡하다. 그것은 기본적인 현상이 한 점에 집결하면서 연속적으로 일어난 결과로 관찰자, 즉 인간의 견지에서 본다면 그것이 어떤 모습을 하는지는 이 연속적 현상의 속도에 달려 있다. 매우 느린 현상이라면 관찰자의 눈에는 보이지 않을 것이다. 왜냐하면, 관찰자의 일생은 너무나 짧아 그 현상의 시작, 진전, 결말을 모두 파악할 수 없기 때문이다.

예를 하나 들어보면, 어떤 현상이 2, 3분이나 2, 3시간 사이에 일어나는 것이 아니라 1만 년에 걸쳐 일어난 것이라면, 수명이 고작해야 50년밖에 안 되는 동물은 존재하지 않는 것과 마찬가지다. 그런데 그 현상이 인간에게 존재하는 경우도 있다. 왜냐하면, 개인의 경험은 전통을 통해 계승되기 때문이다. 중간적인 단계를 꼼꼼하게 기록하고 원본과 고문서를 다루는 과학자가 수세기에 걸쳐 지속해서 연구한다면 그들 모두가 자신의 관찰 결과를 기록하는 능력과 기억력이 뛰어난 하나의 인간과 마찬가지인 셈이다. 천문학은 이런 식으로 확립된 것이다.

한편, 직접적으로는 관찰할 수 없는 급속한 현상도 언젠가 관찰자의 감각기관보다도 치밀하고 빠른 기록 방법에 의해 그 현상을 파악하거나, 비교할 수 있는 모든 사실에 근거한 이론에 의해 그 존재를 추정할 때까지는 관찰자의 눈에 보이지 않을 것이다. 방사능과 전자의 과학은 이렇게 해서 발달했다. 그러나 이것은 인간의 진화 속에서 전통이 가져다준 하나의 예에 불과하다. 한 세대와 다음 세대를 이어주기 위해 인간이 만들어낸 고리는 삶, 성장, 끝없는 변화와 개량을 반복하지만, 그것이 지향하는 방향만은 절대 흔들리지 않는다.

감각 계통의 리듬은 반드시 외부 현상과 조화를 유지하고 있지는 않지만, 과학은 그런 감각 계통과 끝없이 싸움을 반복하고 있다. 슬로모션과 고속 촬영 때문에 밝혀진 셀 수 없이 많은 새로운 사실은 인간의 한계에 하나의 관념을 부여했다.

인간은 누구나 꽃이 피어나는 것과 마찬가지로 육안으로는 쫓을 수 없을 정도로 느린 현상을 필름으로 본 경험이 있을 것이다. 무엇과도 비교할 수 없이 아름답게 서서히 펼쳐지는 꽃잎은 이렇게 해서 밝혀졌다. 조직의 성장, 유사분열(핵의 분리와 세포의 분열), 상흔 형성 등 너무나 속도가 느려 직접 관찰할 수 없는 메커니즘도 연구실 안에서는 이 방법으로 자세히 분석할 수 있다. 이렇게 해서 새로운 수많은 현상이 확인되었다. 한편, 고속 촬영(1초에 천 콤마, 또는 그 이상)은 철판을 통과하는 총알, 파리의 날갯짓, 충전된 화약의 폭발 등, 너무 빨라 육안으로는 확인할 수 없는 현상의 메커니즘을 해명해 왔다. 이 경우에는 촬영기 덕분에 이전까지는 알려지지 않았던 '순간적' 현상을 연속적인 일련의 현상으로 분석할 수 있게 된 것이다.

인간의 관찰기준으로 말하자면 현상의 존재 그 자체와 성질은 그 현상의 지속기간과 속도에 달려 있지만 문외한은 이 기본적인 사실을 알 수 없다. 예를 들어 총알과 같은 한 덩어리 물질의 연소는 그것이 1시간 동안에 일어날지, 백만 분의 1초 동안에 일어날지에 따라 우리의 눈에는 전혀 다른 두 가지 현상으로 비친다.

만약 이 연소가 1시간 동안 지속한다면 아름답고 온화한 불꽃이 되겠지만, 백만 분의 1초 동안 지속한다면 엄청난 폭발이 될 것이다. 폭발과 불꽃의 유일한 차이점은 속도뿐이다. 원자폭탄이 무서운 것은 평소에는 느린 방사능의 붕괴 과정이 순식간에 가속되기 때문이다. 초속 수 미터로 낙하하는 쇠공이라면 쉽게 손으로 받을 수 있다. 그러나 이것이 초속 800m로 낙하한다면 3센티 두께의 철판을 관통하게 된다.

따라서 인간의 지성과 양심 같은 놀라운 산물을 가져다준 진화의 프로세스를 검토할 때는 그것의 형성 속도를 인간의 머리로 생각하려 해서는 안 된다. 인간의 생명 리듬, 다시 말해 뇌의 구조에 따라 좌우되는 감각적, 지적 메커니즘의 리듬으로 본다면 '빠르게' 느껴지는 것이라도 2, 3일의 수명밖에 없는 벌레에게는 '느리게' 느껴진다. 만약 백억 년의 수명을 가진 생명이 있다고 가정한다면 그 생물에게 있어서 진화는 대단히 빠르게 느껴질 것이다. 그리고 아무리 생각해도 시간과는 전혀 상관이 없을 것 같은 하느님에게 있어 진화는 '순간적'이라고 말할 수 있을지도 모른다.

4

신의
'전능함' 에 대하여

하느님의 전능은 현대의 과학적이고 제약된 사고의 도식에서 벗어나 있다. 이 사실을 인정하는 것은 우리가 원자를 자유롭게 조절할 수 있게 되었으면서도 그 모습을 연상할 수 없다고 고백하는 것과 마찬가지로 결코 부끄러운 일이 아니다. 수학적으로 말하자면 '거듭제곱' 의 개념을 극대화함으로써, 그러니까 '전능' 이라는 단어를 고안해 냄으로써 우리는 여기서 인간적인 모든 의미를 빼앗아버린 것이다. 그 결과로 발생한 모순은 완벽하게 주관적이고 지적인 것이다. 이 모순을 만든 것은 바로 우리 인간이고 이 모순은 인간 외에는 존재하지 않는다.

인간의 외부에 존재하는 것은 진화, 양심, 그리고 존엄의 감각이다. 이 존엄의 감각이 세계적인 규범으로 퍼질 수 있다면 수많은 고통을 안겨주는 세계대전과 같은 파국으로부터 충분히 인간을 지켜줄 것이다. 이런 파국의 무한한 확산과 비극적인 공포는 도덕관념이 사악한 지성과 사이비, 온갖 감정에 굴복함으로써 비롯되는 필연적 귀결이다.

대단히 우수한 두뇌를 가진 사람 중 일부는 또 한 가지 반론을 심각하게 받아들이고 있는 것 같다. 그것은 끊임없이 인간에게 위해를 가하는 전혀 쓸모없는 생물의 존재를 하느님이 왜 허락했는가 하는 반론이다. 다시 말해 방울뱀과 흑거미, 말라리아 매체인 학질모기, 한센병, 종의 존속을 위협하는 매독균 등이 어째서 존재하는지, 이런 것들은 모두 하느님의 선의와 반대되는 것이 아니냐는 것이다.

이 반론에 대해서는 그것이 인간적인 심리를 바탕으로 하느님의 관념을 전제한 것이자 모든 것을 인간의 처지에서 생각하기 때문이라고 확실하게 대답할 수 있다. 이러한 비판은 각각의 인간적 기준에서 본다면 유효하지만, 진화의 기준에서 말하자면 그 가치를 상실한다는 사실도 지적할 수 있다.

하나의 과업이 전체적으로 봤을 때 위대하다면 개개의 사소한 점은 중요하지 않다. 진화와 같은 엄청난 규모에 상상을 초월하는 작품을 생각할 때 소수의 개인적 비극이 발생하더라도 작품 자체의 찬란함 속에 그 자취를 감추게 될 것이고, 이 불완전성을 방패 삼아 '창작자'를 비난하는 것은 번지수를 잘못 찾은 것이다. 개인적 기준에서 본 이런 물리적으로 '불완전한 모든 것'은 무엇 하나 진화가 존재하고, 발전하고, 결국 도덕적인 인간을 탄생하게 된 흐름을 방해할 수 없다. 통계학적으로 말하자면 진화는 성공을 거둔 것이다.

그러나 진정한 해답은 따로 있다. 생명의 탄생과 진화의 발전을 설명하기 위해서 우리는 외계의 작용을 예로 들어야만 했고, 또한, 우리의 지적 도식 -과학- 과 '자연' 사이에서 볼 수 있는 모순 덕분에 본질에서 비합리적인 반우연을 인정할 수밖에 없었지만, 여기서 우리는 이런 사실에 대해 유일하게 가능한 논리적 해석이 하느님의 존재를 인정하는 해석과 일치한다는 것을 깨닫게 되었다.

과학적 정신을 가진 사람들에게 '반우연'이라는 말과 '하느님'이라는 단어는 별반 다를 것이 없다. 인간에 의한 진화, 인간에 의한 진화의 연장이라는 가설을 제안했을 때 우리는 우주와 진화 두 가지를 설명하기 위해 아주 먼 곳에 있던 하나의 목적이라는 관념, 다시 말해 하나의 힘, 하나의 지성, 하나의 초월적 의지가 필요하다는 종국적 궁극 목적론의 관념을 다시 한 번 받아들여야만 했다.

그러나 우리는 이 힘이 지는 특징이 일반적으로 인정하는 하느님의 관념과 명확하게 일치하더라도 이 특징을 정의하는 것은 삼갔다. 그래서 하느님이라는 명칭을 이용하기는 했지만, 하느님을 의인화해 생각하는 발상은 최대한 피했다.

왜 인간에게
'무용하고, 무해한 종'이
여전히 존재하는가?

이 책 제7장에서 나는 이렇게 말한 적이 있다. "목표는 정해져 있지만, 그것을 달성할 수단이 정해져 있지 않을 뿐이다." 이것은 우리에게 확실한 것이 하나밖에 없다는 것을 의미한다. 모든 현상에 대해 일정한 지속 순서를 정하고 그 현상을 양적으로 지배하는 법칙, 혹은 규칙의 존재만이 확실한 것이다.

우리는 온갖 특수한 모든 법칙 위에, 다른 어떤 법칙보다도 무한히 넓고 그 모든 것을 망라하는 한 가지 일반법칙을 받아들여야만 했다. 애초 시작부터 마치 달성할 목표가 있는 것처럼, 그리고 인간의 양심이 생긴 것이 그 목표인 것처럼 생명은 진화해 왔다. 이 가설을 통해 우리는 인간의 의의와 진화의 방향뿐만 아니라 진화 그 자체의 이전까지 애매하고 때로는 모순된 상당수의 사실을 이해할 수 있게 되었다.

그러나 이런 일반법칙은 현실적으로 존재하는 객관적이고 특수한 법칙을 무효로 하는 것은 아니다. 특수법칙은 확실하게 파악되지는 않았지만, 감각기관의 도움을 받은 인간의 지성에 의해 대략적인 윤곽이 밝혀져 왔다. 인간의 지성은 이 대략적인 윤곽의 움직임을 잘 조정하여 꽤 많은 사실을 정확하게 예지할 수 있게 되었다. 이것은 진실의 법칙과 흔히 말하는 과학을 구성하는 법칙 사이에 상호관계가 존재한다는 것을 증명하기도 했다. (제2장 참조)

만약 어떤 최고의 힘이 진실의 모든 법칙을 '창조했다'고 하는 사실을 받아들인다면 이 법칙들이 형태를 갖추게 되어 스스로 그 기능을 다 할 것이라는 사실을 받아들이지 않으면 안 된다. 다시 말해 최고의 힘 자체도 온갖 현상이 이런 법칙이 정한 방향으로 전개되어 가는 것을 막을 수 없다. 그렇지 않다면 법칙 따위는 존재하지 않은 채 변덕스러운 불안정만이 남게 된다.

일단 하나의 현상이 시작되면 모든 조건이 바뀌어 다른 법칙이 작용할 때까지 그 현상은 맹목적으로 지속한다. 이것은 진화의 과정에서 나타난 기형과 실패로 끝난 '모든 작품', 그리고 '무용(無用)'한 형태의 이상 번식에 대한 설명이 될 수 있다. 특수한 법칙은 여기서 작용하고 있다.

'자연'과 진화의 명백한 '모순'을 앞에 두고 우리가 느끼는 당혹감은 특수법칙(혹은 그 흐릿한 윤곽)을 파악하는 것일지라도 그것을 조정하고 지배하는 일반법칙에 대해서는 파악하지 않았다는 사실에서 비롯된다. 예를 들어 우리는 종자의 발아와 세포의 발달을 조절하는 몇 가지 법칙에 대해 알고 있다. 기온, 배양토의 염분 농도, 산성, 알칼리성 등의 작용에 대해 알고 있다. 그러나 이것만으로는 충분하지 않다. 어떻게 해서 이 종자가 특정 식물을 탄생하게 하며 정해진 형태와 색을 가진 꽃을 피우고 마지막에 같은 종자를 만들어 내는지 전혀 알지 못하기 때문이다.

또한, 우리는 인간의 육체와 특정 생물학적 법칙, 육체를 구성하는 각종 세포에 대해 알고 있다. 그러나 이 세포들이 난자라고 하는 단일 세포에서 어떻게 변화하여 고도로 특수화된 성질과 다양한 형질을 획득하게 되었는지는 전혀 알지 못한다. 발전의 법칙과 조정의 법칙에 관해 현재로서는 전혀 손도 댈 수 없는 상태이다.

이치에 맞지 않는 것은 '자연'이 아니라 무지한 인간들이다. 인간이 발견한 생물학적 법칙은 모두 알려지지 않은 다른 수많은 법칙과 마찬가지로 무생물을 지배하는 가장 단순하고 부분적으로는 해명된 법칙에 의존하고 있다. 동시에 인간의 이해를 초월한 법칙에도 좌우되고 있다. 일반성을 증대하는 이 모든 법칙의 다중성, 현대 과학으로는 여전히 그 지위가 확립되지 않은 이 서열은 인간이 '자연'을 일원적으로 해석하려 할 때 부딪히는 모든 곤란의 원인이 되고 있다.

우리가 제안한 가설에 의하면 유리한 조건이 있는 한 특수법칙은 계속 작용을 한다. 왜냐하면, 제약을 받고는 있지만, 그것들이 법칙임에는 변함이 없기 때문이다. 적응이라는 특수한 메커니즘은 진화에 반하는 작용을 하는 경우도 있지만(제7장) 평균적으로 보면 더 일반적인 법칙의 표출로서의 진화를 위기에 빠뜨리는 일은 없다.

우연한 기본적인 모든 법칙은 끝없이 '자연' 속에서 작용하고 있다. 그러나 미지의 일반법칙은 우연에 의해 발생하는 온갖 사건 속에서 우리의 이해를 초월한 특성을 개입해 그 법칙에 따르는데 가장 적당한 사건을 선택하는 것처럼 보이기도 한다. 그 밖의 사건은 계속해서 우연한 지배를 받는다. 그러나 때로는 우연(동요)한 작용으로 진화와 적응의 대립이 일어나더라도 더 일반적인 법칙의 지배를 받는 사건의 전개는 절대 멈추지 않는다.

이렇게 해서 우리가 지향하는 지점에 도달하게 된다. 즉 인간에게 있어 무용하다거나 유해하다고 여겨지는 종의 존속에 하나의 이유를 부여할 수 있게 되는 것이다.

인간의 '도덕적, 정신적 진화'는
지금 막 시작되었다

　　　　　진화는 아직 끝나지 않았다. '자연'에 대한 인간의 싸움은 계속되고 있다. 인간은 지성을 무기로 많은 적을 물리쳐 왔다. 그리고 매일 세계를 정복해 왔다.

인간의 지성은 습득한 지식을 이용, 스스로 연마해 새로운 모든 조건에 적응하며 종의 존속 기회를 늘렸다. 가령 인간이 지성을 무기 삼아 싸움을 강요당하지 않았다면 지성은 발달하지 않았을 것이다. 그러나 지성이 발달하고 지성과 손을 잡고 더욱 진보를 재촉하는 예민한 감수성이 발달하더라도 낡은 메커니즘의 활동도 멈추지 않았다.

이 메커니즘은 이젠 방해물에 지나지 않는다. 왜냐하면, 그것은 유용했던 시기를 지나고도 여전히 남아 있으므로 사람들은 오늘날도 이따금 그것과 싸워야 하기 때문이다.

그러나 지성은 이런 메커니즘의 일부를 억누르는 데 성공했고 미래에는 더 잘할 수 있게 될 것이다. 그보다도 지적인 활동 자체의 확대가 불러일으키는 위협이 훨씬 중대하다. 인간은 지적 활동을 통해 자연이나 진화에서 사라져버린 동물이 불러일으키는 위험보다 훨씬 끔찍하고 치명적인 새로운 위험을 만들어 냈기 때문이다.

해마다 교통사고(자동차, 철도, 선박, 비행기)로 죽는 사람의 숫자가 방울뱀과 황열병으로 사망한 사람을 웃돌고 있다. 전쟁 희생자는 전염병으로 죽은 사람들보다 훨씬 더 많다. 원자폭탄은 언젠가 모든 기억을 갈아치우게 될 것이다. 도덕의 힘으로 억제되지 않는 한 지성은 자기 자신에게로 그 칼날을 들이대며 인간을 파멸시키고 말 것이다. 이와 같은 역설적인 상황은 동물의 진화 과정에서도 관찰되었다. 그러나 지금까지는 그것을 막을 방법이 발견되지 않았다.

인간의 도덕적, 정신적 진화는 이제 막 시작되었을 뿐이다. 미래에 있어 이 진화는 인간의 활동을 지배하게 될 것이다. 그러나 우리는 아직 이 단계에 도달하지 못했고 형이하학적인 적응의 시기가 앞으로도 오래갈 것이다.

우리의 세계에 있는 관찰기준과 연관된 모든 사실이 다른 사실로 바뀌지 않도록 주의해야 한다. 특히 우리의 경험을 초월하는 사건에 대해 인간적인 판단을 내리지 않도록 주의해야 한다.

우주적인 현상은 전체로서 장엄함과 때로는 가혹하리만큼 평온함을 유지하면서 지속하지만 우리는 그 현상의 비할 데 없는 위대함을 이해할 수 있을 만큼 스스로 고양해 나가는 것이 어떨까?

모든 비판은 지적인 인간이라면 응당 그 강도를 가늠할 신앙심을 거꾸로 약하게 하려고 한다. 독자 여러분은 자기 자신의 내면으로부터 끌어낸 더 깊은 온갖 이유를 통해 이런 비판이 전혀 없고 위험하다는 것을 부디 알아주었으면 한다.

정신과 육체
-놀랄 만큼 닮아 있는 진화의 형태

CHAPTER

15

인간의 진보,
행복을 위해 없어서는 안 될
'도덕 교육과 지적 교육'

1

왜 '지적 교육'을 하기 전에
'도덕 교육'이 중요한가?

대중의 진보와 행복은 개인의 향상이 있어야 비로소 달성된다. 게다가 이 향상은 높은 도덕적 규율 위에 성립된다. '도덕 교육'과 '지적 교육'이 진화의 현 국면을 전진시키기 위한 도구로 여겨지는 것도 바로 이런 이유 때문이다.

아이들의 도덕 교육은 국민의 도덕적 발전이라는 관점에서 볼 때 매우 중요하지만, 그것은 항상 정치적, 사회적 변화의 영향을 받아 왔다. 과거에는 현재보다 훌륭한 도덕 교육이 이루어졌던 시기가 있었을지도 모른다. 당시의 도덕 교육은 지금보다 일반적이지는 않았지만 도덕 교육에서는 양보다 질이 문제이다.

질 나쁜 도덕 교육, 거짓된 원리에 근거하여 널리 보급된 도덕 교육은 비참한 결과를 초래한다. 보편적 문화론을 주장하는 것도 좋지만, 지적 교육의 질과 성질, 그리고 그 바탕의 준비라는 점에서 사람들의 의견이 일치하지 않는 한 그것은 시기상조이다. 지적 교육의 토대가 되어야 할 군건한 도덕적 기반을 미리 다지지 않은 채 아이들에게 벼락치기식의 지성과 어설픈 '지적 교육'을 하는 것은 사상누각과도 같다. 누각이 높아질수록 그것은 언젠가 완전히 붕괴하고 말 것이다.

아쉽게도 이렇게 순서가 뒤바뀐 방식이 현재 횡행하는데 이것은 안타깝게도 도덕 교육과 지적 교육의 혼동 때문에 발생할 것이다. 도덕 교육이란 아이들의 도덕적 성격을 키워 세계 어느 나라에서도 통할 수 있는 기본적이면서도 불변의 원리를 가르치는 것이다. 어린 시기부터 인간의 존엄성에 대한 사고방식을 심어 주는 것이다. 그리고 지적 교육은 온갖 분야에서 축적된 지식을 아이들에게 흡수하는 것이다.

도덕 교육은 아이들의 행동을 인도하여 모든 대인관계에 있어 처신 방법을 익히고 자제심을 기르는 데 도움이 된다. 지적 교육은 아이들에게 지적 활동의 기본요소를 익히게 하여 문명의 실정을 가르친다. 도덕 교육이 흔들림 없는 인생의 기틀을 만들어 준다면 지적 교육은 아이들이 스스로 환경의 변화에 적응하며 그 변화를 과거와 미래의 사건과 결부할 수 있게 해 준다. 환경이 변하지 않는다는 것은 과거의 이야기에 불과하며 현재의 환경은 본질에서 변하기 마련이다.

지금까지는 고려 대상이 아니었던 중요한 경험적 요소로 시간의 심리적 가치가 있다. 유년시절과 그 이후의 시절은 시간의 가치가 같지 않다. 아이들에게 1년은 생리학적으로나 심리학적인 면에서나 어른의 1년보다 훨씬 길다. 10세 아이의 1년은 20세 청년의 2년과도 같다. 나이가 적을수록 그 차이는 더 벌어진다.

3세부터 7세까지 시간이 흐른다는 것은 어른으로 치자면 아마도 15년에서 20년 정도는 될 것이다. 미래에 일어날 모든 사건에 대처해 나가기 위해서는 정신적 틀, 아이들이 그중에서도 특히 자신의 도덕관을 결정짓는 바로 이 시기라 할 수 있다. 그 때문에 태어나서 몇 년 사이에 상당한 지식이 쌓이는 것이다. 부모와 교육자는 부디 이 점을 명심해 주기 바란다.

도덕심은
요람에서부터 성장한다

아이들에 대한 도덕 교육은 어른들의 도덕 교육과는 다르다. 실제로 실수의 중대성을 결과로 판단하지 않는 것이 아이를 위해서 매우 중요하다. 아이들의 실수는 그 자체로서 상대적으로가 아니라 절대적으로 중요하다. 왜냐하면, 실수는 중대한 것이라고 정해져 있기 때문이다. 실수가 가지는 이 절대성만이 아이들에게 진정한 도덕적 교훈이 될 수 있으며 실수 없이는 진보도 있을 수 없다. 단, 이 기준은 군대를 제외하고 어른들에게는 해당하지 않는다.

이런 원리를 기준으로 하지 않는다면 아이들에게 도덕심을 심어 주는 것은 불가능하다. 왜냐하면, 아이들의 실수는 대부분 용서할 수 있을 정도로 사소한 것이기 때문이다. 그러나 성격이 형성되는 것은 이렇게 어린 시기이기도 하다.

여기서 말하는 어릴 때부터의 도덕 교육이란 요람에 있을 때부터를 의미한다. 이런 사고방식은 분명 대부분 부모, 특히 어머니의 감정을 상하게 할 수 있으므로 너무 지나치다거나 불가능하다는 반론이 나올 수 있다.

그러나 나는 그렇게 생각하지 않는다. 이런 부모는 자신들의 사랑 속에 무의식적인 이기심이 작용하고 있다는 사실을 깨닫지 못하고 있다. 언젠가는 가정교육을 해야 한다고 여기면서도 자식의 웃는 얼굴과 기뻐하는 모습에 즐거워하며 인생의 출발점에서 교육을 강제할 용기가 나지 않게 된다. 그러나 가정교육은 아이가 성장할수록 점점 어렵고 고통스러워진다.

자식을 위해서라면 어떤 희생이라도 감수할 부모조차 가정교육에 용기를 내지 못하는 경우가 많지만, 자식의 도덕 형성은 본인은 물론이고 부모에게 있어서도 시간이 갈수록 점점 더 어려워진다. 부모의 게으름에 대해 지금 이래라저래라 할 생각은 없지만 아쉽게도 그런 태만함을 자주 목격할 수 있다. 아이가 울다 스스로 멈추도록 그냥 내버려두기보다는 곧바로 우유를 주거나 양팔로 안아주는 것은 훨씬 더 수월하고 신경의 피로도 덜하다. 그러나 부모가 단 한 번이라도 약점을 보이게 되면 아이는 그것을 기억하고 점점 더 감당할 수 없는 존재가 되고 만다.

부모의 입장에서는 다음과 같은 반대 의견도 있을 것이다. "요람에서 자는 아기나 한두 살짜리 어린 애에게 엄격하게 대할 수는 없다. 잘잘못을 알기에는 너무 어리고 이해도 하지 못할 것이다."

이건 대단한 착각이다. 첫째, 생후 3개월 된 갓난아기라도 완벽하게 인지하고 기억할 수 있다. 중요한 것은 아이를 엄격하게 대하라는 것이 아니라 부모가 인내심을 갖고 자식보다 더 완고해야 한다는 것이다.

둘째, 갓난아기에게 이해시킬 필요가 없다. 반대로 이해하지 않는 것이 필요할 때도 있다. 왜냐하면, 어차피 언젠가는 몸에 익혀야 할 습관이라면 바로 이 시기에 강제로 익히는 것이 좋기 때문이다.

더군다나 엄마는 아이가 아직 요람에 있는 동안 자신도 모르는 사이 특정 습관을 익히게 하고 있다. 예를 들어 아이들은 대부분 씻는 것을 싫어한다. 그러나 엄마는 누구나 혹은 대부분이 몸을 청결하게 하는 것을 아이에게 가르치거나 적어도 가르치려 하고, 이 습관을 몸에 익히는 데 시간이 걸린다는 것을 잘 알고 있다. 또한, 엄마는 갓난아기가 손가락을 입에 넣는 행동을 못 하게 해야 한다.

이렇듯 부모는 육체적인 습관을 익히기 위한 노력을 아끼지 않지만, 순종처럼 가장 중요한 도덕적 습관에는 전혀 눈길을 주지 않고 있다.

아이들의 이성과 판단력이 싹트는 것은 이런 교육이 가능하고 지적 교육을 통해 필요한 요소를 몸에 익히는 나이 즉, 15세 무렵이다. 아이의 도덕 교육이란 대부분 기독교를 믿는 사회 속에서 살아가는 능력을 갖추는 것이다. 또 한 가지 중요한 것은 아이가 사회에 적응해 나가는 것이지 사회가 아이에게 적응해 나가는 것이 아니라는 점이다. 우리는 이상의 두 가지를 절대 잊어서는 안 된다.

2

본능을 조절할 수 있는
예절교육의 힘

아이의 성격을 형성해 가는 초기교육은 아이의 뇌가 완전히 백지상태에다 유연성이 뛰어난 시범에서 이루어져야 한다. 점점 움트기 시작하는 아이의 개성이 자신의 세계와 충돌하고 언젠가는 깨뜨려야만 하는 습관이 형성되기 전에 이 준비 작업을 완료해야 한다.

중요한 것은 처음부터 단순한 규칙, 다시 말해 문명을 통해 획득하고 채용한 명확한 '변형'을 아이의 마음에 새겨 주어야 한다. 이 '변형' 이야말로 인간 특유의 산물, 즉 충실하게 보존되고 오랜 세월을 거쳐 천천히 쌓아올린 전통의 토대를 이루고 있기 때문이다.

자신의 좁은 세계에서 유아의 반응은 본능적, 동물적인 것에 불과하다. 따라서 그것은 진화의 견지에서 본다면 퇴행적인 것이고 전통은 이것과 싸워야 한다. 이 반응이 습성으로 발전하고 정착하지 않았을 때 전통이라는 틀을 인내하며 강하게 가르치면 외부 세계는 이 새로운 도식 속에 편입될 것이다. 그리고 아이가 양심을 깨닫게 된다면 앞으로의 인생이라는 직물을 아무런 저항도 고통도 없이 완성하기 위한 옷감을 자신의 양심 속에서 발견하게 될 것이다. 이것이 불가능하다면 자기주장이 강한 조상의 유전자와 아이에게는 이해하기 힘든 인간적 전통 사이에서 반드시 충돌이 일어나고 말 것이다.

부모와 아이의 기본적 성격 형성에 책임이 있는 사람들이 해야 할 일은 제일 먼저 절대적이고 단순한 소수의 규칙에 적응하는 데 그쳐야 한다. 아이는 그 규칙에 기계적으로 복종하는 것을 배워야 한다. 부모에게 복종하지 않아도 된다는 사고방식은 근절해야 한다. 아이는 한 번이라도 자기 뜻이 관철되면 그것을 기억하고 부모보다 훨씬 강력한 인내심으로 반드시 그것을 관철하려 하기 때문이다.

그다음 단계로 부모는 아이의 화와 초조함, 눈물에 대한 배려심을 갖는 동시에 의연한 태도로 대하며 자제심을 길러야 한다. 그러면 부모의 권위는 자연의 힘과 마찬가지로 저절로 아이에게도 전달된다. 이렇게 한다고 아이의 개성이 손상되는 일은 없다. 왜냐하면, 여기서 문제가 되는 것은 일상생활에서 타인에 대해 어떻게 대처해 나갈 것인가, 규칙과 심리적, 정서적 반응이 어떤 형태로 드러나는가 하는 것에 불과하기 때문이다.

유소년기의 뇌야말로
엄격한 규율이 필요하다

아이가 어리면 어릴수록 결과를 얻기 쉽다. 규율은 아이들에게 잊기 힘든 각인을 새겨놓을 것이다. 환경과의 접촉에서 비롯되는 다른 모든 영향은 그 위에 새겨진 제2의 각인에 불과하여서 절대 최초의 인상을 지워 버릴 수 없다. 한편, 더 복잡하고 참된 도덕적 규칙은 아이가 말을 막 시작할 무렵부터 시작되지만, 아이가 이미 자기 나름대로 반응을 보이게 되었을 때 그 규칙이 부과될 경우에는 이 규칙도 제2의 각인으로써 작용하기 때문에 최초의 인상을 완전히 지워 버릴 수 없게 된다.

그러므로 도덕은 조건반사가 확립되기 전에 시작하지 않으면 안 된다. 그 이유는 나중에 설명하겠지만 이미 앞에서 말했던 것처럼 이런 습관들은 지적 성격으로서 아이의 개성에는 아무런 영향도 끼치지 않는다. 이런 습관은 가정교육이 잘 된 아이로 키울 수 있어 더욱 유익하고 행복한 생활을 보낼 준비를 진행하는 데 도움을 줄 뿐이다.

아이가 말을 하거나 생각하기 시작하면 주저하지 말고 뇌와 기억 활동을 하게 해 주어야 한다. 아이의 기억력은 경이적이지만 잊는 것도 빠르다. 귀와 언어기관의 협력도 놀랄 만하지만 10세가 지나면 사라지고 만다. 아이들은 어렵지 않게 두세 개의 언어를 쉽게 할 수 있다. 그러나 그것도 10세가 지나면 거의 불가능해져서 언어습득에 필요한 엄청난 노력과 고생은 역반응을 일으켜 반발로 이어지기 때문에 성과를 거두기 힘들다. 두세 살의 아이에게서는 이런 반발을 볼 수 없다.

 이미 앞에서 말했듯이 아이들과 어른의 시간은 가치가 다르다. 따라서 아이는 어른보다 다양한 지식을 어렵사리 흡수할 수 있다. 아이들이 정신을 집중하는 10분은 어른의 1시간에 맞먹는다. 아이들에게는 하루에 한 과목을 30분씩 가르치는 것보다는 6, 7 과목을 5분씩 가르치는 것이 효과적이다 (이것은 어른이 일주일에 1시간씩 7과목을 배우는 것과 같다.). 30분 동안 아이들이 집중하는 것은 생리적으로 불가능한 일이다.

3

조건반사에 의한 훈육,
자발성을 중시하는 훈육

가정교육에는 두 가지 기본 방법이 있다. 첫 번째 방법은 다음과 같은 말로 표현된다.

"이건 하면 안 된다. 만약 한다면 벌을 받게 된다. 이건 의무니까 하지 않으면 벌을 받을 거고 잘한다면 사탕을 받을 거다."

이것은 동물을 훈련할 때 이용하는 방법과 같은 것이다. 조건반사를 만들기 위해 아이의 개성이 완전히 발달하지 않은 시기, 아이가 아주 어린 시기에는 좋은 효과를 얻을 수 있다. 앞에서 말한 굳건한 도덕적 틀을 형성하기 위해서는 이 방법이 유아기에는 절대로 필요하다. 그러나 나이를 먹을수록 도덕적인 관점에서 본다면 가치가 없어진다.

두 번째 방법은 그다지 빈번하게 이용되지 않지만 좀 더 나이가 위인 아이에게 적당한 것으로 다음과 같은 말로 표현된다.

"그건 하면 안 된다. 그건 네 품위를 해치고 네 체면을 떨어뜨린다. 반대로 이건 좋은 것으로 너는 물론 타인이 볼 때도 인간적인 너만의 가치를 키워 줄 것이다. 그걸 하면 모두에게 칭찬을 받는 건 물론이고 너 자신의 양심 또한, 큰 만족감을 얻게 될 것이다."

물론 상질의 토양에서만 이 방법이 결실을 볼 수 있다는 건 두말하면 잔소리다.

이 두 가지 방법은 어른에게도 적용할 수 있으며 비슷한 제약이 따른다. 다시 말해 첫 번째 방법은 상대가 아직 높은 진화 단계에 달하지 못했고 도덕적으로 발달하지 않은 인간일 경우 성공 가능성이 있는 유일한 방법이다. 이와 달리 두 번째 방법은 진화의 최첨단을 대표하는 선택된 사람들에게만 효과가 있다.

아쉽게도 도덕적인 면에서 본다면 대다수 사람은 유년기 단계를 지나지 않았다. 따라서 그런 사람들은 아이들과 똑같이 간주해야 하며 대부분의 종교도 그런 관점을 가지고 있다.

그러나 인간성은 일반적으로 볼 때 외부의 규율을 따라서가 아니라 깊은 내면의 개선 때문에 향상되는 것으로 이 진보는 한마디로 인간성 자체에 달려 있다는 사실을 잊어서는 안 된다. 그러므로 우리는 과도한 교육의 획일화를 경계함과 동시에 예외적인 자질을 갖추고 미래를 앞서가는 '돌연변이적인 형태'를 대표할 사람들을 실망하지 않도록 명심해야 한다. 오히려 그런 사람들을 찾아내서 그들 모두에게 도움을 주어야만 한다.

지금이야말로 진정한
'도덕 교육'이 반드시 필요하다

이것은 문명화된 모든 국민의 도덕 교육에 있어 세심한 주의가 필요한 문제이다.

지적이라는 이성적인 추론능력은 의무교육으로 가르쳐 왔다. 그중에서 능력이 뛰어난 두뇌를 가진 일정 수의 개인이 나타났다. 그들은 문명의 특징인 속임수를 배웠다. 그리고 질적으로나 양적으로나 서로 다른 두 개의 주요 그룹이 형성되었다. 그 하나는 숫자가 많은 그룹으로 초등교육이나 중등교육을 소화하지 않은 채 흡수한 사람들이다. 그들은 일종의 획일화된 대중으로 자기 두뇌의 사용방법을 알고 있다는 착각 속에 살며 때로는 그로 인해 위험한 자부심에 빠지기도 한다. 반면에 두 번째 그룹은 교육받은 내용을 흡수한 것은 물론이고 한 발 더 나아가 자신의 직관과 천성을 교육과 결부해 인간의 지식 진보에 공헌할 자격을 얻은 사람들이다.

그러나 도덕적, 종교적인 관점에서 본다면 이 두 그룹의 존재는 현실적으로 무시되고 있다. 현실적으로는 도덕 교육이라는 것이 사치품이며 고작해야 습관적으로 행하는 '보충수업'에 불과하다는 것이다. 학생의 지적 능력과 과학과 철학이 과거 50년 동안 체험한 변화에 굳이 적응할 정도의 가치가 없는 것으로 치부된다. 그러나 한 인간으로서 도덕 교육을 모든 수준의 문화나 지성과 조화를 이루도록 노력하는 사람은 없다. 모든 교육기관에서 최소한의 도덕 원리를 아무 신념도 없이 서둘러서 대충 따분한 주입식 방법으로 가르치고 있을 뿐이다. 사회생활과 환경과 습관은 개인에게 수박 겉핥기식의 도덕적 성격밖에 가르치지 않지만 우리는 그것에 기대하고 있다. 그 이상으로 깊고 근본적인 개선책을 마련하려 하지 않는 것이다.

종교 학교의 대다수는 종교의 심오한 인간적 의미보다는 그 역사와 형식, 의식, 교리, 이단의 문제에 더 힘을 쏟고 있다. 실질적으로는 모든 종교가 다소의 차이는 있지만, 폭력과 불관용을 이용해서 자신의 교회가 가장 훌륭하다는 것을 증명하려고 필사적이며 단순히 영감에 따라 모든 교회를 하나로 통일하기보다는 다른 교회들과 자신들의 차이에 더 집착하고 있다.

일부 극소수를 제외하고는 성서 속의 도덕적 교육에 활력을 더하고 그것을 현대화하려는 자세는 전혀 볼 수 없다. 개중에는 '현대적'이라는 언어를 '악'과 동일시하는 입장에서 성서의 가르침을 현대화하려는 발상에 반대하는 교회도 있다.

이런 교회는 창설 이래 일관되게 그렇게 생각해 왔다. 이 교회들이 스스로 비판해 왔던 먼 과거로 사람들을 되돌리려 한다 해도 불가능한 일이다. 대체 그들은 어느 시대를 선택하려는 것일까? 현대의 모든 문제에서 벗어날 방법이 없는 이상 우리는 이 문제를 솔직하게 다루지 않으면 안 된다.

4

'개인' 의 지적 성장에 따른
교육이란

　지성인이든 어리석은 이든, 혹은 아무 장점도 없는 첫 번째 그룹에 속하든 두 번째의 활동적인 소수파에 속하는 간에 학생들은 모두 같은 메뉴를 받아들이고 대다수가 소화불량을 일으키고 있다. 또한, 반세기 전과 똑같은 구태의연한 교과 과정이 그대로 진행되기 때문에 기독교적인 도덕의 더없는 훌륭함과 보편성, 그 필연성은 전혀 명확하지가 않다. 과거 50년 동안 세계는 그 모습이 완전히 달라졌지만, 이것은 아직 일반적으로 알려지지 않았다.

　인간의 지적 교양은 그 전체가 확고한 도덕 교육이라는 철근 콘크리트 기초 위에 세워져야 한다. 그런데도 우리는 가볍고 계획성 없는 건축을 진행해 놓고 그 건물이 무너지지 않기를 하느님께 기도할 뿐이다. 그러나 성서에도 "선견지명이 없다면 그 국민은 멸망한다."라고 적혀 있다. 굳이 여기서 이것을 확실하게 지적할 생각은 없지만 어떤 상황을 이해하고 예견하는 것은 인간의 의무이다. 이것을 게을리한다면 더욱 나쁜 결과만을 초래하게 된다.

이것은 현대의 가장 놀라운 현상 중 하나다. 평균적인 사람은 대부분 종교적 견지에서 봤을 때 전통과 신화와 교리의 노예가 되어 있다. 이것은 때론 아름답고, 인상적이고, 감명을 주기도 하지만 현대의 합리적인 교육과는 전혀 관계가 없는 경우가 대부분이다. 언젠가 이 둘이 융합되어야 마땅하다. 하지만 사람들은 그것을 위한 노력을 두려워하는 것처럼 보인다. 그 결과 특정인들의 마음속에는 고뇌로 가득한 불행한 모순이 자주 일어나게 된다.

과학에 입각한 지성을 행사함으로써 얻을 수 있는 비판적인 정신이 아직 발달하지 않았던 시대에는 이런 사태는 큰 문제가 되지 않았다. 그러나 현대에는 사정이 다르다. 아무리 사소한 것이라도 달성된 지적 진보를 무시할 권리는 누구에게도 없다. 희한하게도 신앙심을 가진 과학자나 철학자도 인간의 진보와 함께 우주의 신비가 증가하여 더더욱 무한대에 가까워지는 동시에 무한히 작아지고, 게다가 그 기원과 결말이 여전히 불가사의하다는 사실을 전혀 강조하지 않았다.

진지한 유물론자는 귀가 따가울 지경이겠지만 이 책의 전반에서 말했던 것처럼 현대의 합리적인 과학은 우연 이외의 원인을 추구하고 있으며 궁극 목적론이라는 사고방식을 강조하고 있다. 물론 이것은 과학의 범위에 국한된 것으로, 예를 들어 어떤 교육자가 종교적인 입장에 있더라도 도덕적, 정신적 가치의 관념이나 하느님의 전능함에 대한 관념의 해석이 아무 장점도 없는 첫 번째 그룹과 선택된 사람인 두 번째 그룹과 중앙아프리카 원주민과는 같을 수 없다는 사실을 이해해야 한다.

기본적인 원리는 하나라고 해도 그 기원의 방식과 전개 방법은 배우는 사람의 능력에 맞춰야만 한다. 배우는 사람은 '가르치는 정신'을 이해해야만 한다. 같은 단어를 사용했다고 해서 폴리네시아인과 고등학생과 대학생에게서 똑같은 결과를 얻을 수 있다고 단정할 수는 없다. 같은 식사를 하더라도 역효과를 일으킬 수도 있고, 이런 방법을 쓴다고 하더라도 진보 여하를 좌우하는 개개인의 노력을 독촉하는 것은 아니다.

정신과 육체
– 놀랄 만큼 닮아 있는 진화의 형태

언제나 향상심으로 불타고 있는 진화된 '인간'은 생물학적인 진화와 도덕적, 정신적 진화가 놀랄 만큼 닮았다는 것을 이해하지 않으면 안 된다. 무생물, 생명, 그리고 인간 자신에 대해 생각할 때 사람은 그 전체를 지배하는 것, 그리고 오늘날에도 직관에 의해서만 다가갈 수 있는 위대한 모든 법칙의 조화로 가득한 장엄함을 느껴야만 한다.

그리고 설령 진보가 돌연변이라는 형태로 자발적으로 개시되는 경우가 있더라도 그 전진을 도우며 발전하기 위해서는 같은 방향을 지향하는 또 다른 돌연변이, 혹은 평균적으로 더욱더 발전하기 위해서는 '확률이 낮은 형태'를 향하는 적응과 자연도태의 복합작용이 필요하다는 것을 잊어서는 안된다.

육체적인 적응과 자연도태는 심리학의 분야에서는 개인의 노력과 자유선택으로 바꿀 수 있다. 생물학적인 진화나 심리학적인 진화에서도 싸움은 피할 수 없지만, 그 메커니즘은 서로 다르다. 인간만이 여전히 두 개의 적과 싸움을 계속해야 한다. 그리고 각각 싸움을 위한 무기는 인간의 뇌 속에 있다. 그것은 육체를 지켜줄 지성과 진화를 보장하는 도덕적 대의이다.

5

인간의 장래를 확실한 것으로
만들어 줄 지혜

앞에서 말했듯이 전통이 다른 메커니즘으로 바뀌었기 때문에 도덕적 측면에서 인간의 진화 속도는 생물학적인 진화보다도 느려졌다. 그러나 이 전통의 토대가 되는 것은 도덕 교육과 지적 교육이다. 그러므로 우리는 이 둘을 통해 행동하고 가까운 미래는 물론이고 먼 미래 또한, 확실한 것으로 만들어야 한다. 현재 우리가 직면하는 중대한 문제의 하나는 미래의 공격으로부터 인간 자신을 지키는 것으로 '기독교적'인 자유로운 문명, 이상, 그리고 신념을 파괴의 위험으로부터 지키는 것이다. 따라서 우리는 각자 침략적인 나라들이 일으키는 모든 문제에 눈길을 돌리게 될 것이다.

그러나 만약 어떤 나라의 상업 활동을 제한할 수 있다 해도 그것으로 이 나라를 진보와 평화의 방향으로 인도할 수 있을 것이라고는 생각하지 않는다. 중요한 것은 도덕 교육의 보편적인 기준을 확립하는 것이다. 미래, 모든 국가가 자국의 학교 교육과 대학 교육 과정을 하나의 국제적인 위원회에 맡길 것을 동의한다면 이것은 매우 바람직하다.

또한, 단순히 전사의 영웅담이나 무용담에 지나지 않았던 종전의 역사서를 대신하여 처음으로 진리가 존중받고 책임의 확립과 평등한 분담이 이루어져 보편적인 도덕관념과 인간 존엄을 배울 수 있는 책이 널리 퍼지기 시작했다. 물론 그러기 위해서는 허영심을 버려야 할 것이다. 조국을 위해 죽은 사람들에게는 불공평할지도 모른다. 그러나 모든 청소년이 똑같은 지적 영양을 섭취하고, 똑같은 역사를 배우고, 똑같은 도덕적 교리를 따르지 않는다면 세계 평화는 결코 찾아올 수 없다.

미래의 전쟁을 없애기 위한 싸움은 학교에서부터 시작해야 한다. 아직 기회가 있을 때 이 싸움에 착수하지 않으면 앞으로 일어날 수 있는 항쟁의 모든 책임은 지금의 모든 정부가 져야 할 것이다. 그리고 아무리 용감한 사람이라도 그런 사태의 추이를 생각하는 것만으로도 등줄기가 오싹해질 것이다.

도덕 교육은 진보의 무기이자 인간적 진화의 무기 중 하나이다. 그러나 그것은 지금 개인적, 국가적, 정치적인 한 수단으로 왜곡되고 말았다. 인류는 이성적인 범위 안에서 도덕 교육의 국가적 성격을 배제해야 한다는 것을 깨달아야 한다. 문명은 지금 하나의 위기에서 막 벗어난 상태고, 이 위험이 학교 교육으로 인해 그렇게 커졌다는 사실을 과연 모든 국가가 깨달을 날이 올 수 있을까?

모든 사람이 인정하고 있듯이 정치적 선전은 그것을 받아들일 조건이 갖춰진 사람들 모두의 마음에 불신의 씨앗을 퍼뜨리고 내부항쟁으로 이미 분열된 대중들 사이에 균열이 생기게 하는 강력한 수단이었다. 유연하고, 열광적이고, 판단력이 떨어지는 아이들의 정신에 얄궂게도 이와 똑같은 방법이 적용되면 끔찍한 결과를 초래한다는 것은 충분히 상상할 수 있다.

민족적, 국가적 자부심을 부추겨 광신적인 단결력을 키우고 피비린내나는 우상을 숭배하는 것만큼 쉬운 일이 없다. 아이들의 더럽혀지지 않은 정신은 선악을 막론하고 모든 사상의 발달에 있어 이상적인 토양이다. 게다가 이미 오래 살아 생각할 시간이 있는 성숙한 정신보다도 아이의 마음이 더 인류의 가장 오래된, 그리고 가장 위험한 경향에 가깝다.

오늘날에 이르기까지 독재자들이 자신을 어떻게 불렀든 간에 이런 기본적인 관찰과 허위의 힘을 이용해 왔다. 전 세계의 학교에서 진리만을 가르친다면 더는 전체주의 국가는 있을 수 없다. 학교로 인한 해악은 학교를 통해 일소해 나가는 수밖에 없다.

그릇된 기성의
'역사관'으로부터의 해방

전 세계의 역사 교육은 오랜 세월 잘못된 방향으로 흘러왔다. 예를 들어 외국과의 전쟁에 관해 기술할 때는 여전히 편견이 두드러진다. 어떤 나라도 자국이 항상 옳고 적국은 항상 나쁘다는 입장에서 기술되어 있다.

그것은 당연하다고 주장하는 사람도 있을 것이다. 분명 그렇기는 하지만 사실과 자료를 왜곡하고 거짓에 근거한 역사는 위험하다. 왜냐하면, 모든 아이가 그것을 마치 복음서인 양 흡수하고 자신들을 희생자나 초능력자로 착각하기 때문이다. 자아의 중요한 일부가 되는 이 최초의 반응을 아이들은 오랜 훗날까지 잊지 않을 것이다.

최근의 독재자들이 출현하기 훨씬 이전부터 정도의 차이는 있지만, 외국을 싫어하는 풍조를 가르쳐 왔다. 교과서도 역사적인 사실은 그 이상의 사건과는 전혀 상관없이 배열되고 미화되며 때로는 삭제되어 있다. 또한, 사건과 그 날짜는 일치하지만, 항쟁 대립의 원인과 책임소재에 대해서는 사실과 전혀 다르게 기술되어 있다.

그래서 20세기를 살아가고 있는 우리는 모든 국가의 방황하는 모습을 목격할 수 있다. 모든 나라의 관심과 희망은 평화롭게 사는 것일 것이다. 그러나 같은 문제에 대해 나라에 따라 서로 다른 관점에서 아이들을 가르치고 있으므로 아무리 온화한 성격의 사람이라도 마음속 깊은 곳에서는 이웃 나라와 동맹국에 대해서까지 증오심을 품게 되어 있다. 이런 마음을 품게 된 젊은 두뇌가 고결하고 고귀할수록 증오심은 오히려 점점 더 커질 것이다.

역사서는 강력한 무기이고 매정한 지도자들은 이것의 중요성을 이미 깨닫고 있었다. 적대적인 사상과 단락적인 사실을 통해 계획적으로 육성된 두뇌를 가진 인간에게 협조와 공동체를 위한 노력을 어떻게 기대할 수 있겠는가? 한편에서는 계급투쟁을, 다른 한편에서는 전쟁, 그것은 그릇된 교육에서 비롯된 행위의 결과인 것이다.

의미 있는 역사가 있다면 그것은 세계사이다. 이렇다 할 중요성도 없고 단지 특정 지역에 국한된 사실을 제외한다면 한 나라에서 일어난 사건은 모두 국경을 접하는 나라들과 멀리 있는 모든 나라에서 일어나고 있는 사건과 연관성이 있다.

한 나라의 경제, 정치, 군사는 이웃 국가의 영향을 받는다. 한 나라의 역사라는 식물은 주변 여기저기로 뿌리를 뻗는다. 강한 뿌리도 있고 약한 뿌리도 있지만, 그 뿌리가 서로 무수히 얽혀 모든 나라가 다른 나라들의 활동에 무의식적으로 휘말리게 된다. 이 사실은 1세기 전보다 현재가 더 들어맞고 있으며 미래에는 진실이 될 것이다.

겉으로는 보이지 않는 정맥과 동맥의 복잡하게 얽힌 그물망이 모든 나라에 하나로 이어져 있다. 일국의 역사를 멋대로 그것만을 떼어놓으려고 하는 시험은 이 정맥을 절단하는 것과 같은 것이다. 그렇게 한다면 이 정맥은 갈기갈기 찢겨 파편이 되고 만다. 그러나 이것이 역사 교육의 현 실정이다. 여기에는 날 것 그대로의 의심의 여지가 없는 사실의 존재만이 용납된다. 이런 사실은 국가적, 민족적, 정치적 증오, 그 밖의 증오를 유지하기 위해 편리한 해석이 가능하기 때문이다.

우리는 유일한 진실인 세계사를 보급해야 한다. 국가적인 허영심을 모두 버리고 현대에는 위험한 시대착오적 감정적 요소를 제거하고 마치 과학을 가르치듯이 세계사를 가르쳐야 한다. 오늘날의 아이들은 자신의 나라를 달리 자부할 기회가 얼마든지 있다. 지금 필요한 것은 성실함과 공평함이다. 이것은 다른 지역보다 오랜 역사를 가졌고 그로 인해 증오의 역사 또한, 길었던 유럽에서 더 필요하다.

이것이 실현된다면 우리는 하나의 굴을 파낸 뒤 그 흙을 버리기 위해 다시 또 다른 굴을 파야 하는 상황에 빠지게 될 것이다. 이것은 악순환의 반복이다. 아무리 세계 최고의 의지를 갖춘 사람이라도 그 의지를 실행으로 옮기기 전에 행동이 마비되어 버릴 것 같은 근본적인 악덕에 대해 완전히 무방비상태라면 무엇 하나 달성할 수 없을 것이다.

불관용과 광신자를

만들어 내는 장본인

새로운 '인간의 운명' 의 시작 ①

−인간은 어디까지 진화하고 발전할 수 있을까?

1
우리 인간은 아직
'진화의 끝'에 도달하지 않았다

이 책에서 다룬 온갖 관념을 통해 논리적으로 도출해 낸 실질적 결론으로 가기 전에 그 지주를 이루고 있는 가설의 기본을 다시 한 번 간단히 정리해 보기로 하겠다.

먼저 부정하기 어려운 다섯 가지 기본적 사실이 존재한다는 것을 확인해 보자. 그것은 ①매우 간단한 유기체에 의해 대표되는 생명의 시작 ②점점 더 복잡한 형태로 향하는 생명의 진화 ③최종적으로는 인간과 뇌에 이르는 진화의 긴 프로세스 ④사상과 도덕적, 정신적 관념의 탄생 ⑤지구 각 지역에서 엿볼 수 있는 이 관념들의 자발적, 독립적 발전이다.

이 사실들은 여전히 과학적으로 설명할 수 없다. 따라서 이 사실들 사이에 이해할만한 관련성을 추구하고자 한다면 하나의 가설이 필요하지만,

종국적 궁극 목적론에 의한 진화의 가설이 있다면 연관성의 확립이 가능해진다.

동시에 이 가설을 따르면 아래와 같은 원리도 명확해진다. 그것은 물질에 대해 인간이 세운 과학적 법칙은 일관성이 있는 한 객관적인 현실과 일치하는 것(여기서는 객관적인 사실을 '나타낸다.' 고는 하지 않는다)과, 과학 전체의 신용을 떨어뜨리고 싶지 않다면 수학이 만능이 아니라는 것을 고려해야 한다는 점이다. 이 가설은 생명의 탄생, 그 진화, 대뇌 활동의 시작이 단순한 우연한 작용이 아니라는 사실에 근거하고 있다.

생물의 자연 진화는 아직 해명되지 않은 메커니즘이 있다 하더라도 이 가설은 가장 반론이 적고 가장 과학적인 증명이 이루어진 사실 중 하나이다. 30억 년 이상 지속한 이 진보의 흐름이 인간과 추상적 사고의 출현 때문에 갑자기 중단되는 일은 생각할 수 없다. 또한, 인간을 분리한 줄기는 단 한 번도 '진화' 를 멈추지 않은 유일한 것이고 그 이외의 계통은 형질전환이나 적응을 경험한 것에 지나지 않는다.

그런데 네안데르탈인 이후의 인류에서 엿볼 수 있는 최대 형질전환은 두말할 필요 없이 뇌의 변화이다. 따라서 인간을 살아남게 하고 다른 모든 동물을 포함한 우주를 지배하게 한 이 유일한 기관에 의해 앞으로도 진화가 지속할 것이라는 추측은 이치에 맞는다. 앞으로의 진화는 지금까지와는 다른 차원인 육체적인 것이 아니라 심리적 측면에서 전개되어 갈 것이다. 왜냐하면, 우리 인간의 관찰 기준으로 본다면 뇌의 개량과 구조상 새로운 복잡화는 모두 다 심리적 현상을 통해 나타났기 때문이다. 그리고 이 실질적인 진화는 주로 추상적, 도덕적, 정신적 관념의 개선으로 발생한다.

그러나 생물의 진화는 전체적으로 봤을 때 무생물을 대상으로 과학과는 완전히 모순된다(제4장 참조). 우연한 법칙에 근거한 과학의 중심인 열역학의 제2 법칙과 일치하지 않는다. 따라서 진화의 '이유', 그리고 진화라는 사실 조차 현대 과학의 영역에는 들어가지 않는다. 이것은 세계의 어떤 과학자도 부정할 수 없다.

생명의 출현 이래의 모든 것들을 설명하기 위해서는 '반우연'이라는 사고방식의 도움을 빌릴 수밖에 없다. 이 '반우연'은 진화라는 일련의 거대한 현상을 인간의 대뇌에 이르는 점진적이고 매우 '확률이 낮은'(우연과는 모순된) 방향으로 이끌어간다. 그것은 결국 하나의 목적, 하나의 '종국'을 인정하는 것이다. 왜냐하면, 적어도 또 하나의 종족에 있어 매우 장기간에 걸쳐 항상 이와 똑같은 방향성이 평균적으로 관찰되기 때문이다.

그러므로 최초의 세포가 탄생한 이래 마치 인간이 바라고 있었던 것처럼 모든 것이 진행되어 온 것이다. 여기서 말하는 인간이란 말을 하고 손을 쓸 수 있는 고등동물이 아니라 뇌를 지탱하는 존재로서, 양심과 지성의 기관으로서, 인간적 존엄이 자리할 자리로서, 진화를 추진할 도구로서의 인간을 말한다. 그러므로 오늘날과 같이 뇌를 갖춘 인간은 진화의 종국을 보여주는 것이 아니라 짐승의 기억이 무겁게 짓누르는 과거와 더 높은 희망으로 가득한 미래와의 중간적 단계에 불과하다. 그리고 이것이 인간의 운명이다.

인간의 완성도를
측정하는 '척도'

이 '의지'는 진화를 통해 나타나기 시작한다. 그 목적은 인간적 정념(이기심, 탐욕, 권력욕)과 유전적 연쇄, 생리적 속박에서 완전히 해방된 도덕적으로 흠잡을 데가 없는 존재를 만들어 내는 것이다. 그것은 육체와 정신을 이어 줄 기반을 결정적으로 끊어 버린다는 의미가 아니다. 그것은 아무런 의미가 없는 일이다. 인간의 경우에는 육체가 없는 정신은 생각할 수 없기 때문이다. 여기서 말하고 싶은 것은 육체의 '지배'에서 도망치는 것에 불과하다는 것이다.

따라서 도덕적, 정신적 영역에서 이런 진화에 역행하여 동물 상태로 퇴행시키기 위해 인간을 육체의 독재하에 두려는 모든 것은 인간을 이끄는 '의지'와 적대시되고 절대적인 '악'의 대표자가 된다. 이와 반대로 인간과 짐승 사이에 놓여 있는 골을 넓혀 인간을 정신적으로 진화하려 하는 모든 것은 '선'이다.

관찰자의 견해에서 본다면 인간이 출현할 때까지 진화는 하나의 기관, 즉 뇌를 충분히 보호할 능력이 있는 육체 속에 만들고자 했다. 인간의 조상은 모두 무책임한 배우로 스스로는 이해하지 못하고 이해하려는 노력조차 하지 않았던 연극 속에서 강요된 역할을 연기하는 것에 불과하다. 그러나 인간은 자신의 역할을 계속 연기하면서 그 연기를 이해하고자 하는 욕구가 있다.

인간은 자기 자신을 완성할 수 있게 되었고, 또한, 그것이 가능한 유일한 존재이기도 하다. 그러나 자신을 개선하기 위해서는 스스로 자유롭지 않으면 안 된다. 왜냐하면, 진화에 대한 인간의 공헌도는 자신의 자유를 어떻게 쓰는가에 달려 있기 때문이다.

인간이 능동적이고 책임이 있는 한 개인으로 변신한 것은 인간을 특징 짓는 새로운 사건이다. 물론 진화의 오랜 메커니즘으로서의 자연도태는 앞으로도 스스로 역할을 다할 것이다. 그러나 이 자연도태는 이전처럼 생물학의 법칙과 우연이라는 느린 작용으로 좌우되는 것이 아니라 '양심', 다시 말해 자유에 바탕을 둔 뇌의 작용, 그 탄생 때문에 좌우되었다. 이 양심은 지금도 여전히 전진을 지속해 가는 수단으로서 인간 각자의 손에 맡겨지게 되었다. 우리는 진화의 달성 단계에 따라 진화와 퇴행 중 어느 하나의 길을 선택하게 될 것이다. 그리고 이 선택이야말로 우리가 도달한 완성도를 여실하게 보여줄 것이다.

진화를 추진하게
하는 진정한 원동력

어떤 사람이 만약 야수성과의 싸움에서 이기고 정신과 야심의 비뚤어진 사악함과 싸워 이긴다면 그것이야말로 인간적 존엄을 얻게 된다. 반대로 이 싸움에서 져 때로는 단순히 선조로부터 물려받은 본능에 불과한 유혹에 굴복한다면 인간은 진화의 길에서 벗어나 자신이 인간 공통의 노력에 공헌할 능력도 없고 가치도 없다는 것을 증명하는 꼴이 된다.

이것이 자연도태가 맡은 역할이다. 이미 살펴본 것처럼 동물은 자신이 생존경쟁의 적임자라는 것을 증명하기 위해 자연의 장애와 적과의 싸움에서 이겨야 했지만 진화한 인간은 그 대신 유혹과 싸워야 했다.

따라서 인간에게서만 엿볼 수 있는 위대한 인간적 특징, 즉 자신을 동물과 구분하는 것이야말로 진화의 진정한 원동력이라 할 수 있다. 이 특징은 진화를 통해 완전한 상태로 개선되고 달성되어야만 한다. 현재로서는 상상조차 할 수 없는 일이지만 직관적으로는 예지할 수 있고, 인간의 이상을 더럽히기보다는 순교를 택하게 할 만큼 강한 감화력이 있다.

인간의 가장 고귀한 의무는 자신의 능력을 충분히 발휘하여 진화의 새로운 국면에 공헌하는 것이다. 누구나 성실하다면, 그리고 자기 자신의 향상을 위해 노력한다면 그 노력의 결과와 공헌의 중요성에 대해 고민할 필요는 없다. 왜냐하면, 중요한 것은 노력 그 자체이기 때문이다.

이렇게 해서 그의 삶은 하나의 보편적인 의미가 있게 된다. 다시 말해 연결된 하나의 고리가 되는 것이다. 그는 더는 무책임한 완구가 아니라 억제하기 힘든 충동에 맹목적으로 따르면서 파도에 휩쓸리는 코르크 마개도 아니다. 그는 이미 퇴행하여 소멸하는 한이 있더라도, 진보하여 하느님의 업적에 공헌한다 하더라도, 언제나 자기 뜻대로 선택할 수 있는 의식적, 자율적인 요소이다. 인간의 모든 고귀함은 동물이 도저히 얻을 수 없는 자유에서 비롯된다. 인간이 자부심을 느껴야 하는 것은 바로 이것이지만 아무래도 인간은 이것 이외의 다른 모든 것을 자랑거리로 여기고 있다.

2

진화가 우리에게 직접 가져다주는
세 가지 '결과'

이런 진화 구조를 통해 직접적인 결과를 얻을 수 있는 것은 과연 무엇일까? 문제를 명확하게 하려고 다음과 같이 세 가지 항목으로 나누어 생각해보자. 첫째는 철학적 결과, 둘째는 인간적, 사회적인 결과, 그리고 셋째는 인간적, 도덕적인 결과이다.

1. 철학적 결과- '이성의 노력' 과 '직관의 노력' 의 융합이 불가결

진화는 제일 먼저 도덕적인 관념을 과학적 현상과 동일시할 수 있는 모든 사실로 바꿔놓는 결과를 가져왔다. 왜냐하면, 이 도덕적 모든 관념은 진화와 연관된 동시에 지금까지 진화의 유일한 기준이라고 오해했던 해부학적, 생리학적인 형질에 필적하는 새로운 요소를 보여주고 있기 때문이다.

이렇게 해서 도출된 보편적인 통일성이라는 사고방식은 충분히 만족할수 있다. 그것은 우리가 만들어 낸 개념적 세계에 하나의 동질성을 가져다주기 때문이다. 이미 책 서두에서 밝혔던 것처럼 동일화, 다시 말해 단순한공통 요소에 의해 복잡한 현상을 해석하려는 자세는 합리적인 사고의 일반적이고 자연스러운 경향을 보여주고 있다. 이런 방법을 통해 심령적, 도덕적, 정신적인 영역은 과학적인 분야 속에서도 뿌리를 내리게 된다. 그리고화학은 결국 종교에서 정점에 도달하는 직관적인 또 하나의 지적 활동 형식과 결부되는 것을 용납했다.

논리적인 사고가 힘겹게 도달한 윤리적 결론은 수천 년 전에 모든 종교가 이미 주장하던 것이었다. 견해를 바꾼다면 이것은 희한하게도 합리적인프로세스가 다른 프로세스보다 완만하다는 것의 증명에 불과하다.

이성적 노력과 직관적 노력의 융합은 이제 피할 수 없는 문제가 되었다.그러기 위해서는 과학 영역의 확대뿐만 아니라 모든 종교의 통일과 명확함이 필요하다. 왜냐하면, 종교는 하느님의 원리가 아니라 미신에 대한 추락으로 수많은 성실한 사람들을 멀어지게 했고 종교 자신이 그 추락의 잔해를온갖 의식으로부터 제거하지 않으면 안 되기 때문이다.

이런 종교의 명확성이라는 작업은 복음서의 가르침에 복귀하는 것과 다르지 않다. 그것은 무모한 방법이 아닌 느리지만, 인간의 진화와 밀접하게연관된 형태로 이루어져야 한다.

분명 순수한 기독교의 교리는 상대성 이론과 마찬가지로 오늘날 대다수의 사람에게는 이해하기 어려운 것이다. 그러나 일반 대중은 상대성 이론을 몰라도 전혀 문제가 되지 않으나 종교 없이는 살 수 없다. 그렇다고 해서 양만을 추구하고 질의 중요성을 간과해서는 곤란하다. 표면적인 세력의 확장과 신자의 획득에만 주력하고 다음 사실을 무시해서는 안 된다. 그것은 종교의 최고 목적이 확실하게 자각하기 시작한 개인의 노력과 본인의 도덕적 개선에 있는 것이지, 정도의 차이는 있지만, 지옥이라는 궁극의 위험을 피하기 위한 무상 보험이라 여겨지는 외면적 의식을 막연하게 따르는 것이 아니라는 점이다.

불관용과 광신자를
만들어 내는 장본인

우리의 시대는 과도기이며 자기 자신에 적응하는 것을 고통스러워하는 사람들에게는 수난의 시대이다. 아이들은 쉽게 적응하지만, 나이를 먹게 되면 적응은 쉬워지지 않는다. 이것은 생물학적, 사회적, 산업적, 지적, 종교적 영역을 막론하고 모든 분야에서 마찬가지다.

그러므로 무엇을 하든 간에 아이들, 그다음으로 학생들의 순서로 시작해야 한다. 물론 그러기 위해서는 중요한 책임을 짊어지고 있는 교사들의 선택과 예비교육이 필요하다.

문제는 폭력적, 평화적인 것을 막론하고 혁명으로 종교의 위신이 덜어진 유럽 제국들이 미국보다 더 심각하다는 것이다. 이 나라들에서는 초보 교육자, 과학적으로 봐서 시대에 뒤처진 유물론을 신봉하는 몇몇 예외를 제외하고는 반종교적인 태도를 보이는 변절자들 때문에 지금까지도 많은 위험이 표면화되고 있다.

파국을 피하고 싶다면 교사들은 과학과 종교의 대립과 같은 속설에 현혹되어서는 안 된다. 현대 과학에 비추어 생각한다면 이런 대립은 존재하지 않는다는 것을 마음에서 솔직하게 받아들여야 한다. 교사의 이성과 과학의 소양이 모든 사회적, 정치적인 영향에서 벗어나고 우리의 지식, 즉 '현실'과 일치하여 50년 전의 과학에 물들지 않는다면 위와 같은 확신을 얻을 수 있을 것이다. 합리주의는 철학이 아니다. 그것은 하나의 연구방법이고 그 권위는 과학에서 빌린 것이다. 과학 없이 합리주의는 존재할 수 없다.

만약 각국이 이런 방향으로 노력을 기울이지 않는다면 이성과 자유의 옛날 즉, 합리주의가 과거 당연한 반감을 일으켰던 불관용과 광신자의 재래를 이번에는 흔히 말하는 합리주의의 진영에서 만나게 될 것이다.

이런 사태는 이미 벌어지고 있다. 관념이 감상의 옷을 걸치게 되면 그것이 선이든 악이든 간에 불행하게도 관념 그 자체보다 인간에 대해 큰 영향을 끼치게 된다. 관념, 그 자체 더 관념을 표현하는 말이 순식간에 하나의 표어가 돼 모든 의미가 제거된 하나의 상징으로 바꾸고 만다. 비도덕적 행위로 인해 일어난 민중의 정당한 반항은 처음에는 훌륭한 성과를 거둘지도 모른다. 그러나 한동안 시간이 흐르면 완전히 상반되는 원리의 평계로 인간의 본성이 똑같은 전철을 밟으며 비도덕적인 행위를 저지르게 되는 것을 결코 막을 수 없게 된다.

과거 불관용과 광신자를 만들어 낸 것은 종교가 아니라 인간의 본성이었다. 이것에 대해서는 변명의 여지가 없다. 어떤 방법으로 선동하든 간에 대중의 반응은 항상 똑같다. 통상적으로 그것은 분노와 열광으로 드러나며 너무나 간단하게 광신으로 바뀌어 간다.

죄인은 간수를 감옥에 넣는 꿈을 꾼다. 그러나 그는 그것을 법률이라는 명목이 아니라 자유라는 명목하에 하길 원한다. 보편적인 인간이 자유에 대해 말할 때는 자기 자신의 자유를 생각하는 것이 보통이다. 솔선하여 타인의 자유를 지키고자 하는 것은 고도로 진화된 인간뿐이다.

이것이 게임의 원칙이며 이 게임은 계속되어 간다. '법률'과 '자유'라는 말을 들은 모든 사람이 그로 인해 보장되는 직접적인 이익만을 마음속으로 떠올리지 않는 한, 이 두 개의 단어는 앞에서 말했듯이 순식간에 열정 가득한 열광으로, 성난 함성으로 바뀌게 될 것이다. 다시 말해 만인이 '법률'과 '자유'라는 관념으로부터 이것들이 보여주는 위대한 이념과 부과된 의무를 깨닫지 못한다면 이 관념들 그리고 다른 모든 관념이 인간의 존엄에 대한 깊은 감각으로 접목되지 않는 한 항상 똑같은 사태가 반복될 것이다.

뇌세포는 어디까지
진화할 수 있을까?

종국적 궁극 목적론은 철학의 분야에서 육체와 정신의 분리는 두 번째 결과를 초래했다. 이 분리는 더는 신앙에 의한 것이 아니라 과학적인 사실이라 여겨야 한다. 왜냐하면, 육체에는 아직 적응 가능성이 남아 있다고는 하나 진화하는 것은 정신이지 육체가 아니기 때문이다.

단, 오해하지는 말았으면 한다. 앞 장에서 말했던 이 분리는 영혼을 육체와는 독립된 본질이라거나 단순히 육체에 깃든 실체라고 여기는 과거의 '생기론자'의 주장과는 전혀 다르다. 이런 생각은 도리로 볼 때도 용인할 수 없다.

여기서 말하고자 하는 것은 온갖 세포로 이루어진 뇌야말로 진화의 필요성이 있다는 점이다. 그러나 뇌는 우리가 직접 지각하는 심리적 측면에 있어 이미 그 물리, 화학적, 생물학적인 작용을 별도의 단계까지 발전하고 있다.

이 심리적인 현상에 대해서는 존재와 그 지각이 일치하고 여기에 중간적인 메커니즘은 개입하지 않는다. 심리적인 사실이란 그런 것으로서 존재하지만, 한편으로 그 현상을 만들어 낸 뇌세포의 구조적, 화학적 변화는 지금까지도 알려지지 않았다.

가령 그 변화를 담당할 수 있다고 해도 그 관찰은 간접적인 것에 불과하고, 또한, 그것은 감각이 가져다준 정보라는 매체를 통해 이루어진다. 뇌세포 내에서의 변화에 대한 감각적(시각적, 혹은 그 밖의) 정보가 이해되어 해석되기 위해서는 사고, 즉 우리의 뇌세포 작용이 여기에 개입되어야 한다.

가까운 미래에 뇌세포의 사고기능을 관찰할 수 있을 것이라고는 생각할 수 없고, 그 변화와 그로 인해 발생하는 특수한 관념을 결부할 수 있다는 것도 생각할 수 없다. 죽은 대상을 다루는 해부학적 연구는 당연히 제외되고 그 밖의 방법에 의지하더라도 수많은 가설이 필요할 것이다. 그와 달리 우리는 아무런 어려움 없이 자신의 관념을 조정하고 그것을 비판하고 개선할 수 있다.

뇌의 진화는 순수하게 추상적, 혹은 미적 관념에 의해, 즉 육체를 완전히 지배함으로써 가능한 욕구와 동경을 통해 명확해진다. 그러나 우리는 그것과 유사한 행동의 개입을 통해서, 즉 심리학적인 행동과 의지를 통해 비로소 뇌의 진화에 조직적으로 작용할 수 있다.

실제로 우리가 누군가에게 말을 할 때 전달하고자 하는 비물질적인 관념은 자신의 뇌세포 내의 물질적, 구조적, 그리고 다른 변화에 호응하고 그것이 대화 상대의 뇌세포 속에서 일어나는 변화까지 결정한다. 그러나 그 상대의 뇌에서 발생하는 인식 가능하고 조정 가능한 반응은 심리적인 물질을 가지고 있으며 물질적으로 탐지하거나 측정할 수는 없다.

이미 지적했던 것처럼(제1장) 설령 의지의 노력으로 전달할 수 있는 에너지의 양은 측정할 수 있더라도 그 질적인 결과는 측정할 수 없다. 우리가 '예스'라고 대답했을 때나 '노'라고 대답했을 때도 물질적인 노력은 아마도 같을 것이다. 우리는 때론 '노'라고 속삭이고 때로는 '예스'라고 외친다. 그런데 이 '노'의 속삭임이 한 남자의 절망과 자살을 의미하고 '예스'라는 절규가 그에게 위안과 생명력을 불어넣기도 한다. 소비된 에너지의 양은 그것이 창출한 결과와는 관계가 없는 듯하다.

우리는 인간 사상의 메커니즘에 대해 화학적으로(호르몬과 투약으로), 혹은 물리적으로(내분비선의 제거 수술을 통해) 영향을 줄 수 있다. 그러나 조직적, 점진적 방법으로는 결코 불가능하다. 우리는 병을 치료할 수 있고(티록신이나 갑상선 주사액의 주입에 의한 크레틴병의 억제 등) 기관의 작용을 정지하거나 상당 부분까지 회복하는 것이 가능하다. 그러나 그 기관 독자의 활동에서 빌린 처방 방법을 쓰지 않는다면 그것을 조종하거나 치료할 수도 없다.

여기서 우리는 어떤 특수한 현상에 직면하게 된다. 현상의 메커니즘은 물리, 화학적 법칙과 생명체에 종속되어 있지만, 그 작용은 작용 자체에서 비롯된 다른 규율을 따르고 있으며 만약 우리의 가설이 옳다면 진화의 빠른 법칙에 직접 좌우되고 있을 것이다.

이런 에두른 표현을 쓰지 않더라도 이와 똑같은 것이 성서에서 간결하게 기술하고 있다.

"우리는 마음으로는 하느님의 법률을 따르지만, 육체는 죄의 법률을 따르고 있다." (로마서 제7장 25절)

그러나 이런 지름길은 산을 관통하는 터널과 같은 것으로 목표지점은 같더라도 주변 풍경을 볼 수는 없다. 지적인 사람의 대다수가 더 험난한 길을 자력으로 한 걸음씩 걸어가면서 돌 하나하나, 쏟은 노력 하나하나를 돌아볼 수 없다면 장애를 뛰어넘었다는 확신을 하기 어렵다. 인간은 여전히 직관의 원천을 무엇 하나 인식하지 못한 채 그것에 불신을 품고 있다.

새로운 정신적
진화 프로세스

앞에서 말한 방법이든 그 이외의 방법이든 육체와 정신의 분리라는 원리를 인정한다면 주관적, 심령적 요소가 우위를 차지하게 된다. 양식이 있는 사람이라면 누구나 인간의 더 높은 동경을 낳는 요인이 과학적인 개념을 초월한다는 것을 잘 알고 있을 것이다. 우리 이성의 작용은 이 사실을 인식하고 이것을 우리의 우주 도식 속에 더해야 한다.

설명할 수 없는 동경의 존재와 자신을 뛰어넘고자 하는 의지의 절대적인 가치를 인식하지 않으면 안 된다. 도덕적으로 진보하고 싶다는 진지한 욕구와 그 방향으로의 노력은 언젠가 마음속 신전의 건설로 이어질 것이고, 그렇지 않다면 외부 세계를 향한 신앙의 표현은 무용지물이 된다.

그러나 이런 개인의 노력만으로 충분하지는 않다. 단지 그것이 필요하다는 것이다. 이런 노력만으로 충분하다고 단언한다면 그것은 인간의 진화가 추구하는 훌륭한 상태에 의지의 힘만으로 도달할 수 있다는 것을 인정하는 것과 같다. 그것은 있을 수 없는 일이다. 왜냐하면, 만약 그렇다고 한다면 인간은 인간이 나타나기 이전에 존재했던 진화의 창조자가 되기 때문이다.

인간에게 가능한 것은 진화에 협력하는 것뿐이다. 모든 경이적인 적응의 예에도 불구하고 진화의 끝없는 상승 걸음을 보증하기 위해서는 '반우연'의 지속적, 물리적인 개입이 필요했던 것과 마찬가지로 정신적 진화 프로세스에서도 획득한 형질의 지속을 위해서는 이 '반우연'의 개입이 필요하다.

그렇지만 진화 메커니즘은 같지 않고 우연한 작용과 돌연변이, 적응, 자연도태에 의한 새로운 형질의 느린 획득은 개인의 노력과 전통을 대신하게 되므로 이 새로운 정신적 진화 프로세스는 한층 더 급속하게 진행된다. 그리고 초자연적인 것의 개입도 이와 다른 형태를 취하며 그 출현 방식도 더 '경제적'인, 종전보다 낭비가 적은 것이 될 것이다.

생물의 느린 진화를 통해 처음에는 무수히 많이 보였던 실행 가능한 해결방법의 수, 다시 말해 원하는 방향으로 진화하는 데 적당한 형태의 수는 평균적으로 봤을 때 감소하고 있다. 이것은 선수권 시합을 할 때 예선을 통과한 많은 선수가 점점 걸러져 '준결승'에는 몇 안 되는 사람만 남는 것과 같다.

실행 가능한 모든 형태의 시험이 필요했을 때는 수십만 개의 알이 필요했지만, 포유류 특히 영장류가 되는 그 숫자는 감소하고 그 자손의 수는 한정되었다. 앞에서 말했던 것처럼 언어와 전통 덕분에 획득할 수 있었던 모든 특징이 마치 유전적인 것처럼 진행되어 간다. 왜냐하면, 인간은 그 자식에게 자신의 경험을 이용하게 할 수 있기 때문이다.

이렇게 해서 우리는 세대에서 세대로 계승하는 시간을 많이 절약할 수 있다. 각 개인은 과거에도 그랬던 것처럼 스스로 모든 우주를 하나부터 다시 배우는 대신, 그리고 편리한 돌연변이를 통해 일정 한계의 이익을 받을 그날까지 양친과 조상의 경험을 반복해 살아가는 대신 미리 위험에 대한 경고와 대처 수단까지 배우기 때문이다. 인간에게 있어 시간은 단축되었다. 시간의 가치는 이제 우연에 따르는 통계학적인 기준이 아니라 개인적인 기준에서 받아들이게 된다.

그러나 개인적인 적응 프로세스가 가속되면 도덕적 측면에서 획득한 특징을 유전(遺傳)화해 나가는 대규모의 진화 프로세스는 양심에만 의존하는 것이 아니라 진화의 정상적인 흐름에도 의존하게 된다. 인간은 양심과 의지와 성의를 통해 도태에 공헌하지만 자기 스스로 이 도태를 진행할 수 는 없다.

2. 인간적, 사회적 결과-윤리의 유전은 어떻게 전해지는가?

인간은 모두 그 능력이 허락하는 범위에서 더 완전한 인간적 이상을 지 향해야만 한다. 그리고 그 경우에는 하느님의 일에 자신을 편입시킴으로써 영혼의 평온과 내면의 행복, 영원한 삶을 얻고자 하는 이기적인 목적뿐만 아니라 능동적으로 그 일에 협력하고 진화가 약속한 우수한 종족의 도래를 준비하는 것을 목적으로 해야 한다.

그러므로 종국적 궁극 목적론의 이론은 모든 인간 사이에 새로운 유대 관계, 개인적인 편견은 물론이고 국가적 편견조차 없는 심원하고 보편적인 연대를 만들어 준다.

사람은 누구나 이 인류 공통의 업무에 공헌하지 않으면 안 되고 개인의 목적이 전체의 목적과 일치하는 이상 개개인에게 필요한 노력은 더는 희생 이 아니라 투자라고 해야 할 것이다. 이런 개인적 이익과 전체적 이익의 융 합이 실현될 수 있는 것은 도덕적, 정신적인 측면에 국한된다.

사회학자는 오랜 세월 이 문제를 연구해 왔지만 물질적 이익에 근거한 공동체만 떠올리고 탐구조차 하지 않았기 때문에 한 번도 이 문제를 해결할 수 없었다. 사회주의자의 윤리에는 항상 소름이 돋을 만큼 상상력의 결여를 엿볼 수 있다. 그들은 인간의 심리와 무한함이 무시되었고 게다가 기존체제에 대한 적응과 변혁만 주장되었다. 또한, 정치적, 당파적인 그룹의 위험한 사고방식은 항상 존중되지만 이런 사고방식은 인위적인 것으로 개중에는 잘못을 수정하기 위해서 유익하기는 하나 대부분은 자유의 제약, 그리고 독재까지 이어지는 결과를 초래한다.

이것이 물질주의에 오염된 모든 윤리의 숙명이다. 최근뿐만 아니라 어느 시대나 세계에는 이런 종류의 시험이 많았지만 이런 오십 보 백 보씩의 시험은 모두 다 실패의 쓴맛을 보고 있다. 그것은 마치 어떤 반응이 일어나는 용기의 형태를 바꿈으로써 그 반응의 성질을 바꾸려 하는 과학자와 같다고 할 수 있다.

진화의 길을
방해하는 '병적 증식물'

모든 악의 근원은 인간의 본질 그 자체에 있다. 이 악을 근절하기 위해서는 동물적 조상으로부터 물려받은 본능은 물론이고 인간적 조상으로부터 전수한 미신 또한 무력화하고, 제어 불능한 정신활동과 길을 잘못 들은 야심의 병적 증식을 억제하고 그 대신 인간적인 존엄의 감각을 심어 주어야 한다.

이것은 쉬운 일이 아니다. 양심적인 '인간' 이라는 매력적인 별명을 얻기 위해서는 일반적으로 인간의 온갖 쾌락의 원천인 모든 행동을 억제하는 것 외에 달리 방법이 없다는 것을 누구나 잘 알고 있다. 적어도 느끼기는 할 것이다.

극기를 위한 싸움에 대해 논할 때는 육체의 유혹뿐만 아니라 일상생활에서 비롯되는 정신적 왜곡도 문제가 된다. 이 왜곡은 앞에서 말했던 것처럼 진화의 길을 방해하는 '병적 증식물'을 말한다. 그 예는 남들 앞에서 돋보이고 싶다거나, 1등이 되고 싶다, 주목을 받고 싶다는 욕망이 그것이다.

우리는 모두 다소의 차이는 있지만 이런 욕망에 사로잡혀 있다. 이 욕망도 자기를 향상하고자 하는 노력과 동료 학생을 이기려는 노력의 형태라면 아무런 문제가 되지 않는다. 이것은 건전한 경쟁심을 의미하기 때문이다. 그러나 흔히 이 욕심은 애초의 목적을 벗어나 욕망 자체가 목적이 되곤 한다. 온갖 다양한 가면(식욕, 권력욕, 명예욕 등)을 쓰고 있는 이런 욕망은 모두 향상을 지향하는 진정한 내적 노력을 방해하여 진정한 목적으로부터 우리의 주의를 돌려놓는다. 그리고 때로는 지성이 내포한 가장 위험한 악덕, 즉 권력에 대한 갈망으로 바뀌기도 한다.

우리 대다수는 자신의 좁은 세계 속에서 잠재적 독재자다. 그리고 야심이 있는 사람들은 자신의 직업적 재능만으로 두각을 드러낼 수 없게 되면 지도자라는 매력적인 역할을 연기하고 싶어진다. 이런 경향은 개인적 향상의 족쇄가 되는 것은 물론이고 권력에 대한 도취를 일으킨다. 세계는 이런 경향이 얼마나 위험한 것인지 너무나 잘 알고 있다.

종교가 지옥을 생각해 낸 것은 이 사실을 알고 인간의 본성에 대해서도 깊은 지식이 있었기 때문이다. 그러나 현재는 지옥의 공포는 거의 지워져 있다. 역사가 긴 가톨릭에서조차 진정한 기독교도를 만드는 데 항상 성공한 것은 아니다. 경건하고 열심인 가톨릭 신자였던 스페인의 왕 펠리페는 임종을 앞두고 화형을 시킨 이교도의 수가 적기 때문에 인생의 마지막까지 불행한 건 아닐지 자문했다. 만약 똑같은 질문을 예수에게 했다면 과연 어떻게 대답했을까?

종국적 궁극 목적론과 기독교의 교리는 인간적, 사회적 결과에서도 일치하고 있다. 그것은 바로 완전한 자유의 절대적 필요성을 초래했다는 점이다. 최초의 세포 출현으로부터 오늘날까지 자유는 진화의 기준이 되어 왔다. 인격은 자유를 지향하고 독립을 지향하며 발전해 왔다. 그것은 목표인 동시에 또한, 도구이기도 하다. 인간은 언젠가 육체의 전제로부터 해방되어야 한다는 의미에서 목표이다. 선악의 자유로운 선택이 용납되지 않는 한 인간은 자신의 진화를 위한 노력도 불가능하고 자신을 내부로부터 깊이 개선할 수 없다는 의미에 있어서 도구이다. 이 점에서는 '기계인 하느님'이라는 놀랄 만큼 지적인 책과 의견이 완전히 일치한다. 이 주목해야 할 책에서는 오늘날의 인간이 직면해야 할 모든 문제를 다루고 있다.

3. 실천적, 도덕적 결과-편협과 광신을 추방하기 위해

아마도 오늘날 가장 중요한 것은 종교를 그 원천으로, 기독교의 기본 원리까지 되돌아가서 거기에 생명을 불어넣을 필요성과 종교의 교리에 숨어들어 미래를 위협하는 미신과 싸울 필요가 있을 것이다.

분명 기독교에 가미된 온갖 첨가물과 3세기에 시작된 인간적 해석은 과학적 진리에 대한 경멸이 한데 어우러져 유물론자와 무신론자에게 반종교

의 싸움에 가장 강력한 논거를 제시해 왔다. 그러나 이미 지적했다시피 특정 종류의 오랜 전통적 제례를 허락했다는 이유로 모든 교회를 비난할 수는 없다. 전설과 지역적 의식, 소박한 물신숭배는 이상을 지향하는 인간적 욕구와 가까운 신을 숭배하고 싶다는 욕구의 위태로운 표현에 불과하고, 그것은 또한, 불행과 위협에 처해 있는 인간이 온갖 방법으로 구체화해 나가는 기본적인 종교 정신의 표출이기도 하다.

불안과 고뇌, 공포가 없다면 진정한 인간다움을 익히거나 정신적 동경을 자유롭게 해방할 수 없다. 이 때문에 고통은 풍성한 결실을 보게 되고 특정 종류의 미신도 경의를 표할 가치가 있다.

그렇지만 미신은 가장 단순하고 사리 분별력이 없는 것만 용서되어야 한다. 미신이 단순한 사랑과 감사와 신뢰의 표현을 초월해 불관용과 광신의 흔적을 남기게 되면 위험하다. 이 두 가지 병폐는 인간의 가장 열등한 경향이 표현된 것으로 거만, 증오, 위선, 잔학성 등이 멋대로 만연하는 온상이 된다. 이 병폐의 존재를 용납한다면 어떤 종교도 승리할 수 없다.

이런 문제에는 기독교도 다른 모든 종교와 마찬가지로 고민해야 했다. 스페인에는 종교재판의 공포가 있었고 다른 유럽의 모든 국가와 미국에서는 마녀사냥이 있었다. 이것은 모두 이해 부족과 무지에 의한 그릇된 인간적 해석의 결과로 똑같은 하느님의 이름으로 똑같은 성서의 이름으로 이루어졌다. 오늘날 성서의 해석은 이것들과는 다르지만, 광신과 불관용은 사라지지 않았다.

단순한 의견의 차이가 다수의 죄 없는 순교자를 만들어 냈다는 것을 기억한다면 지금이야말로 성서를 가능한 한 신중하고 과학적으로 해석하려고 노력하는 것이 현명한 태도가 아닐까? 성서를 중시하고 인간 지식의 진보를 충분히 인식하는 종교를 무기 삼아 현실의 모든 문제와 맞서야 하는 것이 아닐까? 그것이야말로 합리적 사고를 홀로 독차지하려는 유물론자들의 공격에 대한 단 하나의 유효한 반격이 될 것이다.

성실한 기독교도에게는 복음서 이외의 책은 필요 없다는 반론이 있을지도 모른다. 그러나 여기서 성실한 기독교도를 설득하려는 것이 아니다. 우리의 바람은 그 외의 사람들을 획득하는 것이고 직관적이고 서정적 신앙과 과학과의 모순을 생각하며 고민하는 신자가 많다는 것도 경험을 통해 배우고 있다. 그들에게는 계몽이 필요하다. 그리고 이제는 성서의 낡고 상징적인 표현을 있는 그대로 받아들이면 현대의 요구에는 맞지 않는다는 것을 생각해 볼 때 성서와 같은 사고방식을 제시하고 같은 결론에 도달할 수 있는 과학적 표현을 최대한 받아들여야 한다.

이런 표현이야말로 현재의 불가지론과 종교적 무관심을 깰 수 있는 유일한 단어이다. 왜냐하면, 과학적 표현은 이미 그 가치가 입증되었고 현대의 지적 발달과 그 성과에도 호응해 왔다는 사실을 통해 매우 큰 권위를 점유하고 있기 때문이다.

과학에 의해 우리는 행성의 운행을 예지할 수 있고 원자의 운동을 지배할 수 있다. 과학은 고뇌를 완화하고 인간의 생명을 구한다. 그리고 자연의 무한한 복잡함과 진화의 아득한 웅대함을 과시한다. 게다가 과학은 정념에서 독립하여 하느님의 관념의 필요성으로 우리를 인도해 줄 것이다.

무엇보다 중요한 것은
'종이 울타리'를 걷어치우는 일이다

자연은 끊임없이 변화하는 하나의 체계로서 우리 앞에 모습을 드러내고 있다. 이 점에 대해서는 교회도 인정하고 있으며 거의 보조를 맞추며 지동설과 지구 구체설, 지구 역사가 오래되었다는 것과 진화 등을 하나하나 받아들여 왔다.

이렇게 해서 19세기에 들어서면서 교회는 성서가 과학적인 정확성이 맞아 떨어진다는 것과 성서에도 확고한 과학적 사실에 적용할 수 있는 여지가 있다는 사실을 인정하게 되었다. 따라서 신성이 서서히 우주를 정복하는 과정에서 일어나는 진화에 대해서도 고려해야 할 것이라고 요구하더라도 종교의 전통성과는 결코 충돌이 일어나지 않을 것이다.

물론 굳은 신앙심을 가지고 성서의 가르침을 바탕으로 생활하는 사람과 성직자조차 경험하게 되는 갈등을 깨닫지 못한 사람은 행복하다. 그러나 이렇게 순수하고 강한 신앙심으로 넘치는 사람은 그리 많지가 않다. 그렇지 않다면 우리가 온갖 비극과 크고 작은 범죄, 다툼, 추문에 휩싸여 있다는 현실, 그리고 자신의 실패를 인정할 수 없어 이런 것으로부터 눈길을 돌리는 현실을 어떻게 설명할 수 있겠는가?

몇 안 되는 훌륭한 예외를 제외한다면 인류가 보여주는 광경은 대부분 가슴을 아프게 하는 것들뿐이다. 그 이유를 이해하고자 할 때 우리는 일종의 선택 갈등에 빠지게 된다.

만약 신앙이 일반적으로 생각하는 것 이상으로 세상에 널리 퍼져 있고 게다가 그것만이 신뢰할 만한 것이라면 눈에 보이는 결과로 판단할 때, 이 신앙은 개인과 대중을 향상하기 위한 도구로서 평범한 가치밖에 없다는 것이 된다. 사람이 자신의 행동과 생활을 기독교의 이상에 맞추지 않는 한 신앙적인 태도와 열심히 교회에 나가는 표면적인 신앙심은 전혀 의미가 없다.

역으로 신앙이 그다지 널리 퍼져 있지 않다는 것을 인정함과 동시에 모든 교회의 영향력과 숫자, 위선 등을 생각해 본다면 그것은 교리문답과 성서와 설교가 설득력을 잃어가고 있다는 증거이자 결과로서 인간의 마음과 지성과 양심에 다가가기 위해서는 별도의 길을 모색하지 않으면 안 되게 된다.

이 두 가지 가설 중에 어느 쪽이 옳은 것인지는 알 수 없다. 두 경우 모두 수세기에 걸쳐 인간이 축적해 온 지적 자산을 이용하고 그것을 근거로 내재적, 직관적인 최고의 관념을 강화해야 한다는 점에 대해서는 결코 반론의 여지가 없는 것 같다.

무엇보다 중요한 것은 철책처럼 위장된 종이 울타리를 걷어내는 것이다. 아쉽게도 미래를 형성하기 위해 인간이 지금까지 이상으로 서로 힘을 합쳐야 할 때 이 종이 울타리는 사람들 사이를 가로막아 노력을 수포가 되게 한다. 이런 사실을 충분히 잘 알고 있는 교회가 적지 않다는 것을 나는 이미 알고 있다. 그러나 그렇지 못한 교회도 많고 우리는 이런 교회를 타파해야 한다.

진정한 과학자로서
필요한 '신앙'

인류의 도덕적 개선이 필요하다는 것은 많은 사람이 실감하고 있지만, 종교인 중에는 성서의 의미를 오해하고 제례의 실천과 하느님의 섭리만 고집하며 결국 사회 조직과 우연을 전폭적으로 신뢰하는 무신론자와 똑같은 모습을 보이는 사람도 있다. 이 둘의 태도는 겉으로는 전혀 다르게 보이지만 개인적, 내면적, 이성적인 노력은 다음으로 돌리고 있다는 점에서 그 결과는 똑같다.

신앙심이 깊은 선한 사람들에 대해 말하자면, 그들은 하느님의 종교와 관련된 비합리적 근본 문제에 다가가고자 하는 모든 합리적인 시험을 선구적으로 비난하며 터무니없는 거만함을 과시하고 있다. 이런 거만함에 좀 더 인간미가 있다면 칭찬할 만한 것이지만 현실적으로는 중세적인 불관용으로 경계심을 자극하는 것에 불과하다. 유물론은 외면적, 사회적인 해결만을 추구한다. 그러나 그것은 개인의 자유를 억압하며 독재제도, 혹은 그와 비슷한 곤충 '사회'를 연상케 하는 체제를 초래한다.

죽음과 고문의 위협에 노출된 인간은 단숨에 신앙심에 빠지게 되지만 그것은 본인의 지적 능력을 떨어뜨리고 단순히 선조의 미신으로 돌아갔기 때문이라는 주장도 있다. 그러나 반드시 그렇다고는 할 수 없다. 오히려 죽음의 위협에 노출된 모든 지적 능력이 온갖 비본질적인 것들로부터 해방되어 평범한 생활 속에서는 얻을 수 없을 만큼 극단적으로 명석한 상태에 도달하는 경우도 있다.

　또한, 설령 위험한 존재가 사고의 가치를 낮춘다는 것을 인정하고 평화로운 가정에서 조용히 사는 사람들의 정상적인 판단력만 인정할 경우에도 우리는 현대 과학과 철학을 구축하고 동시에 종교를 믿어왔던 대다수 위인의 판단력도 고려해야 할 것이다. 과학사에 작은 흔적을 남길 확신조차 없으면서 뉴턴, 패러데이, 맥스웰, 앙페르, 파스퇴르와 같은 사람들이 자신보다 지적으로 열등하다고 단정하는 과학자의 허영심은 혀를 내두를 정도이다.

　과학은 진화를 계속하고 있으며 위에서 열거한 사람들이 오늘날의 우리만큼 지식이 없다는 주장도 있을 것이다. 이런 주장에 대한 대답은 다음의 사실만을 떠올리면 될 것이다. 그것은 오늘날의 위대한 과학자 대다수가 신상(神像)을 가지고 있다는 점이다. 그리고 과거 40년 동안 얻을 수 있었던 모든 사상은 유물론적인 견해를 강화하기는커녕 그것을 과학적으로는 지지할 수 없는 것으로 바꾸어 놓았다는 것을 증명하기 위한 것이 제1부의 내용이다. 위대한 천문학자이자 수학자인 에딩턴과 세계의 우수한 생물학자들의 대다수는 과거 20년 동안 이 문제에 대해 적지 않은 공헌을 했다.

진화에 있어
'지적 노력'의 무게

　　　　종교적 광신자와 무신론자는 모두 똑같은 인간의 약점과 거만함, 그리고 인간의 정신활동 한쪽은 무시하거나 부정한다는 공통된 판단의 실수를 하고 있다. 광신자는 지성을 부정하고 무신론자는 직관을 부정한다. 지성과 직관이 조화를 이룬 상태에서 인간의 인격이 비롯된다는 사고방식이 그들의 염두에는 없는 것이다.

자연의 곳곳에서 노력이 엿보인다. 생산하고 보존하는 활동을 인간이 왜 저지해야만 하는 것일까? 추상적인 지성이라는 새로운 인간 독자의 활동은 그것이 무언가 역할을 다하기 위한 것이 아니라면 왜 굳이 만들어졌겠는가?

하느님을 믿는 사람은 모두 그 어떤 과학적 사실도 그것이 진실이라면 결코 하느님과 대립하지 않는다는 것을 알아야 한다. 그렇지 않다면 과학적 사실 그 자체가 진실이 아닌 것이 된다. 요컨대 과학을 두려워하는 사람은 신앙심이 강하다고 할 수 없는 것이다(이것은 광신자의 경우에도 마찬가지다).

인간이 잉태한 모순이란 이미 정의했던 것처럼 비합리적인 동경과 조상으로부터 물려받은 본능과의 싸움 속에 있으며 이 모순의 해결을 위해서는 모든 뇌 기능의 협력이 필요하다. 이것은 지적 노력에 하나의 의미를 부여하는 것이자 강제적으로 무언가 방향을 제시하거나 제한을 두는 것은 아니다.

노력하고자 하는 욕구, 높은 수준에 도달하기 위해 싸우고자 하는 욕구가 존재한다는 것은 부정하기 어려운 사실이다. 이 욕구는 아직 그다지 넓게 퍼지지는 않았지만, 인류의 가장 고귀한 특성이자 무엇보다도 그것이 진화라는 신성한 사업에 인간을 가장 명확한 형태로 결부하고 있다. 진리에 이르는 길은 하나밖에 없다거나 지적 노력은 모두 비난받아 마땅하다는 단언을 할 자격이 우리 중 대체 누구에게 있단 말인가?

3
인간의 새로운
'창세기'를 향하여

인간에게 있어서 인간적 존엄과 거기에 포함된 모든 것을 손에 넣는 것이 유일한 목적이어야 한다. 다시 말해 인간은 모든 지적 획득물, 사회로부터 자유로운 사용이 허락된 모든 시설(학교, 대학, 도서관, 연구소 등) 종교가 제공하는 모든 것, 그리고 자신의 재능과 일, 여가를 발전하기 위해 주어진 모든 기회를 개성과 도덕적 자아를 개선하고 진보하기 위한 운명적 도구로 생각해야 한다.

만약 인간이 도덕 교육과 지적 교육을 자신의 지적 활동의 영역, 권력, 위선을 확대하기 위한 수단, 혹은 물질적 풍요를 얻기 위한 수단으로만 생각한다면 잘못을 범하게 된다. 그 사람이 익힌 과학과 교양은 본인의 도덕적 개선과 타인의 진보를 위해 활용해야 한다.

교육은 그 자체가 목적이 되면 불모의 것이 되고 이기적인 감정과 특정 집단의 이익에 종속되면 위험해진다. 아무리 다양한 지식의 축적이 있더라도 이것을 외적으로밖에 활용하지 않는 인간, 인류에 대한 책임의 한 요소로써 진화하지 않은 채 삶을 마감하는 인간에게는 아무런 우위성도 제공되지 않는다.

사람은 자신을 감싸고 있는 추악한 것에 눈을 감아야 하고 발목을 붙잡는 덫으로 인해 길을 잘못 들어서는 안 된다. 사람은 자신의 혐오감을 극복하고 마음속 깊은 곳에서 용솟음치는 아름다움에 눈을 돌려야 한다. 왜냐하면, 이 아름다움이란 지금은 환상일지 모르지만, 내일은 진실이 되기 때문이다.

인간은 타인을 설득하거나 타인과 싸우기 전에 자신과 싸우고 자신을 설득해야 한다. 본인에게 허락된 모든 수단을 동원하여 흔들리지 않는 신앙심을 정립하기 위해 최선을 다해야 한다. 설령 그것이 인간의 존엄과 운명에 대한 신념에 불과하더라도 그렇게 해야 한다. 방법은 문제가 되지 않는다. 앞에서도 말했던 것처럼 서로 다른 계곡에서 출발한 여행자가 어떤 길을 선택하더라도 멈추지 않고 오른다면 모두가 산 정상에서 만나게 된다. 자신이 최선의 길을 선택했다고 의기양양할 필요도 없고 자신의 길을 가라고 억지로 강요해서도 안 된다. 누구나 뇌의 구조, 그리고 유전과 전통을 따르면서 각자에게 가장 적절한 길을 선택하고 있다.

사람은 타인을 지원하고, 계몽하고, 도와줄 수는 있다. 그러나 그 덕분에 잘 되는 사람이 있는가 하면 그렇지 못한 사람도 있다. 사람은 누구나 스스로 싸워야만 하고 그러지 않으면 진보는 바랄 수 없다. 진리에 이르는 지름길은 존재하지 않는다.

중요한 것은 성실한 노력뿐이다. 인간 서로의 정신적 혈연관계를 강화하는 것이 바로 이런 노력이고 이렇게 맺어진 인연은 다른 그 어떤 유대관계보다 진실하다. 지금은 얼마 안 되는 소수의 사람에게만 감춰져 있는 완전한 도덕이 진화의 결과 예수 때문에 퍼져나간 보편적 이해와 사랑의 가르침과 마찬가지로 언젠가 수많은 사람 속에서 꽃피우게 될 것이다. 그동안 사람은 끊임없이 자기 자신을 개선하면서 그날이 오기를 기다릴 수밖에 없다.

자기를 완성하기 위해 노력하고 내면의 신전을 구축하여 자기만족에 빠지지 않고 자아 반성을 통해 인간은 무의식적으로 영혼의 형태를 만든다. 그리고 그 영혼은 주변에 널리 퍼져나가 타인의 마음속에 스며들게 된다.

사람은 자기 자신을 추구함으로써 형제를 발견한다. 진보를 위해서는 자기 자신과 싸워야만 한다. 자기 자신과 싸우기 위해서는 자신을 알아야 한다. 진정한 자신을 알게 되었을 때 사람은 관용을 배우게 되며 자신과 이웃을 가로막고 있는 벽을 서서히 허물 수 있게 된다. 개인의 존엄을 추구하고 그것에 경의를 표하는 것 외에 인간적 연대로 향하는 길은 없다.

우리 속에
도도히 흐르고 있는
'불멸성'

CHAPTER

17

새로운 '인간의 운명'의 시작 ②

−인간의 추락에서 구원할 유일한

'영지(英智)'

1

'궁극 목적론'은
우리의 관념을 어떻게 바꿀까?

우리는 지금 사차원, '시간' 여행의 종점에 가까이 다가가고 있다. 현재까지 제기되어 왔던 모든 가설 대신 궁극 목적론이라는 조금은 다른 사고를 통해 관찰된 모든 사실 속에서 만족할 만한 상관관계를 세울 수 있었다. 또한, 진화와 연관된 폭넓고 독자적인 개념 속에서 더 많은 현상을 다룸과 동시에 극히 인간적인 모든 활동, 특히 도덕관념을 다룰 수 있었다. 그것을 통해 논리적으로 도출된 실천상의 모든 결과는 성서에서 도출된 결과와 거의 같은 것이었다.

그러나 우리는 지금까지 시사해 온 지침에 의해 모든 것을 설명할 수 있는지, 그것이 결정적인 것인지 생각해 본 적은 없다. 우리의 생각에 이 지침은 결코 도달할 수 없는 진리로 향하는 하나의 추이에 불과하다. 그러나 이 반론을 통해 우리는 진화의 개념을 인간과 그 지적, 도덕적 발전을 포함한 자연 전체로 확대하여 거기서 최종적인 해결책을 추구하지 않는 한 그 어떤 진화도 불가능하다는 것을 확신하고 있다.

그런데 어떤 가설을 선택한다 해도 그것은 라부아지에(Antoine Laurent de Lavoisier; 1743~1794, 프랑스의 화학자이다. 근대 화학의 아버지라 불린다.)의 시대부터 서서히 확립되고 강화된 과학적 체계의 통일성을 존중하는 것이어야 한다. 이 과학적 체계는 물리학과 화학의 분야에 있어서 일반 법칙과 보편적인 원칙을 포함하고 있다. 또한, 그 체계 전체는 정확성과 균질성이 매우 높아서 객관적인 현실 속에 존재하는 유사한 체계와 합치할 것이다. 물질 법칙의 구조, 특히 우연한 법칙, 다시 말해 결정론에 대한 현대 사고방식의 구조를 고려하지 않는 진화론은 모두 자동으로 배제되어야 한다.

우리가 궁극 목적론을 받아들이게 된 것은 감상적인 이유 때문이 아니다. 그것은 때론 새로운 현상의 발견을 가져다주는 추론과 모든 점에서 똑같은 추론의 결과이다.

최근 수년 동안 궁극 목적론의 사고방식은 온갖 시험과 가능한 모든 비판 속에서 저항하며 발전해 왔다. 우리의 가설은 무기물에 대한 과학이 얻은 그 어떤 성과와도 모순되지 않는다. 자연현상의 메커니즘을 존중한 통계학적인 면에서 이것들의 메커니즘을 진화에 참가시킨 점에서 지금까지 제기된 모든 가설보다 뛰어나다. 그러나 이 이론은 카르노와 클라우디우스의 원칙이 생체 조직에는 해당하지 않는다는 것을 인정하려 하지 않는 일부 저명한 과학자의 비과학적인 감정을 상하게 할지도 모른다.

그들이 이 이론의 잘못을 실험적으로 증명하고 싶다면 그렇게 하라고 하자. 늙은 생물학자인 나는 그들의 실험 결과를 전혀 걱정하지 않는다. 그러나 그 실험이 제대로 되기 위해서는 오랜 시간이 필요하지 않을지 걱정될 뿐이다.

물질적 우주와
정신적 우주가
서로 보완하는 세계

독자 중에는 이런 가설의 범위가 도덕적, 정신적 영역까지 미친다는 사실에 깜짝 놀란 사람도 있을 것이다. 그러나 이것은 너무나도 논리적인 것이다. 실제로 우리가 궁극 목적론의 필요성을 받아들인 이상, 초과학적인 '반우연'의 개입 없이 진화는 설명할 수 없다는 것을 인정한 이상, 그 설명을 과학적으로 인식된 계측 가능한 현상만으로 국한할 필요가 없어진다.

우리의 이론은 물리, 화학적인 법칙의 작용에 관한 한 오늘날까지 발전해 온 이론과 근본적으로 전혀 다르지 않다. 다르다면 그것이 확실하게 궁극 목적론의 성격을 띠고 있다는 것과 가장 단순한 생명 조직에서조차 이런 물리, 화학적 법칙이 무기물의 법칙과는 다른 미지의 더 일반적인 법칙에 의해 조정되고 지배되고 있다는 것을 인정하고 있다는 것뿐이다.

이와 비슷한 제약은 무기물의 세계에서도 엿볼 수 있다. 예를 들어 결정이 있는 균질한 모액(母液) 내에서 발달하고 브라운 운동으로 부과된 통계학적 균일성을 깨뜨리는 비대칭성을 일으킬 경우, 혹은 표층에서 활동하는 분자가 '흡수' 될 경우, 이 분자들이 다른 분자로부터 분리되어 기브스와 톰슨의 법칙에 따라 표면에 떠오르는 경우이다. 이 두 예의 경우 용액을 둘러싼 '특수' 법칙은 이런 특수한 분자에 적용되는 다른 법칙에 의해 제약을 받는다. 생명은 어떤 특정 용액(원형질)에 특수한 성격을 부여하고 그 용액을 새로운 법칙에 따르게 한다.

여기서 우리가 제안하는 가설은 분명히 하나의 공준(公準;증명은 불가능하지만, 기본적인 전제가 되는 명제로 학문적, 실천적으로 인정을 받는 것)에 근거하고 있다. 그러나 그것은 유클리드의 기하학의 경우도 마찬가지고 아인슈타인의 이론에는 12개 이상의 공준이 있다. 이것은 수많은 다른 근대 이론에 대해서도 마찬가지다.

그러나 우리의 가설 공준은 인간에게 하나의 존재 이유를 부여하고 그 인생에 하나의 명확한 의의를 가져다주는 유일한 것처럼 여겨진다. 그것은 과학적으로 보더라도 유익하며 지금까지 애매했던 수많은 문제가 빛을 보게 해 주었다. 나아가서는 인간의 내면 활동을 진화 전체와 결부해 모든 인간이 갈망하는 정신적 지주에 대한 합리적 설명을 부여한다.

만약 우리가 이 책의 처음 몇 장에서 상세하게 설명했던 사고방식에 따라 대담하고 광범위한 추정을 하게 된다면 뉴턴 경의 신중한 주장에 따라 다음과 같이 말할 수 있을지도 모르겠다. "물질적 우주는 생명이 없는 혼돈과 죽음을 향해 낙하한다. 한편, 정신적 우주는 조화와 완전성을 향해 무기물 세계의 재 속에서 떠올라 마치 이 둘의 동시 출현으로 보완되듯이 모든 것이 진행된다."

그렇게까지 극단적으로 가지 않고 좀 더 알기 쉬운 방법으로 비근한 범위에 국한된 추정을 근거로 자문할 수도 있다. 뇌의 활동이 지속하도록 운명이 정해져 있는 것은 도덕적이고 정신적 영역인지, 아니면 순수하게 지적인 영역인지 말이다. 이것은 숙고할 필요가 있는 중요한 문제이다.

2
인간이 우주를
초월하는 '그 날'

"지성은 어원적 의미에서 보면 인류를 끊임없이 배우는 학생으로 만든다"(파스칼). 그러므로 인간은 우주에 대해 항상 열등한 상태에 놓여 있다. 그러나 언젠가 인간이 모든 것을 깨닫는 날이 올 것이라고 가정해 보자. 그때 인간은 스스로 과학을 어떻게 다루겠는가? 인간이 성공한 결과로 어떤 일이 일어나겠는가?

인간은 배울 것이 사라지면 더 이상 아무런 비밀도 없는 지적 노력에 시간을 할애하거나 과학의 대상인 물질적 사물에 흥미를 잃게 된다. 지성에만 의지하는 천재와 학자들은 혐오의 대상이 되고 그 결과 공동생활을 견디기 어렵게 된다. 이기주의와 온갖 천박한 정념이 끝없이 퍼져 간다. 감정적인 고뇌와는 전혀 인연이 없는 냉정함이 마음속을 파고드는 것을 피할 수 없으며 논리만이 숭배된다. 권력에 대한 갈망은 현대의 전쟁에서 볼 수 있듯 파괴를 위한 온갖 발명에 의지하면서 끔찍한 대립 전쟁을 일으키고 수많은 인간을 노예 상태로 빠뜨리게 될 것이다. 한편, 만약 지성이 인간의 모든 야심을 지워버린다면 인간은 아름다움조차 빼앗긴 신비함이 전혀 없는 세계에서 따분함을 느껴야 할 것이다. 왜냐하면, 지성에서 완전히 벗어난 미적 감각이 앞으로 살아남을지는 미지수 이기 때문이다.

이렇게 인류는 야수적 활력으로 되돌아가 풍부한 번식력을 갖게 되지 않는 한 급속도로 멸종의 길을 가게 될지도 모른다. 그러나 상상할 수 있는 물질의 진보와 종교적, 도덕적 결여를 고려해 볼 때 인간이 동물로 되돌아가는 것은 거의 불가능하다.

또한, 누구나 완전하고 평등하게 지적으로 될 수 있는 인간사회를 만드는 것은 불가능하다. 그것은 전 국민이 모든 스포츠 기록을 경신할 수 있는 국가를 만드는 것과 마찬가지다.

평균적인 사람들보다 지성이 뛰어나고 본인만 타인들에게 부과된 사회적 규율에 얽매이지 않는다고 생각하는 사람이 반드시 있다. 그들이 정말로 우수한 지성을 갖추고 그 어떤 도덕적 제약도 받지 않는다면 결국 올더스 헉슬리(1894~1963. 영국의 소설가 · 비평가)가 상상했던 것 같은 문명, 지성이 이르는 종착점을 비극적이리만큼 적나라하게 지적했던 문명이 펼쳐지게 될 것이다.

그리고 지적 만족감을 구체적으로 분석하면 대부분의 경우 일반적으로 쾌락의 진정한 근원이 되는 개인적, 감정적 요소가 보이게 된다. 지성은 기쁨을 증대하기 위해 노력하는 것이라는 움직임이 있을지도 모른다. 그러나 이기적이라고 하는 단정할 수 없는 기쁨을 어떻게 지성이 추구할 수 있다는 말인가? 반대로 지성이 그것들과 싸우고 끊임없이 합리적인 다른 기쁨으로 바꾸려 한다면, 여기서는 필연적으로 진화를 적대시하는 인간의 추락이 초래된다.

종국적 궁극 목적론의 처지에서 본다면 그것은 악이다. 인간적인 견지에서 본다면 그것은 인간에 대한 우리의 지식과 모순된다. 왜냐하면, 도덕적인 가치가 어느 시대에서나 커다란 위선을 유지하고 도덕적으로 뒤떨어진 사람까지 포함해서 모두에게 존중되어 왔다는 것이 명백하기 때문이다.

순교 정신은 인류를 움직이게 하는 가장 강력한 수단의 하나이며 피에 굶주린 군중을 정의와 자유라는 이상을 위해 스스로 죽음을 선택하는 집단으로 바꿀 수 있다. 혁명 중인 정부 지도자가 "순교자를 내지 않겠다."고 조심하며 대중들이 손댈 수 없는 광적 믿음을 자극하지 않으려는 것도 바로 이 때문이다.

희생을 기쁨으로
변화시키는 '도덕률'

사람은 정말로 공평무사하다고 여겨지면 아무리 정묘한 철학에 대해서도 항상 우위를 발휘할 무적의 힘을 만들어 낸다. 사람들은 본능적으로 그것을 알고 있다. 그것을 위한 어떤 설명도 필요 없다. 그들은 마치 이런 태도가 확고한 이상의 상징이고 그 이상에서 벗어나면 스스로 정념과 두려움과 악덕에 졌을 때뿐이라는 것을 알고 있는 것 같다.

예수가 십자가에 못 박혀 죽지 않았다면 과연 기독교가 발전할 수 있었을까?

도덕률은 공평무사를 강요한다. 불쾌하고 곤란하고 고통스러운 태도를 보이도록 우리에게 명령하는 것이다. 이 요구는 영원히 살며 향락을 추구하는 것만을 생각하는 육체의 반발을 초래하는 경우가 많다. 또한, 그것은 신앙이 없는 사람에게는 여전히 막연할 뿐이다. 자기 보존의 본능보다 강력한 무엇, 다시 말해 인간의 존엄이라는 것을 위해 이기적인 감정을 억제하도록 강요하는 것이다.

이 인간적 존엄에 대한 깊은 인식이 높은 도덕적 존재로서의 인간을 만들고 숭고한 정신으로 인도한다. 이런 가혹한 도덕률이 때로는 지성을 이용하여 그것을 타파하려고 하는 인간으로부터도 전폭적인 존경을 받게 되고 그로 인해 스스로 존재를 확고한 것으로 만들 수 있었던 것은 엄청난 기적과도 같다.

도덕률은 희생을 요구하지만 동시에 그것을 보상하고도 남을 희열 또한, 창출한다. 과업을 달성하고자 하는 감정에는 일종의 완전한 만족감이 동반되고 그 만족감만이 영혼의 진정한 평화를 가져다준다. 도덕적 인간은 주변에 행복과 선의를 퍼뜨리고 그것이 무리일 때는 그 대신에 인내를 퍼뜨린다. 물론 여기까지 도달한 사람은 거의 없다. 그러나 진화가 추구하는 것은 바로 이런 이상이며 무미건조한 개인적이고 비인간적인 지성의 편중주의가 아니라는 것을 염두에 두는 것이 응당한 것 아닐까?

지성 편중주의가
초래하는 위기

지성은 인간의 적응과 생존과 정복을 도우며 중요한 역할을 해왔고 미래에도 이것은 변하지 않을 것이다. 지성은 종교와 과학의 궁극적 화해를 이루어 주겠지만 그러기 위해서는 종교가 이런 목적을 바람직한 것이라 깨닫고 도움의 손길을 내미는 것이 전제조건이다.

그러나 다른 모든 적응 프로세스와 마찬가지로 지성도 내버려두면 진화에 역작용을 일으킬 수 있다. 합리적 사고는 분명 과학적인 모든 법칙의 발견을 통해 진화에 공헌했고 인간은 그 법칙을 산업에 응용함으로써 환경을 지배하고 자신을 해방할 수 있었다.

그러나 지성은 한편으로 전쟁을 더 흉악한 것으로 바꾸고 하느님의 관념, 절대적인 선악의 개념에 도전하여 하나의 목표를 부정하고 더 나아가 인생과 인간의 노력으로부터 모든 의미를 빼앗음으로써 진화와 지성의 대립을 불러일으켰다. 눈앞의 이익을 이겨내고 전진할 수 없는 지성, 눈이 가려진 진화처럼 현실을 볼 수 없게 된 지성은 더는 진보를 위한 훌륭한 도구가 아니게 된다. 그리고 하나의 기형, 일종의 괴물이 되고 만다. 그 순간 지성은 지성적임을 포기하게 된다.

오늘날 우리는 지성과 도덕 중에 어느 것이 승리를 거둘 것인가 하는 문제에 직면해 있다. 인간의 운명, 인간의 행복은 우리 인간이 무엇을 선택하는가에 달려 있다. 지성 편중주의는 결국 공리주의적인 도덕으로 갈 수밖에 없다.

이 공리주의적인 도덕은 실용적으로 보이지만 머리가 아니라 마음으로 느껴야 할 신비적, 절대적인 특성, 그리고 도덕률의 권위와 힘이 의지해야 할 특성이 없다. 순수하게 지적인 논리학에 의해 확립된 모든 규칙이 종교적인 규범과 일치한다는 것은 인정하더라도 이 규칙들은 강제력이 있어야 비로소 준수될 민법과 같은 냉혹한 권위밖에 없을 것이다.

붙잡히면 처형을 당하거나 투옥된다는 이유만으로 살인과 도둑질을 하지 않는 인간은 그리 훌륭한 본보기가 아니다. 지성만이 모든 것을 지배하게 된다면 우리가 가장 자랑스럽게 여기는 모든 인간적 특성, 다시 말해 의무, 자유, 존엄, 공평무사한 노력이 가진 미덕 등의 감각은 조금씩 소멸하여 점점 잊히고 결국 문명은 흔적도 없이 사라지고 말 것이다.

반대로 만약 도덕률이 지배한다면 그것은 정신의 자유로운 발전에 전혀 장애가 되지 않는다. 도덕률은 점점 그 영역을 넓힘으로써 인간적, 직관적, 지적인 특성의 모든 것이 완전히 자유로운 발전을 이루게 될 것이다. 그리고 인간적인 정신이 꽃을 피우고 더없는 완성도를 보여줄 것이다.

어떻게 해서 정신이 진화할지는 문제가 아니다. 또다시 반복하지만 중요한 것은 개인의 노력이다. 진정한 진보는 내면적인 것이다. 그리고 그것은 전적으로 도덕적, 정신적인 것에 가치를 두고 엄밀하게 인간적인 감각의 측면에서 향상을 지향하는 성실하고 곧은 욕구에 달려 있다. 자신을 뛰어넘고자 하는 의지, 이것이 가능하다는 신념, 그렇게 하는 것이 진화에 있어서 인간의 역할이라는 확신, 이것이야말로 인간 법칙의 틀을 형성하고 있다.

3

인간으로서
이 세상에 남겨야 할 '흔적'

'인간'의 운명이 이 세상에서의 존재에만 국한되어 있지 않다는 것을 결코 잊어서는 안 된다. 인간의 존재는 살아 있는 동안에 이룬 행동보다도 유성처럼 그 배후에 남겨진 흔적에 의해 확인할 수 있다. 그러나 본인은 그것을 깨닫지 못하고 있을 수도 있다. 자기 죽음이 이 세상에 있어 스스로 실체성의 끝이라고 착각하고 있을지도 모른다. 그러나 죽음은 더 위대한, 그리고 더 뜻깊은 생의 시작일지도 모른다.

한 인간의 생명 지속기간과 그 사람이 후대에 끼치는 영향력의 존속 기간을 비교해 보면 우리는 그 불균형에 놀라움을 금할 수 없다. 사람은 누구나 소극적이든 화려하든 간에 무언가 흔적을 남기고, 우리는 이것을 모든 삶의 행위 속에서 확신해야 한다.

자신의 성격과 모범적인 행위와 의견에 의해 자식들과 친구로부터 칭송을 받는 가장의 예를 들어보자. 그에 대한 추억은 죽은 뒤에도 오래 남고 그의 언행은 그를 모르는 사람들에게도 영향을 끼칠 것이다. 그의 가장 훌륭한 자질, 혹은 친척과 친구들에게 이따금 무심코 했던 것들이 완전히 사라지는 일은 없다. 하물며 그가 사상가나 예언자라고 한다면 그들이 남긴 흔적은 실로 인상적이고 우리의 도덕 생활의 변하지 않는 골격이 형성된 것도 그런 사람들 덕분이다.

　　분명 그 이름은 5, 6천 년이 지나면 잊힐 것이다. 우리는 오랜 구전(口傳)을 계승하고 그들의 인격과 이 세상에서의 짧은 기억을 영구히 전하기 위해 그것을 문자로 남긴다는 전설을 시작한 사람들에 대해서밖에 알 수 없다. 그러나 이런 알려지지 않은 선구자들은 비록 이름을 남기지 않은 채 세상에 남겨졌다고 하지만 역시 현실적 존재임에는 변함이 없다.

　　비유적인 표현을 이용한다면 정신적 진화의 눈부시게 아름다운 항해 흔적, 개개인의 인생 흔적의 집대성으로서 영원이라는 어두운 배경에 밝게 빛나게 된다. 누구라도 바라기만 한다면 스스로 배후에 다소라도 빛나는 발자취를 남기게 된다. 그리고 그 발자취가 지금의 길을 넓히고 앞으로 뻗어 나가 폭넓은 발전에 공헌하게 된다.

우리 속에
도도히 흐르고 있는
'불멸성'

　　　　　이것은 일종의 비개인적인 불멸성이라 할 수 있는 것으로 우리
는 그것에 확신을 가지고 있다. 개개인의 불멸에 대해서 합리적인 사고방식
으로는 파악할 수 없지만, 개개인의 흔적이 존재한다는 것을 인정한다면 의
문의 여지는 거의 없다.

　죽은 이를 매장하고 두 개의 돌로 지붕처럼 올려 얼굴을 가린 최초 인간
의 흔적. 아이들에게 동료를 죽여서는 안 된다고 명령한 최초 인간의 흔적.
사냥조차 할 수 없는 부상자나 나약한 이에게 음식을 제공해야 하며 죽도록
내버려둬서는 안 된다는 결단을 한 최초 인간의 흔적. 이 흔적들은 모두 당
시보다도 지금 현실적인 것으로 존재하고 있다. 그러나 우리는 이런 찬란한
흔적을 남긴 사람들에 대한 감사의 마음을 잊고 있다. 그들은 언제 어디서
나 우리와 함께 있다. 현대인은 태곳적부터 흐르는 강의 지류로 이집트의
피라미드보다도 영속적이고 인상적인, 눈에 보이지 않는 불멸의 한 가닥 실
에 의해 가장 먼 과거의 조상과 이어져 있다.

　오늘날의 모세, 부처, 공자, 노자, 예수의 흔적은 그들이 살아서 인류의
운명과 행복에 대해 걱정했던 시대보다 더욱 큰 영향을 끼치고 있음에 틀림
없다. 선행을 쌓기 위해 노력하고 인류의 진보에 공헌한다는 기쁨 이외의
보수를 기대하지 않는다면 인간이라는 존재가 완전히 사라지는 일은 없다.
우리의 지적 노력도, 그 어떤 과학도, 인간 자신에 대해, 인생의 의의에 대

해, 그리고 인간의 내면에 잠재된 자질에 대해 더 깊은 이해를 할 수 있게 해 주는 것이 아니라면 아무런 도움도 되지 않는다.

원생동물이 불멸의 존재라 하더라도 그것은 결코 우리의 야심을 만족할 수 없다. 중세대의 대형 파충류의 흔적인 화석은 인간을 격려해 줄 수 있는 기념물이 아니다. 인간이 그 배후에 남겨야 할 흔적은 더 높은 차원의 것이다. 그것은 하나의 이상을 지향하는 의지와 하느님에 더 가까이 다가가기 위한 부단한 노력을 통해 나타난 인간의 진정한 우위성을 증명하는 것이 아니면 안 된다.

4
1만 년 뒤
'현대 문명' 의 운명

현대 문명은 대체 무엇을 남겨야 할까? 1만 년 뒤, 혹은 2만 년 뒤의 먼 미래에는 물질적 측면에서 노력한 흔적은 남지 않을 것이다. 우리가 가장 자랑스럽게 여기는 현대 건축물들조차 건조한 풍토에서 지켜지고 있는 이집트의 모든 사원의 안정성과 장엄함을 얻기 위해서는 아직 갈 길이 멀다.

금속은 산화되고 철근 콘크리트는 풍화된다. 위대한 예술작품과 서적들 또한, 설령 전쟁의 참화에서 구사일생으로 살아남는다 해도 언젠가는 잿더미가 될 것이다. 그 속에 담긴 사상 중에 몇몇은 인간의 정신구조가 크게 변하지 않는 한 먼 훗날까지 남을지도 모른다. 그러나 도덕관념의 예측 불가능한 흐름은 물질에 대한 복수를 하는 양 폐허가 된 사원에 남겨진 불멸의 화강암 사이를 영원히 구불거리며 흘러 유성처럼 그 도덕관념의 흐름만이 찬란한 과거의 유일한 증인이 돼 버렸다는 사실을 충분히 상상할 수 있다.

자신의 정복에서 엿볼 수 있는 장족의 진보도 여기에 호응하는 도덕적 발전이 없다면 우리가 당연히 과학과 비합리적인 것(신앙), 즉 예측 가능한 것과 예측 불가능한 것과의 통일과 조화 위에 성립된다. 그것은 또한, 물질과 정신의 모든 관계의 해명과 자연 진화에서 본능의 노예가 돼 있는 동물과 자유롭게 행동하는 인간 역할의 구별만을 토대로 성립된다. 이런 해명과 구별이야말로 이 책의 목적이며 그러기 위해 우리는 진화의 미래가 인간의 수중에 있다는 것을, 그리고 그것이 정신의 미래와 같다는 것을 밝혀 온 것이다.

이런 고찰은 소수의 사람에는 도움이 되겠지만 무의식중에 기본적, 절대적, 초인적인 진리를 추구하는 대다수 인간을 만족시키기에는 부족하다. 앞으로도 오랫동안 평균적으로 봤을 때 인간은 일상생활과 진화에 있어 책임 있는 행동을 취해야 한다는 임무의 조화를 이루는 것이 불가능할 것이다.

인간은 행동 여하에 따라, 혹은 사소한 것이든 고귀한 것이든 그 의무를 완수하는 방법에 따라, 더 나아가 감정적인 문제를 해결하는 방법에 따라 하느님의 협력자도 될 수 있고 진화의 부스러기도 될 수 있다. 그러나 사람은 이에 대해 현재로서는 충분히 이해하고 있다고 할 수 없다.

인간에게는 계몽과 격려와 조언과 위안이 필요하다. 효과적이고 공평무사한 도움은 기독교에서 볼 수 있는 현명하고 발상이 풍부한 인간적 전통을 통해서만 가능하다. 기독교는 인류의 모든 정신적 유산의 계승자이자 영원한 불꽃의 수호자이다. 그리고 이 불꽃은 가장 위대하고 순수한 사람들에 의해 사라져 가는 수많은 문명의 시체를 뛰어넘어 태곳적부터 면면히 전해져온 것이다.

모든 것을 삼키며 진행된

진화의 '절대적 조류'

새로운
'인간의 운명'의 시작 ③

−인간으로서 자랑스러운 '선구자'가 되기 위해

1

인간으로서
'연대관계'의 태동

모든 인간에게 '보편적'인 사고방식을 요구하고 자기 자신을 전 인류의 구성요소라고 여기도록 요구하는 것은 시기상조다. 지금까지도 '세계의식'을 일깨우기 위한 시험은 진행되었다. 이 발상은 고귀한 것이지만 그 예로써 제시한 논거는 너무 막연하고 너무 감상적이고 합리성이 떨어졌기 때문에 대다수 일반인뿐만 아니라 소수의 선택된 사람들의 심리적 능력까지 대응할 수 없었다.

인간이 이런 보편적 심리상태까지 도달할 수 있을지 없을지는 대부분 환경과 각 분야에서의 발전 정도에 달려 있다. 만약 동굴 생활을 하던 석기시대 사람에게 '국가적'인 사고를 하라고 요구한다면 이해가 불가능할 것이다.

그들의 선조는 '가족'이라는 시점에서 모든 것을 생각했다. 그로부터 수천 년이 흐르고 나서야 겨우 가족의 개념을 자신들의 자식뿐만 아니라 형제의 자식까지 넓혔고 다시 마을을 구성하는 씨족으로 넓혀갔다. 그러나 그들의 관심 범위는 수렵활동을 통해 지배할 수 있는 한정된 지역을 벗어나지는 않았다.

인류는 서서히 퍼져나갔다. 다른 지역보다 척박한 토지에서 태어나 호전적인 종족은 도중에 침략과 약탈과 학살을 저지르면서 사방팔방으로 퍼지고 세분되어 다른 종족 속으로 침투해 갔다. 멀리까지 진출한 종족은 국지적인 전투 외에는 별다른 저항 없이 무력으로 그 지역을 차지했다.

정주민족에 대한 유목민족들의 이런 침략을 통해 이전까지는 접촉하지 않았던 이민족 집단끼리의 연결이 강해지면서 일종의 공동생활 상태를 이루게 되었다. 그로부터 많은 시간이 흐른 뒤 개인적 원한이 사라지게 되면서 이 공동생활 상태는 끝없이 확장되는 영토에 퍼져나가 공동체라고 하는 관념을 만들어 냈다.

강과 산 등, 자연의 장벽은 새로운 침략자를 방어하는 방어막이 되었다. 공동의 이해관계로 인해 생겨난 연대감은 더 멀리 있는 종족에까지 퍼져나갔다. 지도자는 더욱더 힘을 키웠고 '국가'의 개념이 국지적인 전쟁을 반복하면서 점점 더 확고한 것으로 두각을 나타냈다. 새로운 '도덕적 인격', 즉 '조국'이라는 개념이 발달하게 된 것이다. 인간은 '국가적'인 사고방식을 갖게 되었다. 이런 시대는 그렇게 수천 년이나 지속하였고 현재의 우리도 그 속에서 살고 있다.

시간과 거리가
'절대' 적인 것이 아니게 된다

이렇게 모든 세기를 통해 자기 이외의 인류에 대한 우리의 태도를 일변할 정도의 큰 사건은 전혀 일어나지 않았다. 말이 가장 빠른 교통수단을 대표하는 동안 거리는 변하지 않고 물질적인 구조는 견고함을 유지할 수 있었다. 덕분에 인간의 삶은 위대한 문명의 발달과 찬란한 예술의 개화에 최적인 일종의 고귀한 리듬을 만들어 낼 수 있었다.

그런데 약 백 년 전, 매우 느리기는 했지만, 지구가 좁아지기 시작했다. 철도가 출현하면서 아무리 먼 거리도 문제가 되지 않을 만큼 모든 대륙을 축소하고 인구의 집중을 재촉하면서 사람들의 야심을 자극했다. 마치 감옥문이 활짝 열려 버린 것 같았다. 또한, 지금까지는 지도상의 여러 색상의 반점으로만 연상하게 했고, 때로는 기괴하고 희한한 옷을 입고 이상한 습관을 지닌 사람들에 대한 터무니없는 전설을 환기할 뿐이었던 말들이 마치 진정한 의미가 부여된 것 같기도 했다.

증기선에 의한 항해는 점차 15세기의 뱃사람들이 들려준 신화의 숨통을 끊어 놓았다. 백색인종은 조금씩 지구를 침략하여 지역적인 전통과 독창적인 습관을 파괴했다. 대신 면제품, 무기, 그리고 악덕 등을 남겨주었다. 이것이 흔히 말하는 '문명' 이 걸어온 길이다.

결국, 20세기 초 비행기와 라디오의 출현으로 지구 전체는 호수지방의 주민이 보는 스위스 정도의 크기까지 축소되었다. 현재의 우리는 점점 좁아지는 대공원에 사는 것과 같다. 시간이 존중되지 않게 된 것은 물론이고 시간의 도움으로 창조된 작품도 지금은 중요하게 여기지 않는다. 왜냐하면, 시간은 경쟁에서 지고 말았기 때문이다.

과거에는 불패를 자랑했던 적도, 인정사정없는 싸움의 결과도 대담한 계획을 가로막는 심각한 장애가 아니었다. 또한, 인간은 거리의 문제를 없애버림으로써 자신의 행동범위와 그곳에 사는 사람들에 대해 아는 방법을 배웠다. 인간은 스스로 동포들과 친밀해져서 더는 주변을 둘러싼 신비도 존재하지 않게 되었다. 여전히 인간은 자신의 기준에 따라 판단을 하고 있다. 그것은 자유로운 개인적 판단으로 주변을 통해 들은 이야기에 좌우되는 것이 아니다.

세상의 아무리 먼 곳 이야기라도 순식간에 전달되어 시드니나 브루클린의 큰 화재, 혹은 갠지스 강과 미시시피 강의 범람이 바로 눈앞에서 보듯 생생한 가치를 가지게 되었다. 왜냐하면, 사건이 일어난 직후나 적어도 2, 3시간 뒤에는 소식이 귀에 들어오게 되었고, 뉴스가 흘러나오는 사이에도 이런 사건은 끊이지 않기 때문이다.

사건의 잔인성을 완화해 주는 것은 거리가 아니라 시간이 되었다. 실황 중계는 박력이 넘쳤다. 그 이상의 것은 사건 당사자가 아니면 느낄 수 없을 것이다.

"끔찍한 기근이 1840년에 인도를 덮쳤다."라고 하는 문장과 "끔찍한 기근이 현재 인도를 덮쳐 어제는 1천 명이 넘는 사람이 굶어 죽었다."라고 하는 문장 사이에는 엄청난 차이가 있다. 100년 전에 아사한 사람들은 현재 죽어 있는 것에는 변함이 없다. 그러나 어제나 오늘 아침 죽은 사람들은 어쩌면 살릴 수 있었을지도 모른다.

바로 이 순간 왠지 모를 책임감이 마음속을 파고든다. 전날 찍은 가슴 아픈 사진을 보면 "내가 식사를 하는 동안 그들은 굶주림에 쓰러져 다시 일어날 수 없다."는 상상력이 자극된다. "눈앞에 놓여 있는 음식을 준다면 불쌍한 아이들 몇 명은 살릴 수 있었을 텐데."라고.

그리고 정부가 저지르는 범죄에 분노하게 된다. 순식간에 전달되는 전파에 의해 거리와 산맥과 바다 등, 모든 장애물이 사라지고 새로운 연대감이 싹트기 시작한다. 이렇게 지구상의 사람들 사이에 끈끈한 인간적 연대감이 착실하게 구축되어 간다. 그것은 모두 시간의 장벽을 무너뜨릴 정도의 기적적인 발명 덕분이다.

인간이 원시의
'곤충사회'로 되돌아갈 위험성

놀라운 지성의 산물인 라디오는 이렇게 해서 종교의 임무 중 하나, 즉 인간의 친선과 상호이해에 크게 공헌해 왔다.

언젠가 인간은 '보편적 사고방식'이 가능하게 될 것이다. 인간의 기계적 지성은 결국 도덕적 직관을 구원하게 되었다. 인간은 동포의 고통으로부터 자신을 격리하고 주변으로부터 고립화시켰던 시간과 공간의 장벽을 허물어 수세기의 세월을 절약했다.

지평선은 더 가까워졌고 시야가 넓어지면서 마음도 온화해졌다. 인간의 위대한 천성은 아마도 진정한 진화, 우주적 진화에 공헌하게 될 것이다. 그리고 인간은 자신이 진화를 만들어 내는 장인인 동시에 수혜자이기도 하다는 것을 이해할 때 틀림없이 진화의 깊은 의미를 깨닫게 될 것이다. 왜냐하면, 그는 이제 온갖 외적 수단을 갖추고 있으며 그것이 상호연대의 유대관계를 강화하는 데 필요 불가결한 내적 노력을 쉽게 해 주고 있기 때문이다. 그리고 이 유대관계가 있으므로 인간은 인류라 불리는 거대한 유기체라는 세포의 하나가 될 수 있다.

　　그러나 불행하게도 기계적 진보는 '대규모에 효과적'인 전쟁이라는 또 하나의 결과를 초래했다. 이제 적은 바로 옆에 있는 인간이라고 단정할 수 없다. 기차로 뉴욕에서 캘리포니아를 가는 것보다 비행기로 지구 반 바퀴를 도는 것이 더 빨라진 지금, 적이 지구상 어디에 있어도 이상할 것이 없게 되었다.

　　전쟁으로 인해 무기 조작에 모든 시간을 허비하고 식료품 공급이 원활하지 않게 된 국민들이 나오기 시작하면 인간은 저 먼 과거의 곤충 사회로 되돌아가고 만다. 대다수 인간이 보편적인 사고방식을 익히고 하나의 공통된 이상이 모든 사람의 의지를 움직여 같은 이상 하에서 각국 정부가 그 활동을 공동세습 재산의 관리와 개인의 자유옹호로 한정하는 날이 올 때까지 전쟁에 종지부가 찍히지는 않는다. 특별히 비관적이지는 않더라도 우리가 아직 이런 단계까지 오르지 못했다는 것은 지적할 수 있다. 그러나 2, 3천 년 뒤에는 반드시 커다란 변화가 있을 것이다.

2

인간 속의 '개성, 양심'을
지키기 위한 싸움

우리는 인간의 운명과 정신의 미래를 크게 신뢰를 하고 있다. 그러나 가까운 미래(21세기)가 세계의 행복을, 삶의 기쁨을, 평온을, 그리고 진화가 약속한 진보의 시대로 돌입했다는 만족감을 가져다줄지 불안감은 남아 있다. 이런 꿈과 당연한 바람은 언젠가 반드시 실현되겠지만, 그것은 개개인의 양심적 발달 정도와 성서가 가르치는 미덕의 침투 정도, 그리고 인간적 존엄의 이해 정도에 따라 좌우된다.

인간이 진정한 문제, 내면의 문제에 노력을 집중하지 않는다면 허무한 발버둥 속에서 힘을 낭비하게 되어 결국은 판에 박힌 인격을 형성하여 개성이 질식하고 마는 집단의 형성을 통해 그 자유가 제한되고 말 것이다.

집단을 지키기 위해서는 구성원의 희생도 불가피하다는 사고방식에 따른 새로운 윤리는 유일한 의미를 가진 개인적 도덕성을 위협하거나 그것을 두 번째 지위로, 그러니까 집단의 지배하로 내몰아 발전을 막을 것이다(국가 사회주의와 공산주의를 지칭). 그리고 인공적이고 완전히 외면적인 연대를 강요 당하게 된다.

이것은 결코 인간의 최선의 양심에서 분출돼 주변을 비추는 것을 대신 할 수 없다. 개개의 요소를 진정한 의미에서 결합하기 위해서는 단순히 그 것을 하나의 상자 속에 밀폐하는 것만으로는 부족하다. 그 요소를 하나하나 용접할 필요가 있다. 오로지 집단의 물질적 이익만을 꾀하고자 하는 강제적 연대는 진정한 인간적 연대에 역행하고 발전을 저해한다.

아쉽게도 세계가 막 경험한 혼란(2차 세계대전) 때문에 앞으로도 인간은 피폐한 채로 남겨져 개인주의는 위험에 빠지게 될 것이다. 사람들이 바라는 것은, 특히 유럽에서는 장기간에 걸쳐 침략과 아사, 추위 등에 대한 안전 확 보에 한정될 것이다. 인간은 틀림없이 진절머리가 날 정도의 고통을 맛보게 될 것이다. 이미 우리는 선사시대 선조들의 공포를 재발견하게 되었지만, 앞으로는 서로 뭉칠 필요성, 군집 정신, 유목민의 기본적인 본능이 대중들 속에서 다시 모습을 드러낼지도 모른다.

그 전조는 이미 찾아볼 수 있다. 아마도 그것은 직업적 방어조직 등의 증 가를 통해 구체화할 것이다. 이런 조직은 개인적 이익의 옹호로부터 출발하 지만, 일반적으로 개성의 말살과 자유의 억압으로 끝나게 된다. 물질에 종 속되어 개성을 잃은 채 영혼이 없는 사회적, 혹은 정치적 기구에 무릎을 꿇 는 날, 인간은 물적 보호라는 허무한 바람 속으로 도망치려 하지만 결국 악 랄한 지도자에 의해 이용당할 뿐이다.

인간의 정신력은 때로는 에너지와 명확한 전망의 결여로 인도하는 것만을 추구하는 사람들에게 실망감을 안겨주는 경우도 있다. 그러나 이 정신의 힘과 돌아서는 것이라면 양심 그 자체가 숨어 버릴지도 모른다. 그렇게 되면 아마도 인간 진화의 암흑시대, 정체불명의 암투가 반복되는 시대, 모든 자발성에 대한 불신이 소용돌이치는 시대, 그리고 진정한 문명의 퇴행 시대가 찾아오게 될 것이다.

제발 이것이 우리의 착각이기만을 바랄 뿐이다. 그러나 시대의 전조를 제대로 파악한다면 설령 그 전조의 몇몇이 과장된 것이라 해도 인류를 구원할 유일한 방법을 종교에서 찾을 수 있다는 것만은 틀림이 없다. 그러나 여기서 말하는 종교란 근원적인 이상에 의해 활력을 부여받아 과학의 진보를 인식하며 공평하고 사색적인 지성에 편견을 불러일으키는 모든 제약을 초월하여 높이 날아오르는 건전한 기독교가 아니면 안 된다. 교회가 이렇게까지 인류를 위로하고 도와야 하는 의무를 다하도록 긴급한 요청을 받고, 또한, 고귀한 기회를 얻은 적은 과거 2천 년 역사 속에 단 한 번도 없었다.

모든 것을 삼키며 진행된
진화의 '절대적 조류'

원래 이런 문제점들은 먼 미래에 국한된 이야기로 인간의 상승적 진화에 대한 우리의 신뢰는 그로 인해 조금도 흔들리지 않는다. 실제로 작금의 생물 연구 덕분에 그 어떤 특수한 메커니즘도 그보다 훨씬 일반적인, 그리고 우리의 우주를 관장하는 모든 법칙과는 연관이 없는 연쇄 관계를 통해서만 추정할 수 있는 법칙에 의해 지배되고 있다는 것이 속속 밝혀지고 있다. 이렇게 해서 우리는 더 높은 관찰기준에서 일련의 현상을 관찰할 수 있게 된다.

이 현상들은 간헐적인 사건으로 나타나지만 때로는 하나의 균질한 전체 중 일부라는 사실을 보여주는 규칙적인 진전 또한, 보여주고 있다. 그것은 마치 산악지대를 통과하는 구불구불한 터널에 들어갔을 때 바위에 뚫린 창 너머로 바깥 풍경이 언뜻언뜻 보이는 것과 같다. 이 멋진 풍경은 간헐적이면서 풍경과 그 배경이 시시각각 변해 서로 분리된 것처럼 느껴진다. 그러나 우리는 이 모든 것이 같은 협곡의 풍경으로 단지 터널 벽에 가로막혀 전체상이 보이지 않을 뿐이라는 사실을 알고 있다.

많은 과학자의 노력으로 우리는 진화의 역사를 대략 연상할 수 있게 되었지만, 그 역사는 터널의 예에서와 같이 고생물학의 발견 때문에 열린 창을 통해 명확해졌다. 단, 그 창은 공간이 아니라 시간의 창이다.

우리는 1천만 세기 이상에 걸쳐 생명 형태의 느린 진화를 관찰하는 것뿐만 아니라 이 진화가 환경과 그것을 지배하는 모든 법칙으로부터 독립되지 않았다는 사실도 관찰하고 있다. 진화는 세부에 이르기까지 주변의 환경에 의해 모습을 형성해 왔고 환경이 변화할 때마다 새로운 조건에 적응하는 새로운 형태가 나타난 것이다. 그 결과로 생겨난 지구상의 현상들은 시간의 지속을 보여주는 모든 특징을 가지고 있으며 표면적으로는 모순된 모든 법칙의 지배를 받는 두 개의 그룹 활동의 합성물이기도 하다. 이 지구적 현상을 지배하고 최종적으로는 인간을 만들어내는 데 이른 모든 법칙에 대해서는 아직 해명되지 않았다.

어쨌거나 우리는 이런 놀라운 모험을 통해 진화하는 최후의 가지인 것이다. 우리는 거대한 진보를 이루었다. 그것은 다른 그 어떤 동물과도 다른 양심을 가지게 됨으로써 스스로가 진화를 만들어 내는 장인이 된 덕분이다.

그러나 우리는 무기적인 물질세계는 물론이고 유기적인 물질세계와도 수많은 연결고리로 이어져 있다. 인류가 먼 미래의 운명을 향해 매우 느리게 고생을 하면서 밀물처럼 전진하고 있다는 것을 생각해 볼 때, 지금까지 알려지지 않은 모든 법칙이 거기에 존재한다는 것을 유추할 수 있다.

무생물에 대한 일반 법칙이 자연의 '특수' 한 모든 법칙을 포괄하는 것과 마찬가지로 이 미지의 모든 법칙도 예기치 못한 온갖 사건과 마주하면서 분명 그것들을 감싸게 될 것이다. 마치 질서의 피라미드가 존재하는 듯이, 또한, 위대한 전체적 차원에서의 조화는 저차원에서의 일시적 동요에 의해서는 절대 흔들리지 않는 것처럼 모든 것이 진행된다.

생명 진화의 관찰 기준에서 말하자면 1천 세기를 한 단위로 봤을 때 시간은 비로소 의미가 있게 되며 인간적인 기준에서 보면 그것은 1천 년 단위일지도 모른다. 그러나 인간의 지성은 수십만 년에 달하는 지구적 현상을 끊임없이 변하는 것으로 파악할 힘이 부족하다. 그리고 육체적인 고통과 감정적 고뇌에 지친 지성은 설명하기 힘든 무언가로부터 경고를 받아 부당하다고 여겨질 수 있는 반역에 직면하지 않으면 안 된다.

전쟁 같은 사건의 영향하에서 기계의 진보와 그로 인한 사회적 문제로부터 발생한 변화에 적응해야만 했을 때, 인류는 심한 동요를 일으켜 조타를 쥐고 있는 손이 흔들려 방향을 벗어난 것만 같다. 그러나 우리를 무의식적으로 복종하게 하는 고매한 법칙은 불과 1천 세기도 채 되지 않아 인류를 현재의 상태로 인도했으며 이것을 생각해 본다면 진화의 기본에서 볼 때 거의 눈에 보이지 않는 일시적인 정체 따위는 웃음거리에 지나지 않는다.

인류는 분명 당황하고 갈피를 잡지 못하는 것처럼 보이기도 한다. 그러나 방향을 바로잡아 줄 도선사에 의해 항상 항로를 유지하는 배와 마찬가지로 인류는 목표지임과 동시에 스스로 존재 이유이기도 한 항구에 반드시 도착하게 될 것이다.

이성의 판단에
'마음의 소리'를 더하다

사람은 일상생활과 동포와의 관계에서 이성으로 대하며 이때 자기 마음의 소리에 귀를 기울인다면 잘못을 많이 줄일 수 있을 것이다. 실제로 올바른 판단이라 할지라도 반드시 문제점이 있기 마련이다. 왜냐하면, 판단의 절대적 가치를 부여하기 위해 불가결한 요소를 모두 긁어모으는 것은 도저히 불가능한 일이기 때문이다.

그러므로 더없이 합리적으로 보이는 판단에는 모두 잘못의 원인이 숨어있다. 왜냐하면, 첫째, 그런 판단은 우리가 생각하는 것만큼 합리적이지 않고 항상 어느 정도의 감정이 내포되기 때문이다. 둘째, 그것은 불완전한 정보에 근거하기 때문이다.

어떤 경우라도 감정을 고려하지 않으면 안 되는 이상 의심스러운 상황에는 감정적인 요소가 많이 내포된다는 사실을 솔직하게 인정해야 한다. 공정하기보다는 관대한 것이 낫다. 이해하려고 하기보다는 공감하려 노력하는 것이 바람직할 때도 있다.

정신 발전의 운명과 관계가 없다면 개인적 관용을 키워갈 필요가 있다. 그러나 이런 관용은 무관심과 나약함, 비겁함에서 비롯된 것이어서는 안 된다.

"똑같지 않은 원인을 똑같이 취급하는 것만큼 사악한 부정은 없다."라고 한 아리스토텔레스의 말을 잊지 말아야 한다. 침략을 좋아하는 국민과 뿌리까지 악한 인간들이 힘을 얻는 것은 희생자의 인도적 감정에 익숙해져 그것을 핑계로 기어오르는 것이 원인이다.

그들은 문명인이 고문과 대규모의 조직적 파괴, 문화인의 대량 추방 등을 절대 하지 않는다는 것을 잘 알고 있다. 인간의 목소리가 짐승의 울부짖음을 뒤덮고 있는 개인과 민족으로부터는 해악을 불러일으킬 힘을 빼앗아야 한다.

3
'이상적 국가'를
만들기 위해서

개개인은 물론이고 모든 국민에게 있어서도 스스로 무엇을 원하는지 알아야 할 시대가 왔다. 만약 모든 문명국가가 평화를 추구한다면 이 문제에 대해 근본적인 검토가 필요하다는 것을 이해해야 한다.

과거 수세기에 걸쳐 우리가 계승해 온 낡은 발판은 여기저기 금이 가 있다. 아무리 당장 위험을 벗어날 방책을 모색하고 약간의 끈과 아교를 이용하더라도, 혹은 고위 관료가 이런저런 조약에 정중히 서약하더라도 이 발판을 완전히 수리할 수는 없다. 게다가 수리하는 것만으로는 더는 충분하지 않다.

평화라는 것은 외적 건축물을 구축함으로써가 아니라 인간 내면의 변화를 통해 구축된 것이어야 한다. 앞에서 말했듯이 모든 전쟁의 근원, 모든 악의 근원은 우리의 마음속에 존재하고 있다. 적이 우리의 마음속 깊은 곳에 꿈틀거리며 멋대로 설치고 있다면 외부의 보강책은 전혀 도움이 되지 않는다. 적은 시간의 도움을 빌려 반드시 제거하겠다는 강한 의지로 몰아내지 않는 한 절대로 근절할 수 없다.

적을 박멸할 방법은 한 가지밖에 없다. 첫째, 전 세계의 청소년에게 '하나의 똑같은 영양분'을 줌으로써 역사적 진실에 대한 교양을 심어 주고 상호 이해의 초석을 세우는 것이다. 이것은 준비 단계이고 당장에 착수할 수 있는 과제이다. 둘째, 개개인의 인간적 존엄에 대한 숭배를 확립하기 위해 노력하고 인간의 태곳적 본능의 뿌리를 끊고 인간성의 개선을 위해 노력하는 것이다. 이것은 향후 수세기에 필요한 사업이 될 것이다.

더 나은 사회를 더 확실하게 건설하기 위해서는 젊은이들에게 직접적인 작용을 하는 수밖에 없다. 모든 거짓된 신비주의 그것이 사회적이든 철학적, 정치적인 것이든 자유와 인간적 존엄의 존중에 근거한 유일한 신비주의, 다시 말해 기독교적 신비주의를 대신해야 한다.

사람들이 똑같은 교육을 받고 똑같은 도덕률을 따르며 보편적인 사고방식을 익힌다면 서로 싸우고자 하는 생각을 쉽게 받아들이지 않게 돼 상호 이해를 위한 첫걸음이 된다. 현재의 국가들은 개인에 의해 구성되어 있으면서도 독자의 생명을 가졌고 스스로 존속이라는 목표를 위해 모든 노력을 다하고 있다. 때로는 국민의 이익을 성실하게 추구하고 때로는 단순히 지도자를 위해, 또는 이 지도자가 개인적 이념보다 위대하다고 확신하는 이상을 위해 최선의 노력을 다하고 있다.

물론 모든 나라는 적으로부터 자국을 지켜야 할 의무가 있다. 그럼으로써 국가의 기본이 되는 개인을 지킬 수 있기 때문이다. 그러나 정부는 빛을 확산하고 사악함을 근절하고 미래를 대비할 의무도 있다. 이 의무를 다하지 않는다면 게임은 끝없이 이어질 것이고 사회 구조를 아무리 바꾼다 하더라도 국가제도 그 자체를 지탱하는 정신이 개선되는 것은 아니다.

국가제도가 현재의 상태에 머무르고 있는 한 문명과 진화의 걸음은 더뎌진다. 왜냐하면, 나라에 따라서는 그 활동과 노력이 침략으로 이어지거나 방어를 향하는 곳도 있기 때문이다. 도덕적, 정신적, 지적 교육이 일체가 되었을 때 비로소 각 개인의 일치협력이 이루어질 수 있고 이것만이 안정적이며 영구적인 사회를 구축할 수 있는 강력한 초석을 제공한다.

국가는 '인간'의 종이 되어 개인의 자유로운 발전을 통해 인간을 지키고 개개인에게 가치가 있는 것이어야 한다. 국가는 인간을 지배해서는 안 된다. 일국의 가치는 아이들이 가치에 대한 총계이다. 개인의 발전을 추구하는 대신 스스로 이익에만 눈길을 돌리고 있는 정부는 퇴화의 길을 걷게 돼 인간의 존엄성을 위협하게 된다.

인간이 자신을 충분히 인식하고 단순히 어린애 이상의 존재로 다뤄지는 날이 올 때까지는 아직 갈 길이 멀다고 여기는 사람도 있을 것이다. 분명 그것은 맞는 말일지도 모른다. 그러나 그러므로 더더욱 인간의 발전과 그 목적에 맞는 사회를 건설하는 데 도움을 줄 필요가 있다. 국가의 목표가 국민이 추구해야 할 것과 서로 다르다면 그 어떤 현실적 진보도 바랄 수 없기 때문이다.

인간에 관한 문제는 모두 개인을 통해 해결되어야 한다. 그리고 이 개인은 공장이든, 국가이든, 그가 소속되어 있는 조직의 개선을 위해 능동적이고 기본적인 요소로 여겨야만 한다.

또한, 자연에서도 진화에서도 중요한 것은 인간뿐이며 모든 사회 현상은 인간의 심리적인 진화의 뒤를 따르는 것에 불과하다는 것을 잊어서는 안 된다. 개인의 정신 내부에 있어 사전에 깊은 변화가 없다면 결코 영속적인 것을 구축할 수 없으며 이런 내면적 변화야말로 인간이 노력해야 할 최대 목표가 되어야 한다.

위와 같은 단순명쾌한 사고, 논리적인 일반 원칙은 이 책에서 지금까지 말해 왔던 진화에 대한 종국적 궁극 목적론이라는 가설의 당연한 귀결이자 기독교적 도덕으로부터 도출된 결론과도 본질적으로는 같다. 단, 가장 성실하고 신뢰할 수 있고 책임 있는 지도자들조차 지금까지 단 한 번도 이런 것을 염두에 둔 적이 없다.

'밖'에서부터
메우는 방책의 한계

현재는 누구나 평화를 위해 고심하고 있다. 평화의 구축이 다른 무엇보다도 결정적인 문제라는 것을 모두가 인정하고 있다. 그러나 우리의 귀에는 '외면적'인 해결책만 들려올 뿐이다. 그것은 주변 환경에 작용할 뿐 무리를 이루고 있는 동물들처럼 개성을 잃어버린 인간들의 사고에는 전혀 영향을 주지 못한다. 어떤 방책이 당장에 필요하다는 것에 이의를 제기할 생각은 없지만, 문제는 미래에 대한 전망이 전혀 보이지 않는다는 것이다.

조약과 서명, 상호 이해, 협정, 국제경찰, 중재 재판소 등의 말을 접할 수는 있지만, 조약과 서명의 '존중', 위원회의 '성실', 판사의 '공정함'이라는 모두의 '선의'에 관한 이야기는 전혀 들을 수 없다. 이런 것들의 도움 없이는 그 어떤 수단도 가치를 잃게 된다.

지금 우리는 평화를 지향하는 방책의 유효성이 대부분 그것의 제안자와 참가자의 도덕성 여부에 달려 있다는 것을 깨달아야 한다. 모두가 알다시피 10년, 20년, 혹은 30년에 걸쳐 모든 국가 관계와 그 국민의 운명을 결정할 목적으로 과장되게 조인된 문서도 때로는 서명자들의 일시적인 책임을 묻는 것에 불과한 무의미한 '종잇조각'에 불과할 때도 있다.

모든 국가에(정부가 아니라 그 국민에) 자신들의 대표자가 체결한 계약에 대한 연대 책임을 지게 하는 집단적 양심이 없다면 아무리 조약을 체결하더라도 그것은 비극적 결말을 맞이하게 될 것이고 모두가 이런 조약에 속아 넘어간다는 현실에 놀라게 된다. 그러나 게임은 지금도 여전히 계속되고 근엄하고 정직한 척하는 태도는 변함이 없고 세계 평화가 보장되었다는 결의를 주장하며 서명을 하고 있다. 그러나 과연 언제까지 그런 조약이 유효할 수 있겠는가?

다가올
'새로운 시대'를
맞이할 준비

     평화의 문제는 너무나도 심각하고 복잡하여 이런 표면적인 방법으로는 도저히 해결할 수 없다. 그러나 아이들의 정신적 교육을 통해 확고한 도덕적 구조물을 구축함으로써 이 문제를 해결할 수 있다.

  진정한 양심이 없다면 이 도덕적 구조물을 구축하는 데는 시간이 걸리고 추악한 배신행위도 초래할 수 있다. 그러나 반대로 인간적 존엄성이 세상에 널리 퍼진다면 일단 입 밖으로 나온 조약이나 서명된 계약은 충분히 존중을 받게 되고 그 덕분에 모든 협정과 조약에도 진정한 가치를 부여할 수 있게 될 것이다. 또한, 많은 수고가 없더라도 평화는 보장될 수 있다. 왜냐하면, 합의된 조항을 실현하기 위해 국민 한 사람 한 사람이 도덕적 책임감을 느끼기 때문이다.

  한편, 계약의 내용이 어떻든 간에 그것을 존중해야 한다는 절대적인 의무를 중심으로 한 강력한 도덕 교육이 이루어진다면 단순히 싹을 틔우는 것에 그치지 않고 미래에는 꽃을 피우고 결실을 볼 것이라는 기대를 하면서 평화의 씨앗을 뿌리기 위한 밑거름이 된다. 개인이 양심에 눈길을 돌리는 대신 그 양심을 무시하는 기구를 세우고 미래를 대비한다고 하더라도 좌절은 피할 수 없으며 시간 낭비라는 처량한 말로를 걷게 될 뿐이다.

  신뢰할 수 있는 인간이 대다수를 차지한다면 큰 이익을 가져다준다는 것은 세상 사람들이 다 알고 있다. 이 점에 대해서는 모두가 똑같은 생각을 하고 있으며 이것은 모세의 십계 속에 확실하게 드러나 있다. 그러나 이런 사고방식을 조건반사의 형태로 아이들의 마음에 각인하려는 노력이 전혀 없다는 사실에 그저 놀랄 뿐이다.

평화뿐만 아니라 사법, 상업, 산업, 과학을 포함한 전 세계의 균형이 유지될 수 있을지의 여부는 인간의 고결함과 약속에 대한 신뢰 정도에 달려 있다. 그런데 10년에서 15년에 걸친 도덕 교육과 지적 교육 동안 아이들에게 행해지는 도덕 교육은 고작해야 몇 시간뿐이고 많아야 2, 3일에 불과하다.

청소년에게는 전혀 도움도 되지 않는 사소한 것들만 잔뜩 입력될 뿐이고 정작 본질적인 것에 대해서는 지나쳐버리고 있다. 그것은 마치 농부에게 밭을 경작하는 법을 가르쳐 주지 않고 화단의 꽃을 기르는 것을 가르치거나 소녀에게 몸 씻는 법을 가르치지 않고 화장하는 법을 가르치는 것과 같다.

시험에서는 많은 사실을 다루지만, 그것은 3개월만 지나면 잊힐 문제들이거나 기술적인 문제들뿐이다. 아이들은 사람들 앞에서 예의 바르게 행동하라고 배우지만 그들에게 매일 이렇게 기도하기를 바라는 사람은 한 사람도 없다.

"모든 약속은 신성한 것이다. 사람은 누구나 약속의 속박을 받을 필요는 없지만 한 번 한 약속을 깨는 인간은 명예를 잃게 된다. 그는 스스로 존엄에 대한 용서할 수 없는 죄를 저지르고 배신을 하게 된다. 그는 모욕을 당한 채 인간 사회로부터 추방될 것이다."

이것은 사실 기도라기보다는 하나의 신조이다. 다시 말해 '인간'의 존엄에 대한 신앙을 표명함으로써 자기 자신을 초월하고 하느님을 향하고자 하는 신조이며 인간에게 이 신조를 부여한 것은 다름 아닌 하느님 그 자신이다.

가까운 미래에 세계는 무엇보다 불신으로 인해 고통받을 것이다. 우리는 모두 이것을 깨닫고 있지만 이런 현실을 타파하거나 지속하지 않게 하려고 무엇을 해야 하는지를 심각하게 생각해 본 사람은 거의 없다.

각국 정부는 필요악으로써 군대의 유지와 타국으로부터 의혹을 증폭할 뿐인 온갖 장벽을 유지하기 위해 고민하고 있다. 발언권이 있는 사람 중에 자신의 활동 기간을 초월하고 덧없는 인간의 수명을 초월해 앞을 내다볼 수 있는 인물은 없는 걸까? 완전한 진보를 위한 비약을 방해한 미신 따위는 문제 삼지 않고 자존심으로 넘치고 맑은 눈을 가진, 다가올 새로운 시대를 준비함으로써 미래를 구축하고자 하는 인물은 없는 걸까? 경제 5개년 계획 대신에 수세대에 걸친 도덕적 발전을 위한 국제적 계획이 가능한 폭넓은 시야를 가진 지도자는 없는 걸까?

그것은 우리의 허술한 야심과 비교한다면 장대한 대사업이라 할 수 있다. 당면의 모든 문제에 대해 일시적인 해결책이 필요하다. 그리고 그 해결책은 아무리 사소한 것이라 해도 확실하면서 크게 빗나가지 않는 성과를 거두게 될 것이다. 그러나 더 이상의 판단은 삼가겠다. 인류는 아직 이성의 시대에 도달하지 않았으며 그 노력은 여전히 부족적인 규모에 머물고 있기 때문이다.

4
인간에게 있어
'새로운 운명'의 시작

꽤 혹독하게 지적했지만 그렇다고 해서 인간의 찬란한 운명에 대한 독자의 신념이 흔들릴 만한 것은 아니다. 오히려 독자 여러분에게는 어느 순간 체험한 슬픔 속에서 하나의 자극을 발견하고 본인에게 기대되는 의무를 다할 결의를 더욱 굳건히 하길 바란다.

진화된 인간은 양심 발전의 1단계에 도달했다. 그 덕분에 인간은 자신의 시야를 넓히고 '진화'에 책임을 다하는 위대한 역할을 충분히 인식할 수 있게 되었다. 바닷속에서 살아남기 위해 끝없는 싸움을 하는 산호는 자신이 환상 산호초의 기반이 되고 있다는 것을, 수세기가 지나면 그것들이 더욱 고등한 생물들이 모여드는 비옥한 섬이 된다는 사실을 전혀 모른다. 그러나 인간은 자신이 가장 위대하고 완벽한 종족의 선구자이자 자신의 삶이 그 종족의 일부를 형성하고 있다는 것을 알고 있다.

인간은 자신에게 부과된 위대한 임무에 자부심을 가져야 하고 그 자부심은 불가피하게도 일시적인 실의와 고난을 지워 버릴 정도로 큰 것이어야 한다. 이 사실을 이해하는 사람들이 늘어나고 자신의 임무에 자부심을 느끼고 기쁨을 느낄 수 있게 된다면 가까운 미래에 인간의 정신적 목적이 달성될 날을 기다릴 필요 없이 이 세계는 더 나은 세상이 될 것이다.

인간의 운명은 무엇에도 비할 데 없는 것이며 그 운명은 고매한 사업에 협력하고자 하는 인간의 의지 여하에 따라 크게 좌우된다는 것을 모든 사람이 상기하기 바란다.

싸우는 것이 '법칙'이고 또한, 항상 그랬다는 것을, 그 싸움이 물질적인 차원에서 정신적 차원으로 옮겨진 뒤에도 전투의 격렬함이 전혀 시들지 않았다는 것을 상기하기 바란다. 인간으로서의 존엄과 고귀함은 노예 상태에서 자기 자신을 해방하고 스스로 가장 심원한 이상을 따르고자 하는 노력에서 비롯된다는 것을 상기하기 바란다.

그리고 무엇보다도 다음의 내용을 반드시 기억해 주기 바란다.

하느님의 불꽃은 인간에게, 본인 내부에만 존재하며 그것을 경멸하거나 없애 버리는 것, 혹은 반대로 하느님과 함께 작용하고 하느님을 위해 일하겠다는 열의를 보여줌으로써 하느님에게로 다가가는 것, 이 모두 우리 자신이 선택할 수 있다는 사실을.

옮긴이 **박별**

전문번역가, 아카시에이전트 대표.
역서로는 「성공을 꿈꾸는 부자의 기술」, 「철강왕 카네기
자서전」, 「정신의 힘」, 「마음대로 해라」, 「아무도 가르쳐
주지 않는 부의 비밀」 외 다수가 있다.

인간의 운명

2015년 11월 10일 1판 1쇄 인쇄
2015년 11월 15일 1판 1쇄 펴냄

지은이 | 피에르 르콩트 뒤 노위
옮긴이 | 박　별
기　획 | 김민호
발행인 | 김정재

펴낸곳 | 뜻이있는사람들
등록 | 제 2014-000229호
주소 | 서울 마포구 독막로 10(합정동) 성지빌딩 616호
전화 | (02) 3141-6147
팩스 | (02) 3141-6148
이메일 | naraeyearim@naver.com

ISBN 978–89–90629-28-9 03400